国家自然科学基金项目：矿井智能通风与热动力灾害防控基础理论及关键技术研究（52174183）
国家自然科学基金项目：矿井瓦斯爆炸冲击波与通风动力耦合传播机理研究（51374121）
国家自然科学基金项目：矿井火灾时期通风系统可靠性、稳定性、安全性理论研究（50704019）
国家自然科学基金项目：矿井瓦斯爆炸冲击破坏特性及诱导煤尘爆炸机理研究（52374203）

矿井智能通风与热动力灾害防控

贾进章　刘　剑　贾　鹏　著

科 学 出 版 社
北　京

内 容 简 介

本书基于矿井智能通风这一新型通风模式，以矿井通风参数的智能获取、矿井通风智能计算和矿井通风智能控制基础理论为主线，研究矿井智能通风与矿井火灾、瓦斯爆炸、瓦斯煤尘爆炸等热动力灾害耦合问题，结合作者的科研，提出了一些新理论和新方法。全书共分为绪论、矿井通风参数精准智能获取、矿井通风实时智能计算、灾变时期矿井通风智能控制理论、矿井通风参数快速调节理论、矿井通风系统可靠性理论6章，旨在为矿井智能通风的实际应用提供理论指导。

本书可供安全科学与工程、矿业工程及相关学科和领域的科研人员、研究生和现场工程技术人员阅读、参考。

图书在版编目(CIP)数据

矿井智能通风与热动力灾害防控 / 贾进章，刘剑，贾鹏著. —北京：科学出版社，2023.12

ISBN 978-7-03-074182-0

Ⅰ. ①矿… Ⅱ. ①贾… ②刘… ③贾… Ⅲ. ①智能技术-应用-矿山通风 ②煤矿事故-矿井火灾 ③煤矿-瓦斯爆炸-防治 Ⅳ. ①TD72-39 ②TD75 ③TD712

中国版本图书馆CIP数据核字(2022)第233774号

责任编辑：李 雪 / 责任校对：王萌萌
责任印制：师艳茹 / 封面设计：无极书装

科学出版社 出版
北京东黄城根北街16号
邮政编码：100717
http://www.sciencep.com
北京中科印刷有限公司 印刷
科学出版社发行 各地新华书店经销
*
2023年12月第 一 版 开本：720×1000 1/16
2023年12月第一次印刷 印张：13
字数：260 000

定价：128.00元

(如有印装质量问题，我社负责调换)

前　　言

矿井智能通风是基于获取的通风实时参数进行智能分析与调控的按需供风，同时保证通风系统稳定可靠的一种新型矿井通风模式。矿井智能通风主要包括矿井通风参数实时获取、智能分析与决策、快速精准按需调节、灾变时期风量智能控制等内容，各环节的顺利运行对矿井智能通风的可靠性都至关重要。本书通过理论分析、数值模拟和实验研究的方法对矿井智能通风的基础理论进行了研究。

矿井通风参数实时获取是通风网络智能分析与决策的基础，但是，传感器布置不合理或测量方法不科学都将无法及时准确获得通风参数数据。此外，矿井巷道的风阻测量难度大，有时甚至无法测量，现阶段巷道风速测定方法存在误差较大，且单点速度无法准确代替巷道平均风速等问题，都给通风参数的精准智能获取造成了一定困难。本书分析了矿井通风参数“测不准”的原因并通过实验对其进行了验证。针对传统的巷道断面单点风速难以准确代表巷道平均风速的问题，利用激光多普勒测速仪(laser Doppler anemometer，LDA)研究了巷道断面点风速与平均风速的关系，建立了巷道单点风速表征平均风速的表达式。为快速准确地获取井下通风参数，对风速传感器的布置选址问题进行了研究，提出了最小树原理算法、可变模糊优选算法、灵敏度矩阵与模糊聚类算法及割集原理算法，并基于科学性和合理性对各算法进行了分析。对于风阻测量难度大的问题进行了测风求阻的相关研究，利用节点风量平衡法和回路阻力平衡法，基于风量和风压可准确求得巷道风阻。针对以风阻测量值为基础数据进行通风网络解算时所得风量与实际风量偏差值较大的问题，提出了风阻自适应理论，即对测量的风阻值进行自适应调节，从而降低解算风量与实测风量之间的差值。通过数值模拟研究了不同巷道断面、不同风流速度和不同风流温度巷道断面风流场的分布情况：风流速度场在巷道中的分布不受温度的影响；不同风速对于风流温度在梯形巷道和拱形巷道中的分布都呈现风流速度越大，同一温度风流层的厚度越小的现象；不同巷道断面形状对风速分布的影响主要是在巷道拐角处出现较低风速区，其他区域分布趋于一致，而对于风流温度的分布只是在梯形巷道上角处具有一定差异，其他区域基本一致；巷道断面某一点的风速不受巷道形状和风流温度的影响，仅受风流速度的影响。根据井下故障对巷道风阻的影响类型定义了阻变型故障，并通过实例证明利用风量-风压复合特性可准确地诊断阻变型故障的位置和故障量。

与正常时期相比，灾变时期的通风网络解算更加复杂。本书基于“有源风网”

理论，研究了井下火灾和瓦斯爆炸、瓦斯-煤尘爆炸与通风动力耦合的发生机理、传播特性等，提出火灾时期通风仿真计算模型；发现瓦斯爆炸冲击波在通过障碍物后会形成涡团从而加大湍流强度，与火焰波形成正反馈机制，补充冲击波能量，使其在开放通风管网内的传播更加复杂；研究了瓦斯-煤尘爆炸在复杂管网中的传播特性，并分析了煤尘浓度、煤尘粒径对爆炸传播特性的影响。

本书基于模糊控制理论，对局部通风机变频调速及节能原理进行了研究；对井下火灾避灾路线的选择原则和选择方法进行了论述，并提出了火灾最佳避灾路线的数学模型及灾变时期的动态避灾路线确定流程；基于灵敏度理论、灵敏度衰减率理论和最小风量原则，提出了矿井风量快速精准按需调节的理论与算法，并通过实例验证了该理论的有效性。

通风系统的可靠性理论与技术是其顺利运行的保障。本书对通风系统的可靠性计算算法、风路可靠度、通风机可靠度、构筑物可靠度和通风系统可靠度进行了详细的论述，提出了基于截断误差理论和网络简化技术的不交化最小路集算法和矿井火灾时期通风系统可靠度模拟计算的原理，并为矿井火灾时期通风系统可靠度的计算提供了依据，缩短了通风系统可靠度的计算时间。

贾进章

2022 年 12 月

目　录

第1章　绪　论

1.1　矿井智能通风研究的背景及意义

我国是世界煤炭第一生产大国。据《中国能源大数据报告(2020)》，2019 年全国原煤产量 38.5 亿 t，2019 年能源生产结构中，原煤占比 68.8%，原油占比 6.9%，天然气占比 5.9%，水电、核电、风电等占比 18.4%。2019 年煤炭消费量占能源消费总量的 57.7%。到 2040 年，中国煤炭消费占能源消费总量的比例将从 2017 年的 60%下降到 35%，但中国的煤炭需求仍占全球煤炭需求的 39%。2021 年，中国煤炭工业协会副会长、中国煤炭学会理事长刘峰在第九次全国煤炭工业科学技术大会上表示，在未来相当长的一段时期内，煤炭仍是我国能源安全的稳定器和压舱石。

煤矿实际生产过程中，火灾、煤尘爆炸、瓦斯爆炸等重大事故对煤矿工作人员生命安全和煤炭资源充分利用构成严重威胁。

矿井通风系统是煤矿的生命保障系统，其任务是保质保量地给用风地点供风。矿井瓦斯爆炸、火灾、煤尘爆炸等热动力灾害都与通风(供氧)有关，即“因风致灾”，这些重大动力灾害发生后造成通风系统紊乱，从而引发的二次灾害有时是造成重大人员伤亡的主要因素。可靠稳定的通风系统是防控矿井热动力灾害和应急管理的重要手段，只有对矿井风流进行系统的、合理的管控，才能有效防治热动力灾害事故，保障人员健康和生产安全[1-3]。

矿井通风网络是一个庞大且时刻变化的动态网络。矿井自然通风无法满足各用风地点的要求，为达到按需供风的目的，风门、风窗等通风构筑物的使用会使通风系统复杂化。同时，井下掘进、回采空间变化等也会使通风系统随通风网络状态的变化进行及时调节变得困难。此外，矿井监测监控系统不健全或数据反馈不及时，尤其是对矿井风流参数的监控、反馈、调节不健全不及时，无法提前控制或采取措施，也可能造成煤矿事故及大量工人死亡[4]。

幸运的是，煤矿信息化和自动化水平的提高可以有效降低事故发生频率和百万吨死亡率。如图 1-1 所示，2010～2019 年，我国煤矿井下事故由 1403 起减少到 170 起，相关人员死亡人数由 2433 人下降到 316 人。此外，百万吨死亡率从 0.803 下降到 0.093。图 1-1 所示曲线的下降趋势归功于过去 10 年来地下煤矿机械化和智能化的快速发展。虽然图 1-1 所示曲线呈下降趋势，但地下煤矿事故和相关人员伤亡的报道时有发生[5-7]。为了改变这种状况，煤矿的智能化技术需进一步加强。

21 世纪初，加拿大、芬兰、瑞典等发达国家都制定了智能化、无人化采矿计划。加拿大 Stobie 矿山的移动设备可以实现远程操作，工人可以直接从地表中央控制室操作设备[8]。瑞典也在自动化和智能化方面制订了相关计划[9]等。

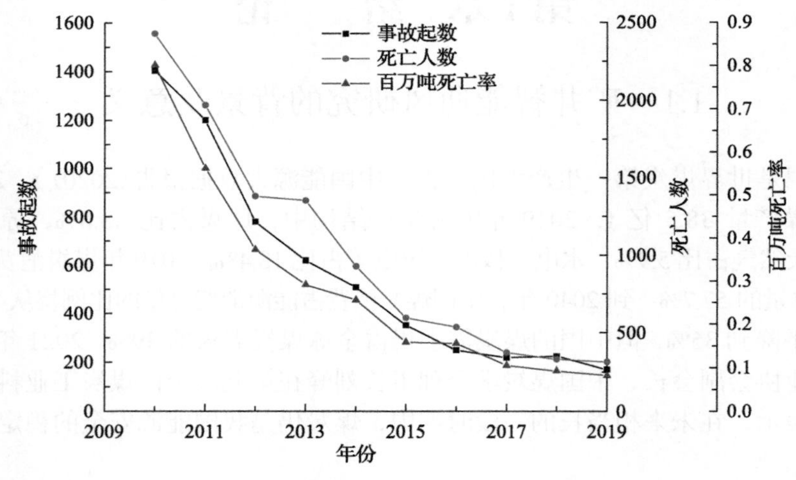

图 1-1　煤矿井下事故及死亡统计

当前，我国矿井通风的自动化水平较低，风流的调控多由人工手动操作实现，不能满足日常生产的自动调控需求[10-11]。传统的人工决策与管理体系效率低下，操作复杂，抗灾能力差。随着科技的发展，煤炭行业也逐渐实现智能化开采，掘进系统和运输系统等都已经实现或正在实现自动化和智能化，生产效率和安全系数都得到了大幅提升。相比之下，矿井通风系统在智能化方面的投入较少，水平较低，与现代化的其他系统不相匹配，成为制约煤矿产量提升和安全系数提高的重要因素[12]。一些学者对矿井局部通风的智能化进行了研究，如张铁岗等[13]研制出能根据环境变化(如瓦斯变化)进行智能化调节的局部智能通风系统。但是，目前我国对于全矿井智能通风的研究相对较少，而理论的研究是技术和工程的基础，所以矿井智能通风系统的基础理论研究迫在眉睫。

1.2　矿井智能通风研究现状

1.2.1　智能通风研究现状

2005 年，平安电器股份有限公司提出了矿井智能通风系统的概念，并实现了全矿井通风实时监测与智能调节。

2008 年以前，相关专家对矿井智能监测监控系统[14-18]、矿井通风智能决策[19]进行了研究。国外主要进行的是矿井通风远程监测和通风系统自动控制研究。

2008 年，张铁岗等[13]研制出局部智能通风系统，可根据环境变化实现智能调节。

2009 年，西安科技大学吴奉亮等[20]基于 AutoCAD 实现了矿井通风的 CAD 系统，从而降低了以网络解算为核心的矿井通风 CAD 软件的使用门槛。

2011 年，赵丹等[21]为诊断通风系统故障，提出了智能诊断专家系统。该系统设计了专家系统知识库和推理机，详细归类通风故障，在推理机中缩小范围，从而进行推断。

2012 年，内蒙古科技大学王文才等[22]对呼和乌素煤矿智能局部通风系统的结构、功能、工作状态及安全保障措施进行了详细的阐述。

2013 年，高忠国和张建娥[23]介绍了掘进工作面的智能通风系统，其可实现自动检测和瓦斯浓度监控，并实现相应的通风调节和报警等功能。中国通用机械工业协会石雪松等[24]详细分析了矿井通风设备智能化的成长背景、意义、现状和前景等内容。

2014 年，鲍庆国和毛允德[25]详细论述了智能通风系统的结构、功能及相关软件。秦书明和吴利学[26]采用变频技术和可编程逻辑控制器(programmable logic controller, PLC)实现了局部智能通风，形成了比例、积分、微分(proportion integration differentiation, PID)闭环控制。郝全明和李连明[27]构建了通风系统的三维模型，通过该模型可以对通风系统进行智能优化，建成了矿井通风智能监测系统，应用于日常风速监测及反风演练。管伟明等[28]开发了一种矿井通风系统的智能管理体系，可依据不同危险程度的气体浓度自动调控风流，并通过实验验证了该系统的可行性。西安科技大学姚昕[29]设计了瓦斯浓度智能控制系统，该系统基于 PLC 控制器和局部风机变频技术。中南大学赵书刚[30]探讨了矿山平行系统的关键技术，对其和矿山工艺的结合进行了分析。

2015 年，张超华和张海波[31]将智能局部通风装置在煤矿进行了使用并验证了其可行性。杨杰等[32]基于工业 4.0 的理念和现场总线技术提出了一种智能通风系统的设计方案。黄书卫[33]依据 ARM 单片机技术和物联网技术设计了煤矿通风系统的无线智能监控系统，并对各组件功能进行了论述。刘红英和王秋里[34]将一通三防、监测监控系统进行整合，建立了智能通风系统的模型，实现了通风参数实时回传。孟令聪[35]将可靠性技术与多智能体结合以监测铀矿山通风系统的运行状态，并对其可靠性进行了研究。罗洪章[36]介绍了一种智能通风系统，可实现瓦斯浓度检测等一系列工作流程。谢元新等[37]阐述的智能通风系统可自动感知瓦斯浓度、调节风速，从而达到节省人力、提高效率、减少事故的效果。

2016 年，张大伟和辛德林[38]设计了一种用于独头巷道通风的智能监控系统，可实时监测气体浓度并根据不同风量及负压实现风机的自动调节。崔博文[39]将智能变频技术应用到矿井通风系统，并详细描述了变频技术在矿井智能通风设备的主要应用及组成，阐述了该系统的工作流程及其特征，就其根据矿井瓦斯浓度的变化自动变频的过程进行相关的实验研究，并进行理论分析，最后得出当矿井巷道中瓦斯浓度变化时，能够根据其变化量自动调节风机频率，进而调整通风量，将瓦斯浓度控制在合理的范围内，保持井下适宜的工作环境。山东科技大学卢新明[40]指出，“互联网+”和物联网技术是矿井智能通风的发展趋势。

2017 年，刘平[41]详细介绍了塔山矿局部智能通风设备的相关原理和设计方案，为全矿井的智能通风系统设计与研发提供了依据。杨战旗和郝天轩[42]研发了一种矿井通风安全智能监测监控系统，可实现实时监测通风参数并依据风量需求自动控制风门开闭。陈雪松[43]以通风系统关键因素为依据提出了 16 项指标的通风智能评价系统，并通过数学模型证明了该评价系统的有效性。

2018 年，王学芳[44]分析了 PLC 控制系统的优缺点并提出了一套基于总线技术的智能通风控制系统。杨剑等[45]提出了一种基于数字信号处理（digital signal process, DSP）的数据采集分站，以保证煤矿智能通风系统可靠稳定运行。王坚等[46]运用大数据处理技术，提出了隧道通风智能控制系统。付文俊等[47]基于 AutoCAD 开发了通风智能决策支持系统，主要包括拓扑分析、数据检查、网络结算、数据分析及掘进通风模块，为通风系统模拟及优化提供支持。王斌等[48]基于王楼煤矿建立了通风智能决策和远程控制系统，实现了通风参数的实时监测与传输及风门风窗的自动控制。中国地质大学（北京）吴兴校[49]设计了安全评判与风机故障诊断系统，该系统可用于大型矿井风机智能监控。

2019 年，聂贵亮[50]提出了基于控制器局域网（controller area network, CAN）总线技术的新型智能通风系统，并对其结构和运行做出了全面的分析。韩立军、王斌等[51-53]提出基于现场总线技术的智能通风系统，以应对原通风系统的不足。刘文梅[54]针对传统通风系统测定仪表功能单一、效率低下的缺点提出了一种智能测定仪表，以提升通风参数测定效率和准确性。罗红波等[55]以红庆梁煤矿为研究对象，研发了矿井通风智能决策支持系统，实现了该矿通风系统数据的实时监测和智能处理。栾王鹏[56]以马兰矿为例介绍了智能通风与实时监测监控系统的组成部分，实现了百叶风窗和风门的自动控制。冯波[57]设计并详细介绍了一种煤矿通风安全智能监测监控系统，该系统可实现根据风量自动调节风门。

2020 年，项利芳[58]深入研究了智能通风系统的具体组成，并分析了自动控制功能的分类，对智能通风系统及传感装置在井下的设置要点进行了总结。张庆华等[59]指出了通风系统需解决的四大难题及矿井通风智能化需重点研发的三大方向，为智能通风工作的推进提供了指导。周福宝等[60]详细阐述了矿井智能通风的定义与内涵，并根据我国矿井现阶段的信息化水平，从矿井通风参数精准监测、矿井通风异常诊断与智能决策、通风动力与设施智能调控等方面对智能通风的原理和关键技术进行了研究。

在国外，“智能通风”一词多用于建筑物室内通风系统或加热通风空调系统等，以提升室内空气质量和降低能耗[61,62]；对于矿井通风或地下工程通风的研究还相对较少。

Heo 等[63]针对地铁站通风情况提出了一种基于深度强化学习的智能通风控制系统，并通过实验证明该系统可降低能耗 14.4%。

Vaccarini 等[64]介绍了一种用于地下空间智能通风控制的详细方法，并将该控制体系结构应用于巴塞罗那 Passeig de Gràcia 地铁站，验证了该通风系统的有效性，并在保持原有舒适性水平的同时，节省了 30%以上的能源。

Wu 等[65]将人工智能(artificial intelligence，AI)和大数据应用于隧道数值模型中火源的预测，并取得了很好的效果。

Raj 等[66]评估了井下的实时监测解决方案，并研究了通风监测和控制技术的最新应用。此外，作者对当代传感器、控制系统和软件技术、数据传输系统、工业物联网、通风网络模拟器及控制设备做了详细的评估。

Stamatescu 等[67]讨论并说明了利用数据挖掘技术实现黑匣子建模的应用过程，以期达到实现智能建筑通风子系统控制的目的。

1.2.2 巷道断面风流场研究现状

2011 年，郝元伟等[68]利用数值模拟分析了矿井巷道的风流场，确定了点风速与平均风速的关系。贾剑[69]基于巷道风流力学模型进行了数值模拟，对风速传感器的布置位置、风速的监测公式等进行了研究。

2013 年，王军等[70]认为巷道断面某点的风速与断面平均风速的关系为线性，并得出线性函数，根据点风速可求得断面平均风速。

2014 年，张朝波[71]通过数值模拟得到了不同通风方式的风流场分布，并对独头巷道的风流场分区进行了划分。陈桂义[72]利用数值模拟软件对不同渗流速度和温度的巷道围岩温度场分布进行了研究，并针对不同送风参数对掘进巷道热环境的影响做了探究。

2015 年，罗永豪[73]利用现场实测和实验室实验对井下巷道断面内的风流速度分布进行了研究，结合数值模拟结果，形成了可以实时诊断通风系统的方法。刘桂平[74]研究发现巷道进风流温度对巷道的温度分布具有重要影响，巷道风量的增大可以使低温区域扩大。

2016 年，刘剑等[75]利用 LDA 技术对均直巷道风流进行测试发现，测点的风速呈脉动波动，对测点速度进行统计发现其符合正态分布。宋莹等[76]通过实验和模拟也发现了类似的规律。刘剑等[77]对井巷风速单点测试方法及其可行性进行了理论研究和实验研究，并给出了通过测量单点风速从而得到平均风速的基本步骤，也论证了比例系数 k 失效的条件。

2017 年，杨宇[78]发现在巷道断面内，点风速对边界层低速区的厚度影响不大，且在巷道的左右和上下方位风速分布差别较大。李雪冰[79]研究发现单点时均风速和平均风速在理论上为非线性关系，但可以简化为正比关系。所以，李雪冰通过研究提出了速度场结构的近似恒定原理，可以利用任一点的时均风速求得平均风速。

2018 年，张浪[80]利用数值模拟软件对风速传感器的最佳布置位置进行了研究。边梦龙等[81]提出了掘进巷道风流温度场“四区”的概念，并研究了各区的具体影响因素。汤红枪和李雷[82]研究发现巷道变形对风流的通风阻力和稳定性的影响较大，且变形区段的风阻和摩擦阻力系数也较大。李雪冰等[83]研究发现在圆管断面上，若湍流充分发展，则断面上任一点(黏性底层除外)风速与平均风速为非线性关系，但可简化为正比关系。此外，李雪冰等[84]也发现两者比值 k 近似为常数，且 k 值的大小与风速无关，随巷道的物理参数而发生变化。刘剑等[85]使用湍流统计法测量单点时均风速，并基于速度场结构近似恒定原理可将其转换为平均风速。

2019 年，张士岭[86]分析了巷道风速场的分布规律，得出了在湍流形态下，巷道风流风速场的对数分布公式。李亚俊等[87]研究发现风速沿巷道断面由内向外逐渐减小，且在边壁处出现风速骤降区。

2020 年，乔安良[88]通过现场实测发现，巷道内低风速区与壁面粗糙度呈正相关关系，与巷道的平均风速呈负相关关系。

前人对巷道断面的风流场分布进行了大量的研究，论述了点风速和平均风速的关系，但对于不同形状的巷道、不同风流温度、不同风速等巷道断面的风流场分布没有进行系统的、全面的研究。

1.2.3　巷道断面风速研究现状

1951 年，苏联学者 Voronin(沃洛宁)[89]首次提出巷道断面风速分布的数学模型，奠定了风速截面计算在通风应用中的基础。

1994 年，王英敏[90]对 Voronin 提出的公式进行了修正。

1997 年，暨朝颂[91]对 Voronin 提出的公式提出异议，对紊流方程及推理过程进行了改正，建立了新的风流速度分布函数。同年，齐庆杰和黄伯轩[92]将点风速与平均风速之比作为风速传感器校正因子，提高了风速传感器在系统运行中的准确性和可靠性，将风量显示误差降低到 5%以内。

2012 年，周西华等[93]对圆形断面中垂线上 18 个点的风速采用测试研究和数值分析结合的方法，得出某点的测试风速与断面平均风速呈线性关系的结论。

2013 年，王丙建等[94]通过制作比例模型，研究了有输送机布设的矩形巷道内最大风速点和平均风速点的分布规律。

2015 年，王翰峰[95]采用 Fluent 模拟方法研究了形状、断面面积和风速对巷道风速分布的影响，得出了截面内中垂线上平均风速点位的查询表格和计算式。

2016 年，刘剑等[96]从机理上揭示了风速测不准的原因，并证明了湍流脉动规则具有统计平均结果。

2017 年，Zhou 等[97]采用单点测量法、移动路线法、点格法三种测量方法绘制了 Surfer 风速等值线图，实测了多个巷道截面中心线和传感器位置各个测点的修正系数。

2019 年，黄斌等[98]对不同风速的不确定度进行研究，将 1m/s 或 2m/s 下风速计量不确定度降低了半数以上。

相关学者针对巷道风速的分布状态和测量方法进行了大量研究，但是在风速测量的精度上还需进一步提升。

1.2.4 传感器选址研究现状

煤矿监测监控技术起源于 20 世纪 60 年代，如依据信息传输的角度进行划分，监控监测系统发展至今已有四代产品。每一代传感器的监测技术下传输数据速度和传输内容的量都有大幅提升，因此井下的数字通信技术、传感器精度、监测系统的灵敏度等硬件设备变得越发先进，使得监测监控技术不断向智能化、全面化发展。在日趋完善的技术条件下，现有对于如何布置传感器的问题研究涉及较少，早期传感器应用于城市供水或水量水质监测中的应用较多，对于矿山通风系统有一定的指导意义。另外，早期人们也并未认识到通风系统在煤矿安全中的重要地位，因而多对于瓦斯传感器的布置方案及优选进行研究。

2000 年，孙继平[99]针对瓦斯、一氧化碳和温度传感器的布置提出了相应的依据，率先展开对传感器布置的研究。

2003 年，周书葵[100]针对城市供水管中流量监测点优化选址进行研究，采用敏感度分析法的优化方法通过传感器的优化布置对水质进行监测。由于城市供水管网同矿井通风系统巷道相类似，因此该研究对于通风系统传感器布置研究存在一定的启发意义。

2008 年，孙继平等[101]通过给出网络中风量覆盖矩阵，将传感器布置问题转化为 0-1 规划问题，宏观上获得了传感器布置位置；同年，采用 Dijkstra 算法实现了瓦斯传感器无盲区布置，并给出了网络实例[102]。

2011 年，赵丹[103]根据风阻-风流变化影响关系矩阵提出基于最少全覆盖布点法的风量传感器布置原则。

2012 年，梁双华等[104]基于图论和设施选址理论，对瓦斯传感器进行优化选址，将图论理论和选址问题进行融合。杨義葵[105]提出了瓦斯模糊传感器的理论，利用模糊算法实现井下瓦斯监测。该理论对于通风系统的模糊不确定性问题也适用。

2013 年，梁双华[106]建立了基于信息熵的瓦斯积聚危险性评价模型，利用设置选址理论对瓦斯传感器进行优化选址，并采用蚁群算法实现了对瓦斯传感器模型的求解，一定程度上弥补了由于瓦斯监测密度不足而导致的预报预警风险缺陷。

2014 年，李镇[107]运用可靠性研究方法对通风监测监控系统进行了评估。

2016 年，路娟[108]选用三层 27 个指标建立了煤矿监测监控系统的评价模型，并基于未确知测度理论对其进行了评价。同年，方博和马恒[109]给出了基于监控系统的矿井通风网络动态解算算法的框架结构。次年，刘尹霞等采用可变模糊优选方案对矿井风速传感器进行选址研究[110]。

2019 年，李雨成等[111]运用风量反演风阻算法给出了角联子网下基于贪心策略的风压传感器优化布置方案。

尽管前人对传感器的布置位置有了一定的研究，但对于矿井中风速传感器布置位置的研究尚不完善，需进一步探究。

1.2.5　矿井通风故障诊断研究现状

故障诊断是基于诊断目标的各类信息和现有的知识、技术等，预测诊断目标未来可能会发生的故障。故障诊断主要经过了三个发展阶段[112]：第一阶段是人工诊断，根据作业人员的经验和知识水平主观判断系统的运行状态及可能发生的状况；第二阶段是基于传感器的各种故障检测仪，根据检测结果对数据进行处理和分析，并最终做出判断；第三阶段是人工智能，借助人工神经网络、深度学习等方法使故障诊断更加及时可靠。

龚晓燕等[113-117]对局部通风系统故障诊断做了大量研究：开发矿井局部通风设备故障规则获取系统，利用粗糙集(rough set，RS)方法提取出矿井局部通风设备故障诊断规则，缩短故障诊断时间，建立矿井通风设备故障诊断系统，储存矿井通风设备的各类信息及更替、维护、损坏数据，实现设备数据的自动化；采用遗传算法粗糙集(GA-rough sets)模型并结合数据库对井下瓦斯超限问题进行预测，建立事故树模型。龚晓燕还利用专家系统(expert system)、遗传算法(genetic algorithm)、人工神经网络(artificial neutral network，ANN)、小波分析等多种智能优化算法提出了矿井局部通风故障诊断及预测模型，可以较好地识别局部通风系统的故障种类和通风系统阻变型故障位置。

吴超和杨胜强[118]分析了局部通风系统的可靠度，提出了基于通风系统可靠度，运用 GA-Rough Sets 及智能决策(intelligent decision)系统的故障诊断模型。该模型的提出大大减小了局部通风系统故障诊断的计算复杂度，能够快速准确地对局部通风做出诊断。

王兴义[119]从井下各通风设备组成系统的角度出发，详细分析了矿井通风系统可能出现的故障及其形成原因。

Chang 等[120]将主成分分析(principal component analysis，PCA)与 SVM(Support Vector Machine，支持向量机)方法结合，建立了矿井提升机的故障诊断模型。PCA 方法能够优化样本中的冗余信息，优化后的样本输入 SVM 进行诊断。首先采用基于一类的多类优化算法对 SVM 进行训练，然后将其应用于故障识别。各种方法的比较表明，PCA-SVM 方法成功地去除了冗余，解决了维数灾难问题。结果表明，采用 PCA 优化样本后的基于径向基核函数的 SVM 分类算法具有最好的分类性能。

Shi 等[121]将多个故障时期的特征参数作为诊断模型的样本，并且将样本采用小波分析进行降噪处理，运用神经网络进行诊断，将神经网络诊断结果结合 Dempster 组合规则得出最终结论，在一定程度上提高了诊断的有效性。

Xing 等[122]针对非煤矿山通风方式和通风机布置特点开发了通风机监测与故障预警系统，实现了通风机运行期间性能参数、电源参数和环境参数的实时监测，并通过监测数据分析通风机的运行状况，及时发现通风机故障。

赵丹等[21]采用智能诊断专家(intelligent diagnosis expert)系统对通风风网进行故障诊断，采用逐步线性回归分析(stepwise linear regression analysis, SLRA)方法对巷道风速进行分析，得出巷道风速突增的分支集合；采用智能诊断专家系统对此集合中进行进一步分割，从而诊断故障位置及原因，但故障位置的诊断会出现一定的偏差。

刘剑等[123]从整个矿井通风网络故障出发，首次明确提出通风系统阻变型故障的定义，并利用 SVM 算法对阻变型通风系统阻变型故障位置和故障严重程度进行判断，将故障后各分支的风量作为 SVM 的输入，以故障分支编号和通风系统阻变型故障等效风阻作为分类模型和回归模型的输出，构建了用于诊断通风系统阻变型故障位置的 SVM 分类模型和诊断故障严重程度的 SVM 回归模型，开创了通风系统阻变型故障诊断的先河，对促进通风系统的故障诊断技术和智能化管理的发展具有重要意义。但是，刘剑等仅仅以风量单一特征作为 SVM 分类模型和回归模型的输入，在风速观测点布设稀疏的情况下，由于通风网络拓扑关系的影响，通风系统阻变型故障发生的位置和故障量可能会导致观测点监测到的数据相同，此时的故障诊断问题成为一个不适定问题，导致对通风系统阻变型故障位置和通风系统阻变型故障量诊断的准确度较低。

周启超等[124]利用改进的遗传算法对 SVM 的惩罚系数及核函数系数进行优化，基于系数优化的 SVM 构建矿井通风系统阻变型故障诊断模型，一定程度上提高了故障诊断的准确度，但依旧不能摆脱依据单一风量特征进行故障诊断的不适定性。

刘剑等[125-127]利用邻域粗糙集方法对风速传感器的位置进行优化，以求在布设少量传感器的前提下获得较高的故障诊断准确度，但依旧无法克服依据风量单一特征进行故障诊断的不适定性；之后提出利用风量、风压复合特征对通风系统阻变型故障进行诊断，提高了故障诊断的准确度，证明了利用风量、风压复合特征进行故障诊断可以克服依据风量单一特征进行故障诊断的不适定性。

由国内外研究现状可知，矿井通风系统故障诊断目前的研究主要是根据监测到的风量变化、通风系统可靠性、稳定性及测风求阻、通风阻力系数反演等确定发生故障的地点及故障程度。但是，由于矿井通风系统网络拓扑关系复杂，仅仅依靠风量单一特征进行故障诊断是一个不适定问题，因此要结合矿井通风系统主要参数，包括风量、风压、瓦斯浓度、二氧化碳浓度、巷道风阻及巷道基本信息等，根据监测所得到的主要诊断特征参数对矿井通风系统的故障发生与否做出决定性判别。

1.2.6 网络解算研究现状

1928 年，波兰学者 Czeczot 为了进一步研究计算通风网络参数，提出通风网络的解算问题。

1935 年，波兰学者 Barczyk 针对通风网络解算问题，提出使用 Newton 法对通风网络的非线性方程进行求解。

1936 年，美国学者 Cross 提出逐次计算法，该计算法主要应用于流体管道网络的计算。1951 年，英国学者 Scott 对该方法进行改造，改造后的方法可以很好地对通风网络进行解算。但上述方法仅仅依靠手工计算，对于复杂通风网络来说，无法满足通风解算的需求，只有利用计算机才能使其得到发展。

1952 年，Hinsley 首次将通风网络问题通过计算机进行解决。随后，日本人 Hashimoto 编写出世界首个通风网络解算程序。随着互联网科技的发展，矿井通风解算相关的软件发展的序幕逐步拉开，具有代表性的软件包括 VnetPC、Ventilation Design，均实现了从二维到三维、从简单到复杂、从单一解算到实时交互的多种需求，使学者能够利用计算机软件实现对复杂通风网络的实时模拟和仿真[128-130]。

1964 年，我国矿井通风专家唐海清教授提出了动坐标图解法。该方法通过固定某一点的坐标作为基准，移动其他坐标对通风网络参数进行计算。以动坐标图解法为基础，唐海清提出了“实测-笔算-图解法”[131]。

1973年，抚顺煤炭研究所编写出中国首个通风网络分析程序并将其应用于通风解算方面的研究[134]。之后，我国两位专家宋化沂和杨运良分别提出了基于通风特性曲线线性化的两种不同的通风网络解算方法，这两种方法的最主要区别在于特性方程的线性化方法不同。

1980年，沈阳煤科院的王振才、姚尔义等在对国外通风网络解算理论进行深入研究的基础上，开发出我国第一款矿井通风网络解算软件。

1992年，刘志刚[132]根据网络中各风道的风量把风道划分为四种类型进行解算，并得出只要网络中的雅可比矩阵满足文中的三个条件，则网络解算可得唯一解。

1999年，王中兵等[133]通过对节点、节点压力和通风网络的研究，建立了解算通风网络的数学模型及收敛解算方法，在阻力测定基础上对该成果进行了应用检验，为矿井通风系统管理科学化、系统化提供了依据。

2000年，王德明和周福宝采用Visual C++开发了基于Windows操作系统的矿井通风网络解算软件。该软件采用通风网络参数解算与通风系统图形相结合的方式，应用图形能实时显示网络解算结果的功能，可处理通风网络调试中的分支反向问题[134]。

2001年，赵千里和刘剑开发了MVSS通风网络解算软件，将网络优化调节通路法应用于网络解算软件，降低了网络解算时间[135]。

2003年，刘剑等开发矿井通风仿真系统2.0（MVSS 2.0），解决了固定半割集、自动赋初值分风等关键技术，在国际上首次解决了矿井通风网络拓扑关系自动建立和管理问题。同年，中国矿业大学基于Windows操作系统成功开发出矿井通风管理系统MVMS，实现了更加流畅的人机交互。

2010年，中南大学研发出DIMINE软件，该软件集合了矿井通风网络解算、矿山实时监控系统和自动报告等功能。同年，煤炭科学研究总院推出了VentAnaly软件，该软件可以构建三维可视化通风系统模型，提高了网络解算软件的可读性。

2012年，王金贵等为实现对复杂通风网络的简化，提出复杂通风网络的等效简化、模糊简化和复合简化三种方法，对等效简化过程中应遵循的原则和风阻、风机性能等参数的等效变换进行研究[136]。

2014年，彭家兰等针对其矿井总风量不足、大型机械化作业盘区环境恶劣、自然风压影响大、通风构筑物不完善等问题，通过矿井通风三维仿真系统进行模拟分析，展示了矿井通风系统三维仿真、方案优选、空气幕选型、自然风压等模拟原理和过程[137]。

2015年，钟德云等提出了一种改进的Scott-Hinsley法，可解决含有单向回路复杂矿井的通风网络解算问题，且收敛速度快[138]。

2016年，煤炭科学技术研究院有限公司安全分院结合动态数据对象（active data

objects，ADO）技术，实现了网络解算与通风系统远程监测的成功结合。

目前，对于矿井通风系统的网络解算技术已经比较成熟，但是与井下监测数据结合构造实时网络解算的技术是实现矿井智能通风的重要环节，其还没有形成完整的系统，需在该方面进一步努力。

1.2.7 智能控制研究现状

1971年，傅京逊教授首次提出“智能控制”的概念，并在文献[139]中归纳了三种类型的智能控制系统，即人作为控制器的控制系统、人机结合作为控制器的控制系统、无人参与的自主控制系统。

此后智能控制迅速发展，已从人工智能和控制论发展为人工智能、模糊集理论、运筹学和控制论，且正处于蓬勃发展之中。虽然智能控制的理论体系远没有经典理论那样成熟，但其表现出来的生命力已经引起世界各国专家学者的关注。

尽管智能控制在各行各业都有所应用，但其在矿井通风系统应用较少，且没有形成完整的系统。而矿井通风系统是一个庞大且复杂的系统，仅仅依靠人力进行分析、决策和控制已经不能满足生产需要，所以应将智能控制与矿井通风系统结合，实现通风系统的安全高效运行。

1.2.8 通风系统可靠性研究现状

1. 国外研究现状

可靠性技术是在第二次世界大战后首先从航天工业、电子工业发展起来的，目前已渗透到宇航、电子、化工、机械、建筑等许多部门，形成了一门新兴学科——可靠性工程[140]。

1950年以后，定量的可靠性才被广泛应用，在可靠性的测定中才采用统计方法[141]。到1957年，可靠性工程的任务、基本原理与方法大体上确定下来[142]。美国发展可靠性技术最早，第一个正式的机构是美国电子装置可靠性咨询委员会（Advisory Groupon Reliability of Electronic Equipment，AGREE）。为实现军用电子装置的可靠性，该委员会必须确保由科学、技术、生产和经营方面的权威人士组成，对电子装置的设计、开发、供应、生产、维修、使用和培训等各有关领域的可靠性都要进行监视。1956年初，该委员会设置了九个专业分会，它们都由专家组成；1960年前后，陆续制定了军用规格、标准（MIL、MIL-STD），成为今日可靠性标准体系的基础。这就是可靠性工程发展的第一阶段，即调查研究、制定技术规范和标准。第二阶段为1957～1962年，是统计实验阶段，即从可靠性实验环境到生产过程中的全面质量管理。第三阶段是1968年以后，为可靠性保证阶段，即全面实现以可靠性为中心的管理。日本可靠性技术的发展是在第二次世界大战以后，由于设备的事故，日本在设立了对策委员会和对产品全面质量管理后，使由美国引进的技术发挥了更大的效益。德国发展可靠性工程是从系统可靠性研究开始的，为了提高Ⅵ、Ⅷ火箭的可靠性，德国发展了定量的、用统计方法处理的基本原理[143]。

至于可靠性在矿井通风系统中的应用，苏联在这方面研究较早。其把矿井通风系统的可靠性定义为：矿井通风系统在运行过程中保持其工作参数值的能力，以维持井下必需清洁风量的供应。其将通风系统的失效按重要性分为三类，其中一级失效是指整个矿井失效，二级失效是指矿井的很大部分(一个煤层、一翼、一个矿层)失效，三级失效是指矿井的个别采区失效。

苏联自 20 世纪 60 年代末开展了矿井通风系统可靠性的研究，评定方法有结构法、模拟模型法[144]和统计评价法[145]等。

2. 国内研究现状

我国矿井通风系统可靠性研究是从 20 世纪 80 年代开始的[146]。1992 年淮南学术研讨会上，经与会专家、委员与代表商定，决定开展“矿井通风系统可靠性的研究”[147]，在一定程度上借鉴了机械、电子等领域的可靠性成果和结论。其中，定量研究主要成果大致如下。

1985 年，徐瑞龙[148]应用图论和可靠性理论讨论了通风网络的可靠度计算，为矿井通风系统的可靠性分析提供了一种定量判别的途径。徐瑞龙定义了风路和风网的可靠度，提出了用通路法和半割集法计算风网的可靠度，给矿井通风系统的可靠性分析提供了依据；同时，给出了风网可靠度的上下限计算式及近似公式。但文献[149]认为，通风系统的可靠性一般指风流的稳定程度，即各风路的风量相对变化程度，用这种方法描述通风系统可靠性是片面的、不合理的。

1987 年，赵永生[149]提出了用逐步线性回归分析法求对网络影响最大的风路。

1990 年，王海桥[150]以可靠性理论为基础，分析了矿井通风网络的通风有效度问题，并进行了实例分析，为改善矿井通风系统的管理和评价矿井通风系统的好坏提供了一条新的依据。

1992 年，徐瑞龙和刘剑[151]运用可靠性原理探讨了井下通风构筑物的可靠度，采用漏风率定义各种构筑物的可靠度，针对复杂系统建立了一组系统可靠度确定的数学模型。该模型有较强的适用性，能为通风管理提供新的技术途径，也为煤矿质量标准化管理提供了评判指标。

1995 年，马云东[146]从矿井通风系统的整体出发，详细分析了通风构筑物、通风机和风网各分支之间的相互联系和影响，给出了矿井通风系统及其各单元可靠性的定义，建立了矿井通风系统可靠性分析的数学模型。

1996 年，薛河和龚晓燕[152]以矿井局部通风系统为研究对象，采用安全系统工程学理论对矿井局部通风系统的可靠性定额值进行了分析，采用灾害事件的逻辑模型法和概率统计回归法确定了矿井局部通风系统可靠性定额。1996 年，文献[153]从模糊数学的角度对矿井通风系统可靠性进行了研究。1996 年，文献[147]指出，中国煤炭工业劳动保护科学技术学会矿井通风专业委员会近十年来的学术活动大致有五个方面，当前正在进行的学术活动之一就是“矿井通风系统可靠性研究”，可见进行矿井通风系统可靠性研究是一项意义重大而又艰巨的任务。

1998 年，在总结前人研究的基础上，贾进章[154]对矿井通风系统可靠性进行了系统研究，丰富了矿井通风系统可靠性理论。

2003 年，陈开岩[155]从三个方面选取了影响矿井通风系统可靠度的 9 类 36 个指标，对通风系统可靠度进行了模糊综合评价。

2004 年，贾进章[156]以灵敏度和可靠度为指标，对角联分支的稳定性、可靠性及角联分支的存在对通风系统稳定性、可靠性的影响进行了定量分析，得出角联分支本身不稳定，但角联分支的存在会使通风系统的稳定性、可靠性得到提高的结论。同年，王洪德[157]基于网络流理论、粗糙集理论和神经网络技术建立了矿井通风系统可靠性评价、可靠性预警及可靠性设计决策仿真系统，为矿井通风系统设计、管理和维护部门提供了更加实用的决策支持工具，也为进一步提高矿井通风系统可靠性水平提供了新的理论依据。

2006 年，秦彦磊和陆愈实[158]在 MATLAB 7.0 神经网络工具箱的基础上，通过采用快速的 Levenberg Marquart 算法，提高了神经网络训练的速度与精度，实现了矿井通风系统可靠性的研究和预测。

2007 年，陈开岩和王超[159]在分析基于常权的综合评价基础上，针对矿井通风系统可靠性评价问题，将变权原理引入模糊综合评价中，建立了多级变权模糊综合评价模型，研究了相应的算法，采用 VC++ 6.0 和 SQL 2000 数据库系统开发了矿井通风系统可靠性评价软件。

2008 年，马红伟等[160]将安全系统工程中的事故致因理论和人-机-环境系统工程理论引入现代矿井通风理论中，在综合分析的基础上，建立了一套系统科学的矿井通风系统评价指标体系。陆刚等[161]建立了通风系统安全可靠性评价体系，利用层次分析法对评价指标权重进行计算，并根据矿井通风系统中的模糊性问题构造了各个指标的分级隶属度函数，最后进行综合评价。李绪国[162]建立了矿井通风系统评价指标体系，确定了指标定量方法，并通过构建评价数学模型对矿井的通风系统进行了综合评价。

2009 年，张俭让和董丁稳[163]建立了矿井通风系统可靠性评价指标集，并基于粗糙集原理和 SVM 建立了 RS-SVM 煤矿通风系统可靠性评价模型。

2010年，史秀志和周键[164]选取16项矿井通风系统评价指标作为判别因子，建立矿井通风系统安全可靠性的Fisher判别分析(fisher discriminant analysis，FDA)模型，在研究矿井通风系统的安全可靠性中具有较高的可信度。

2011年，王莉[165]采用失效模式和影响分析(failure mode and effect analysis，FMEA)与FTA(Fault Tree Analysis，事故树分析)相结合的方法对龙首矿通风系统可靠性进行了研究，结果表明改进龙首矿通风系统网络设计，加强通风系统监控反馈工作是提高其通风系统可靠性的最佳途径，而加强通风构筑物的检测、维修或重新安装也是改进该矿山通风系统的必要措施。

2012年，程健维[166]从任务可靠性的逻辑关系角度规划了矿井通风可靠性模型，采用统计建模分析方法，归纳并拟合所要研究对象的概率分布特征及相关参数。

2013年至今，有学者通过将层次分析法(analytic hierarchy process，AHP)和模糊综合评价法(fuzzy comprehensive evaluation，FCE)结合、将FMEA和FTA法相结合、BP神经网络、贝叶斯反馈云理论等方法来研究矿井通风系统的稳定性[167-170]。

目前，矿井通风可靠性研究中尚有许多问题需要解决、探讨，以完善矿井通风可靠性理论，使之能在生产矿井中得到推广应用，促进煤炭科学技术的发展。目前，我国对矿井通风中的一些具体指标尚无统一标准，对于如何具体确定这些值，我国目前还没有相关资料。我国对电子元器件失效率等指标已有统一规定，这也是矿井可靠性研究应努力的方向。当然，煤矿不确定因素较多，因此确定一些具体指标有一定困难。

1.2.9 矿井智能通风与矿井热动力灾害防控研究现状

1. 矿井智能通风理论与关键技术是解决矿井重大热动力灾害事故的重要手段之一

智慧矿山成为矿业发展新趋势，“互联网+”和物联网技术在我国发展迅猛，矿山物联网也取得了很大的进步，矿井的环境监测、灾害预警、人员定位、设备状态监测和故障诊断等方面都安装了大量传感器，千兆甚至万兆工业以太网和5G基站已经铺设到井下。但目前还没有一套真正的智能化矿井通风系统问世，如果能够充分利用矿山物联网技术和智能设备实现矿井通风系统的自动化和智能化，必将会对矿井安全生产的减人提效起到至关重要的作用。

研究基于人工智能、“互联网+”和物联网的矿井智能通风理论，开发基于监测数据的实时智能仿真技术，在热动力灾害时期基于仿真技术进行重大灾害反演，研发次生灾害防治及应急控灾技术，实现智能决策与灾害控制，科学、可靠地控制矿井风流，有效地防治热动力灾害事故，是解决重大煤矿事故的重要手段之一，即“以风治灾”。

2. 矿井智能通风是矿井重大热动力灾害防控的研究热点

矿井智能通风近些年成为热动力灾害防控的研究热点，一些专家进行了相关的研究。目前智能通风的研究大都局限于局部智能通风系统，并且大都研究的是智能通风技术和工程，还没有完整的矿井智能通风理论体系。

3. 基于监测数据的矿井通风实时仿真与灾变应急快速智能通风调控——矿井智能通风研究中的热点和难点

传统的矿井通风仿真理论与技术已经较为完善，基于监测数据的实时仿真对于井下通风状态分析及事故预警与防控至关重要。现有的调控理论与技术多是基于正常通风时期的，还没有实现热动力灾害时期应急快速智能通风调控，其灵敏度可在一定程度上解决通风系统调控问题。现有的可靠性研究没有涉及矿井风量智能调控过程中的快速确定问题，也没有热动力灾害时期监测数据可靠性有效性判定理论。

1.2.10 研究现状分析

根据国内外研究现状分析可知，矿井智能通风不同于传统的矿井通风，其理论和技术都有所区别。针对局部智能通风技术、智能监测监控系统、智能决策技术和管理、智能通风设计等内容，国内外专家已经做了部分研究，但是矿井智能通风及灾害防控基础理论尚未深入涉足，具体如下。

1. 矿井智能通风基础理论有待研究

矿井通风设备已经得到大量研究，但是对于通风状态的识别及智能分析、决策等自动调控的研究较少。矿井智能通风研究还很不充分，其基础理论和整体矿井智能通风系统还没有完全形成。

2. 基于监测数据的通风系统的实时仿真与快速按需智能调节尚需研究

采掘活动的不断进行及局部瓦斯异常涌出等异常情况时有发生，各用风地点的需风量是动态变化的。传统的矿井通风仿真是静态或半静态的，其正常运转需要大量的人工参与。传统的网络分风需提前获取所有分支的风阻，随开采进行分支风阻是不断变化的，且有些风阻值的获取具有一定难度，这显然无法满足通风系统快速稳定可靠实时智能调控的要求。这就需要研究基于监测数据的通风系统实时仿真，以及快速按需智能调节的理论与技术。

3. 数据监测点的合理布置及灾变通风智能决策与控制尚需研究

灾变时期监测监控系统一旦受到破坏，监测数据将不完整，部分监测数据缺失或异常，基于监测数据的通风系统分析与控灾决策可能受到限制。这就需要合理布置数据监测点，进行故障智能诊断，研究灾变时期监测数据可靠性、有效性判定理论，根据现有数据对缺失数据进行推断及对异常数据进行修正，保障矿井智能通风仿真及决策的正确性。此外，火灾或爆炸等热动力灾害发生后，安全的避灾路线需快速筛选并进行动态更新。

4. 矿井通风系统可靠性需研究

矿井通风系统的可靠性是通风系统保持通风参数的性能，是矿井安全生产的保障。目前对于矿井通风系统可靠性的研究较少，将可靠性进行量化的研究则少之又少。可利用可靠度对矿井通风系统的可靠性进行定量化研究。

矿井瓦斯爆炸、火灾、煤尘爆炸等热动力灾害发生后造成通风系统紊乱，有毒有害气体运移轨迹复杂，可能间隔地、一波波地出现在通风系统中的不同地点，由此引发的二次灾害有时是造成重大人员伤亡的主要因素。这就需要研究灾害时期的智能决策与控制，从而科学、可靠地控制矿井风流，有效地防治热动力灾害事故，保障井下作业人员的身体健康和生产安全。

1.3 矿井智能通风理念及本书主要研究内容

1.3.1 矿井智能通风理念

矿井智能通风是基于智能调控的按需供风，包括自动调节通风构筑物及变频风机，在通风系统工况发生变化时，实现最短时间内自动使得用风地点风量达到需求值，同时保证通风系统稳定可靠的一种新型矿井通风模式。

矿井通风系统是煤矿的生命保障系统，其任务是保质保量地给用风地点供风。矿井瓦斯爆炸、火灾、煤尘爆炸等热动力灾害都与通风(供氧)有关，即“因风致灾”，这些重大热动力灾害发生后造成通风系统紊乱，从而引发的二次灾害有时是造成重大人员伤亡的主要因素。可靠稳定的通风系统是防控矿井热动力灾害和应急管理的重要手段，只有可靠稳定地控制矿井风流，才能有效地防治热动力灾害事故，保障生产安全和人员健康。

基于哲学-科学-技术-工程的思想，本研究提出了矿井智能通风理论体系，如图 1-2 所示。智能通风系统结合监测监控系统，自动感知有毒有害气体浓度、温度等通风状态参数，自动诊断故障，智能调节风速，结合自动调节装置自动控制灾害的发展，结合人员定位系统自动保护人员安全，其运作方式是全自动的。智能通风系统可以减少瓦斯爆炸、火灾、煤尘爆炸等重大热动力灾害事故的发生。

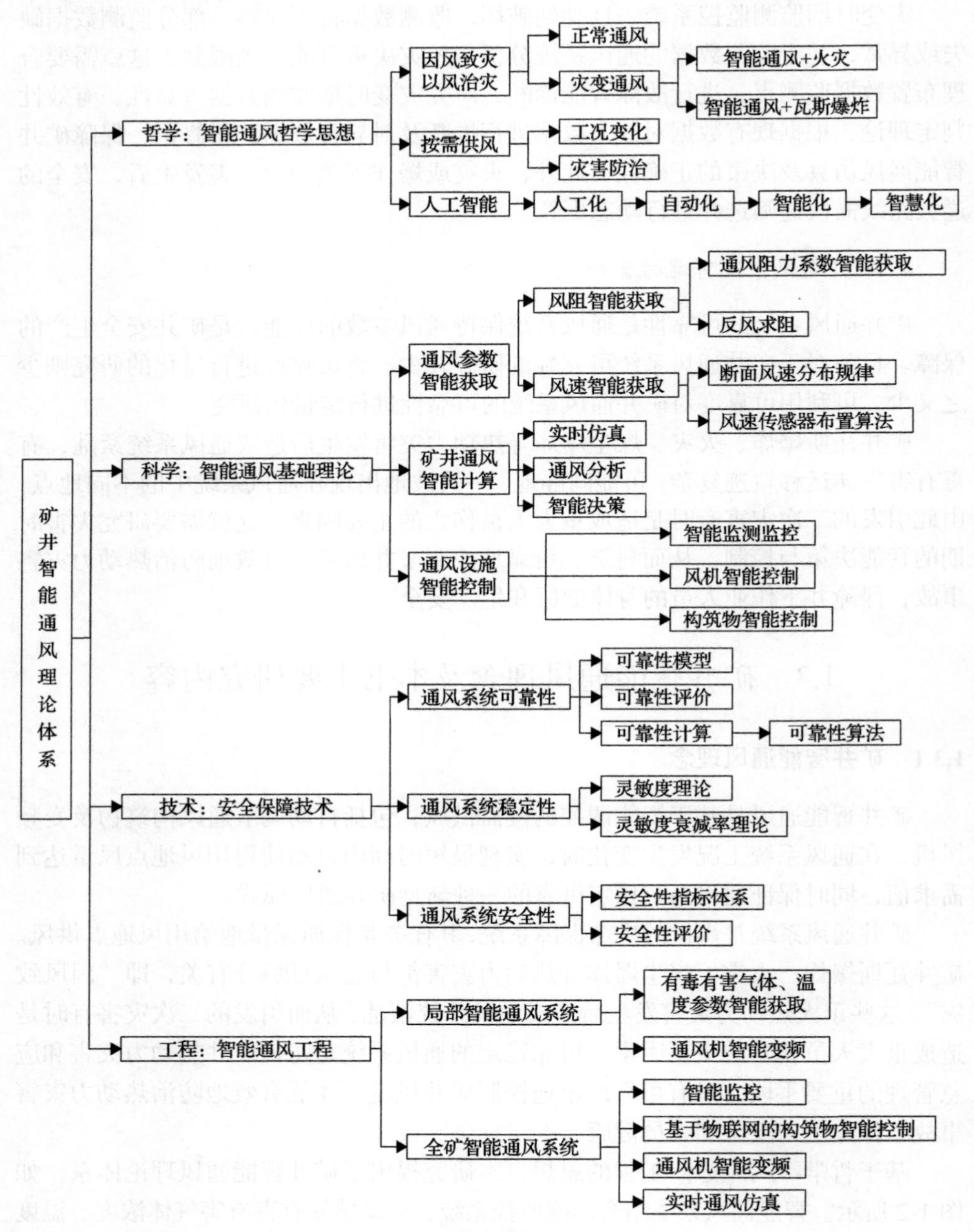

图 1-2　矿井智能通风理论体系

1.3.2　本书主要研究内容

本书进行矿井智能通风基础理论研究，研究内容主要如下。

1. 矿井通风状态智能识别诊断理论与技术

(1)矿井通风状态智能识别理论与技术

矿井内自然风压、风量、风阻等参数在调风控风时具有可变性，单纯依赖机械测定和测量平均值已经不能满足矿井通风智能化通风的需要，需要研究通风参数，如温度、有毒有害气体等矿井通风状态的智能识别理论。

目前的传感器布置方式主要依据为相关煤矿安全监测监控理论及标准规范，不能满足煤矿实际生产中的复杂情形。风流传感器的布置存在着大量盲区，导致相关数据容易出现偏差。本项目在满足矿井安全监测监控系统设计规范的基础上，以风流参数的监测点最少、监测无盲区、所有分支风阻实时解算为目标，建立风流多参数无盲区监测传感器优化布置理论与技术。

(2)故障智能诊断理论与技术

监测监控系统可以反馈井巷风量变化，但是无法区分该变化是由本分支引起还是其他拓扑关系所引起。通风系统的故障都可归结为分支风阻发生了变化，而在每条分支安设传感器是不现实和不经济的，所以如何通过有限的传感器诊断整个通风系统的故障就显得尤为重要。

巷道变形、瓦斯异常涌出、灾变时期风流(烟流)紊乱等因素都会造成通风故障，需要智能识别正常通风和灾变条件下的风阻异常、构筑物的状态异常等。

2. 基于监测信息的矿井智能实时通风仿真理论与技术

(1)基于监测监控的通风参数智能获取理论、算法与技术

风量和风阻是通风系统最基本的数字表达方式。目前最常用的风量测量方式为使用风速表或风速传感器进行平均风速测定，通过巷道横截面积进一步计算得出。巷道风阻通常采用间接测定方法计算。

传统的分风方式需已知所有分支的风阻，但由于分支风阻的不断变化和获取困难等特点，无法满足通风系统快速智能调控的要求。不同于以往依靠风阻进行网络分风，该项研究建立了基于监测数据的通风网络测风求阻模型。测风求阻模型通过风量及压强计算出巷道风阻，以实时获得通风网络的阻力分布。针对系统扰动，研究外部扰动识别与监测数据修正理论与算法。

实现矿井通风智能监测监控的关键技术及时利用某一点的风速快速准确获得巷道的平均风速。首先利用 LDA 测得巷道某点的风速 u，然后根据转换关系求得

断面平均风速 u_p。

(2) 基于“有源风网”理论的矿井智能通风实时仿真理论、算法与技术

传统的矿井通风仿真软件是静态或半静态的，其正常运转需要大量的人工参与，无法满足实时快速稳定可靠的风量按需调控要求。矿井通风网络实时解算理论没有精准可控的智能通风系统，智能精准开采也就无从谈起。实时网络解算是矿井智能通风的核心，是灾变时期智能控风的基础。需要研究智能通风仿真理论与算法，研发能够实现最短时间内通风系统稳定可靠风量调控的智能通风软件。

灾变通风时期，风流中会加入有毒有害气体和热量，对通风系统而言相当于“源”。所以，可以根据“有源风网”理论对灾变时期通风系统的仿真理论和算法进行研究。

3. 灾变应急智能通风调控理论与技术

(1) 基于灵敏度的矿井通风智能调控理论、算法与技术

通风系统中任一分支的风阻发生变化都会引起该分支本身及网络中所有分支风量的变化。根据灵敏度理论中的灵敏度值、影响度和被影响度，可确定最快达到调节风量的分支。根据算法灵敏度衰减率理论与算法，可以确定调节分支风阻变化多少时使得需风量分支风量变化进入迟钝区。

该项研究基于灵敏度理论，构建逐级快速确定调节位置和调节量的通风系统智能调控理论与算法。

(2) 变频调风理论与技术

通风系统中传统的调风方式无法针对瓦斯涌出进行实时、快速的监测和决策，而该技术的使用是避免灾害的有效手段。目前国内还没有实现和建立相应的风流自动调节与控制系统。

(3) 灾变时期风流智能控制、应急控灾理论与技术

灾变通风时期，风流会紊乱且可能引发次生灾害，如火灾可引发瓦斯煤尘爆炸，瓦斯爆炸也可能引发煤尘爆炸。有毒有害气体和高温烟流在紊乱的风流中会造成人员窒息死亡等。

基于智能仿真对火灾和瓦斯爆炸与通风动力的耦合的研究，确定最佳避灾路线。

1.4 研究方案

本书采用理论研究、实验研究与数值模拟相结合的方法进行相关理论与技术的研究。

理论研究主要是在前人的研究结果基础上，利用流体力学、空气动力学、运

筹学、控制论、人工智能、“互联网+”、物联网、人工神经网络与深度学习等知识对通风参数的精准获取、实时分析技术、智能控制、快速调节及稳定性进行分析和研究。

在实验方面，风速测定主要使用实验室的LDA系统，通风参数监测获取在1∶1模拟实际矿井的实验矿井中进行。瓦斯爆炸与通风系统的耦合在实验室自制的瓦斯燃烧爆炸管网测试系统中进行。

数值模拟方面，在原有矿井通风仿真系列软件的基础上研发矿井智能通风实时仿真理论与技术。

矿井智能通风研究方案如图1-3所示。

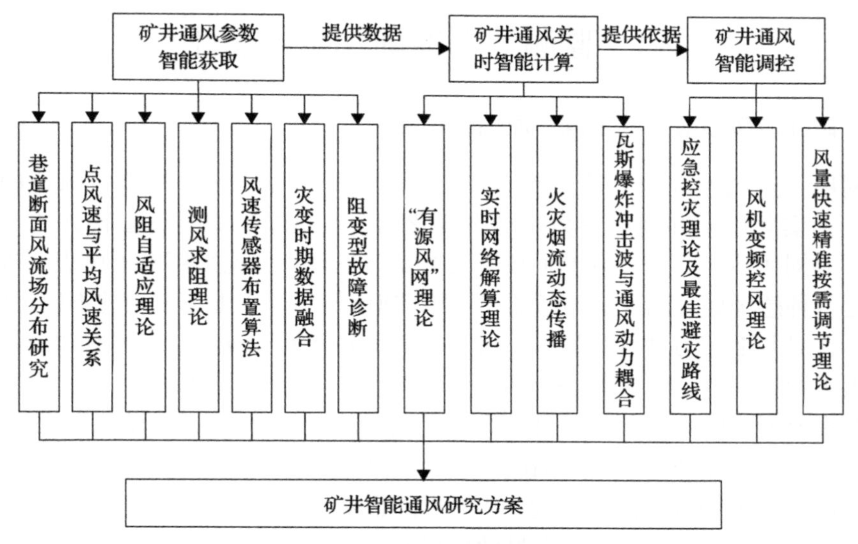

图1-3 矿井智能通风研究方案

第 2 章　矿井通风参数精准智能获取

矿井通风参数包括风速、风压、风量和风阻等，其精准获取是进行通风网络解算、分析和决策的基础。通风参数获取的智能化能够大量减少人力资源的投入，从而节省大量成本。矿井通风参数精准智能获取主要以先进的监测监控系统和快速计算的算法为基础。

2.1　监测数据准确性与可靠性

2.1.1　矿井通风参数“测不准”原因假说及证实

利用一点风速准确表达出断面平均风速的先决条件是获得该点风速的真实值，然而实际中矿井通风参数是动态变化的，测试结果总是存在很大的不确定性[79]。在对国内近百个矿井的通风阻力测定后发现，无论采用电子风表、机械风表还是各种感知原理的风速传感器，所测风速值始终处于上下波动的不确定状态。同样，在对井下压力进行测量时，仪表示值也始终处于波动状态，有时波动幅度甚至大于测量真值，本书将这种情况称为矿井通风参数“测不准”现象。分析“测不准”现象形成的本质原因，可以为巷道风速乃至其他通风参数的精准测量提供科学的研究方法和理论依据。国内外相关文献对“测不准”现象的描述中多数认为它是由井下各种扰动因素引起的[171-174]，如风门开启、罐笼提升、爆破气流、机车运行、人员走动等，然而大量的现场实践表明，即使避开这些扰动影响，测量示值的波动现象依然存在。于是我们猜想，矿井通风参数“测不准”现象可能并非单纯由井下各种扰动因素引起，而是源于风流自身的湍动特性。本章的主要目的是采用实验方法证实这一假说，给予“测不准”现象更加科学的解释，进而为从根本上解决巷道风速“测不准”问题提供科学的方法和理论依据。

2.1.2　矿井通风参数“测不准”影响因素分析

矿井通风参数“测不准”现象通常被界定为矿内空气在各种扰动因素影响下的非定常流动。本书将这些扰动因素按其影响特性分为四类进行讨论，即瞬态扰动、周期性扰动、永久性扰动和大尺度漩涡。

1. 瞬态扰动因素

瞬态扰动因素是指能够引起风流参数发生短暂变化，随后又恢复原来状态的扰动源。这类扰动源在井下最为常见，如爆破气流、风门开闭、机车运行、人员行走等，它们无法使流动参量持续波动，但却频繁发生，无法长时间避免。

2. 周期性扰动因素

周期性扰动因素是指能够导致风流参数做持续周期性变化的扰动源。这类扰动源本身具有周期性变化规律，如罐笼的周期性提升、主通风机的不稳定运转、地表大气压的变化等，它们所引起风流参数的变化具有一定规律可循，但在实际中也是无法避免的。

3. 永久性扰动因素

永久性扰动因素是指能够引起风流参数发生永久性变化的扰动源。这类扰动的影响通常具有缓慢性和不可逆性，如工作面推进、巷道变形等导致的风量动态分配，它们引起的风流参数的变化十分缓慢，短时间内几乎无法察觉。

4. 大尺度漩涡

大尺度漩涡通常产生在巷道突扩、转弯、分叉、汇合等局变区域或内部的障碍物附近，漩涡内气流大小方向极不稳定，会导致风流参数发生不规则变化，但这些区域在多数情况下是容易判断和躲避的。

本书将上述四类扰动源统称为外部扰动，视为矿井通风参数“测不准”现象的外因，与之对应的内因是指矿内气流自身具有的随机脉动特性。本书认为，矿井通风参数测量结果的不确定状态是在内因和外因共同作用下形成的，其影响机制如图 2-1 所示。经分析可知，一些外部扰动因素可以在短时间内避免，有些则

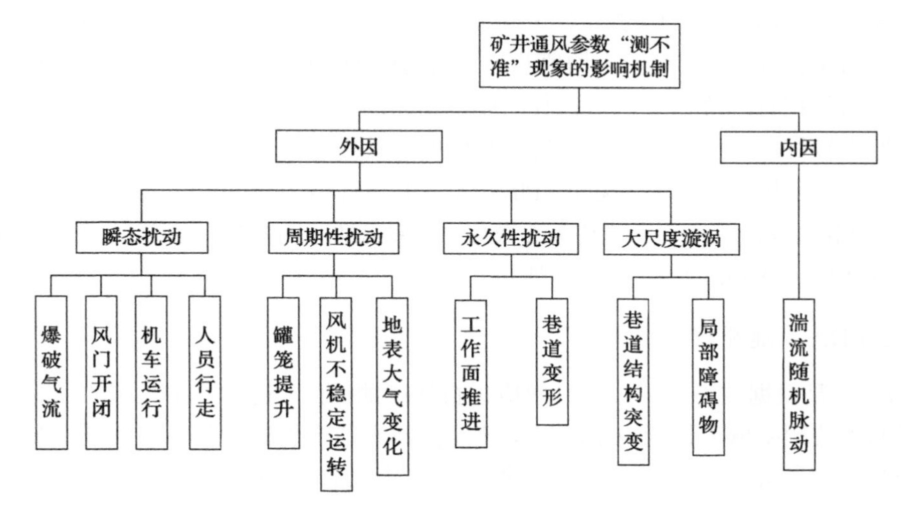

图 2-1　矿井通风参数“测不准”现象的影响机制

有一定规律可循。课题组在实践中观测到的监测示值具有持续性的不规则波动，故而猜测湍流随机脉动(内因)是矿井通风“测不准”现象的主导因素。

2.1.3 无外部扰动的巷道通风参数测量实验

为了证实假说，设计制作一种无外部扰动的通风管道实验模型来排除外因影响，采用精密仪器测量风流参数，观察“测不准”现象是否存在。

实验以矿井通风参数中的风速和风压为测量对象，实验装置如图 2-2 所示。

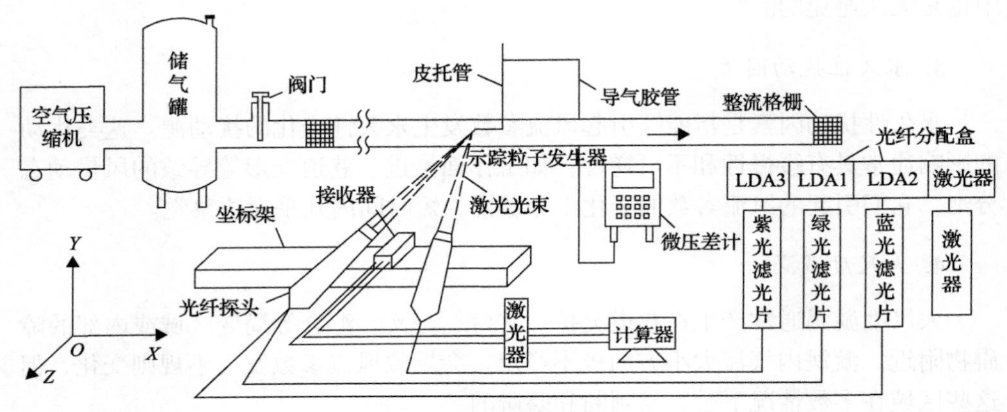

图 2-2 LDA 测速实验装置主体

1. LDA 测速实验装置

图 2-2 为 LDA 测速实验装置主体，实验系统主要包括 LDA 测速系统、阀门、示踪粒子发生器、整流格栅、空气压缩机等。本实验建立的巷道模型与实际巷道的比例为 1∶20，巷道模型为均值巷道，巷道模型内的平均风速为 4m/s 左右。示踪粒子为祭祀香燃烧产生的烟，其固体小颗粒的粒径可以达到纳米级，散光性和跟随性都较好。本实验用的管道为光滑玻璃，其折射率低，透光性好。

本实验所用激光器为 Spectra-Physics 2017 型氩离子激光器，是美国 Newport Spectra-Physics 激光产品。其基本参数如下：输出功率为 6W，光束直径为 1.5mm，光束发散角为 0.5mrad，如图 2-3 所示。

2. LDA 测速原理

LDA 是根据波特有的多普勒效应进行速度测试的，通过测试区域的示踪粒子返回的光波频率偏差得到粒子的运动速度。激光器产生的光源为一束线光源，通过分光器将激光分为绿、蓝、紫三种颜色六束光，三种光的波长不同，紫光为

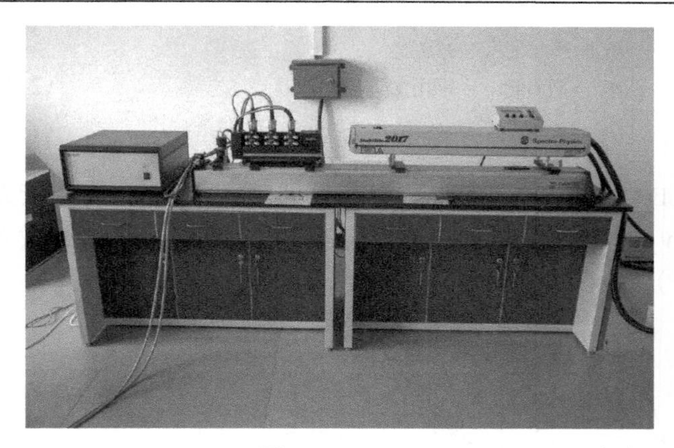
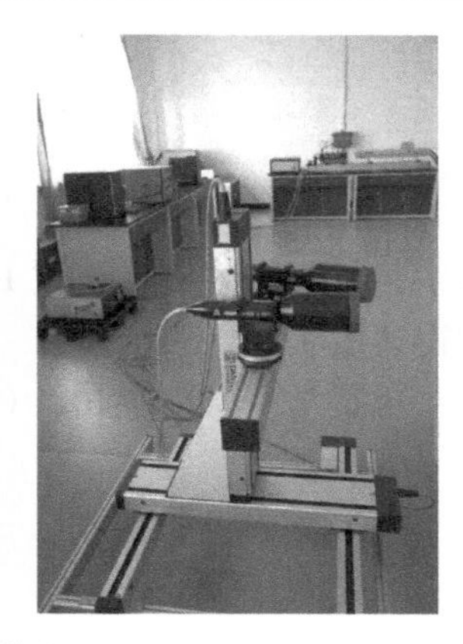

图 2-3　Spectra-Physics 2017 型氩离子激光器

476.5nm，蓝光为 488nm，绿光为 514.5nm。其中，两束绿光和两束蓝光由同一激光探头发出，记为探头 2#；两束紫光由另一倾斜探头单独发出，记为探头 1#。掺混在气体介质中的示踪粒子随流场运动，被绿、蓝、紫三种颜色六束光照射后发生光学散射。示踪粒子返回的光信号仅能初步分析粒子速度，并不具有方向性，但三种颜色的光经过分光器中的布拉格盒处理后，会使每种光都产生一定的频率偏移，发生频率偏移的三种光会在三个方向上产生 40MHz 的频率偏差。由波干涉原理可知，当两束同种颜色的光发生交互产生重叠区域时，重叠区域会产生干涉条纹。此区域中捕捉到示踪粒子，示踪粒子返回的散射光就会产生不同频率的干涉条纹，从而区分粒子的运动方向。将探头 A 和探头 B 接收到的示踪粒子光信号经过放大处理，在分析仪中将信号转换为速度[175,176]。

其表达式为

$$f_{\mathrm{D}} = |f_{\mathrm{d}} - f_{\mathrm{s}}| = \frac{1}{\lambda}|U(e_{\mathrm{p}} - e_{\mathrm{s}})| \tag{2-1}$$

式中，f_{D} 为多普勒频移；f_{d} 为散射光频率；f_{s} 为光源照射光频率；λ 为激光波长；U 为粒子 P 的运动速度；e_{s} 为照射光的单位向量；e_{p} 为粒子散射光的单位向量。

该频移和示踪粒子的速度呈线性关系：

$$u_x = \frac{\lambda}{2\sin\left(\dfrac{\theta}{2}\right)} f_{\mathrm{D}} \tag{2-2}$$

式中，u_x 为粒子速度；θ 为两束入射光之间的夹角。

LDA 探头的布置和粒子速度分量之间的对应关系如图 2-4 所示，坐标根据下式进行转换：

$$\begin{cases} u_1 = u \\ u_2 = v\cos\alpha_1 - w\sin\alpha_1 \\ u_3 = v\cos\alpha_2 + w\sin\alpha_2 \end{cases} \tag{2-3}$$

式中，u_1 为绿光测得速度 LDA_1，m/s；u_2 为蓝光测得速度 LDA_2，m/s；u_3 为紫光测得速度 LDA_3，m/s；u、v、w 为 z、x、y 三个方向的速度，m/s；α_1 为 2#激光探头轴线与 w 轴的夹角，(°)；α_2 为 1#激光探头轴线与 w 轴的夹角，(°)。

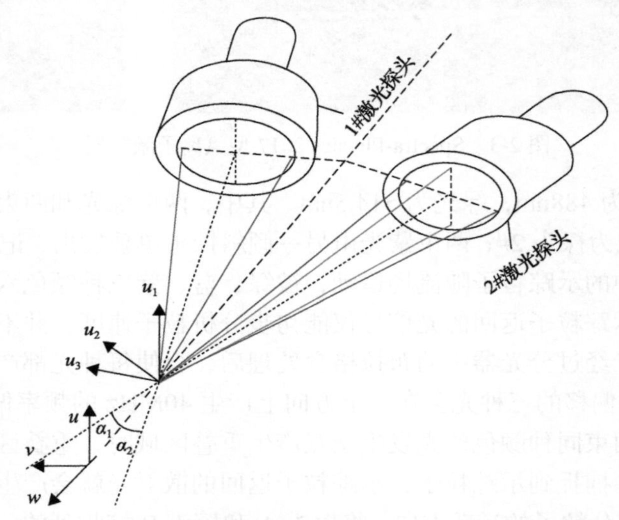

图 2-4　LDA 探头的布置与粒子速度分量之间的对应关系

根据式(2-3)，得 u、v、w 的计算式为

$$\begin{cases} u = u_1 \\ v = \dfrac{u_2\sin\alpha_2 + u_3\sin\alpha_1}{\sin\alpha_1\cos\alpha_2 + \cos\alpha_1\sin\alpha_2} = \dfrac{u_2\sin\alpha_2 + u_3\sin\alpha_1}{\sin(\alpha_1+\alpha_2)} \\ w = \dfrac{-u_2\cos\alpha_2 + u_3\cos\alpha_1}{\sin\alpha_1\cos\alpha_2 + \cos\alpha_1\sin\alpha_2} = \dfrac{-u_2\cos\alpha_2 + u_3\cos\alpha_1}{\sin(\alpha_1+\alpha_2)} \end{cases} \tag{2-4}$$

写成矩阵形式为

$$\begin{bmatrix} u \\ v \\ w \end{bmatrix} = \begin{bmatrix} 1 & 0 & 0 \\ 0 & \dfrac{\sin\alpha_2}{\sin(\alpha_1+\alpha_2)} & \dfrac{\sin\alpha_1}{\sin(\alpha_1+\alpha_2)} \\ 0 & -\dfrac{\cos\alpha_2}{\sin(\alpha_1+\alpha_2)} & \dfrac{\cos\alpha_1}{\sin(\alpha_1+\alpha_2)} \end{bmatrix} \cdot \begin{bmatrix} u_1 \\ u_2 \\ u_3 \end{bmatrix} \tag{2-5}$$

2.1.4 实验结果分析

1. 瞬时风速时间序列特征

实验中，管道平均风速 V=2.57m/s，雷诺数 $Re=3.4\times10^4$，以测量断面中心点瞬时风速的采样数据为分析对象。图 2-5 为测点各方向速度分量时间序列，可以看出瞬时风速的时间序列极不规则，三个方向的瞬时速度分量均随时间激烈变化，总体表现为在一平均值附近随机涨落。测量结果表明，即使在无外部扰动的均直光滑的巷道模型内，瞬时风速仍表现出十分剧烈的波动状态，速度的大小和方向随时在发生变化。由于无外部扰动的影响，因此这种不规则的随机运动完全源于湍流脉动。

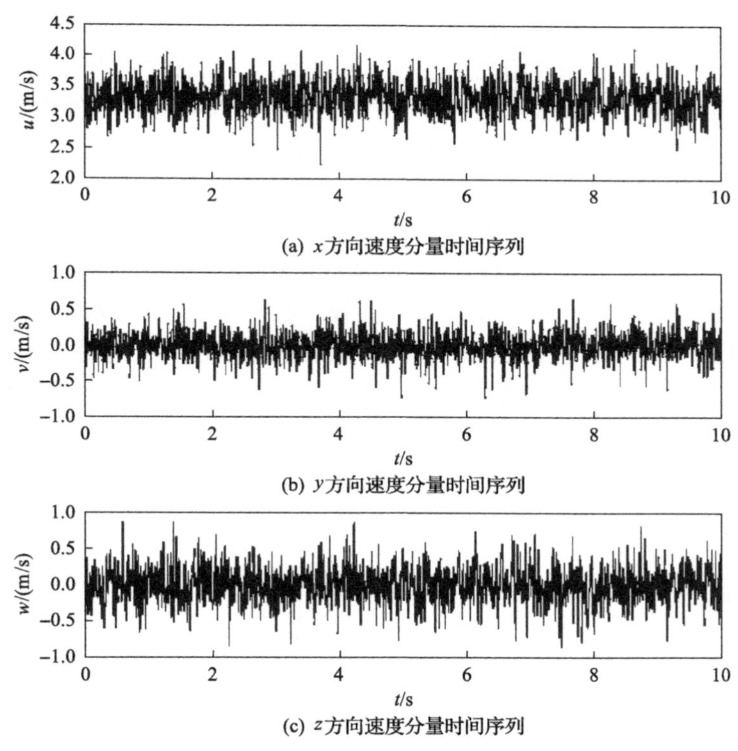

(a) x方向速度分量时间序列

(b) y方向速度分量时间序列

(c) z方向速度分量时间序列

图 2-5　测点各方向速度分量时间序列

表 2-1 给出了瞬时风速采样序列统计结果。统计量显示，最大脉动量占平均风速的 32.5%，足见湍流脉动的剧烈程度。y、z 方向速度分量的统计平均值趋于 0m/s，表示主流为 x 方向，与实际的宏观流动相符，这表明湍流的瞬时流场虽然是极不规则的，但它具有规则的统计平均特性。井下风速传感器虽然不具备实验

仪器(LDA)的高动态响应，但其感知的仍是某一刻的瞬时风速，湍流随机脉动的激烈程度足以使监测示值表现出“测不准”现象。

表 2-1　瞬时风速采样序列统计结果

速度分量	平均值/(m/s)	最大值/(m/s)	最小值/(m/s)	最大脉动量/(m/s)
x 分量	3.32	4.15	2.24	1.08
y 分量	0	0.65	−0.72	0.72
z 分量	0	0.88	−0.88	0.88

由于湍流运动的随机性和不规则性，因此准确描述和预测每一瞬时、每一空间点上的风速是极为困难且不必要的，工程中关注的只是有规律可循的统计结果。为研究脉动风速的统计特性，取 x 方向(主流方向)速度分量 2000 个采样数据，绘制出风速频数分布直方图并附加正态概率密度曲线，如图 2-6 所示，可以直观看出瞬时风速采样数据近似服从正态分布。利用 SPSS 统计分析软件中的“P-P 图”功能对采样数据进行正态性检验，检验结果如图 2-7 所示。图 2-7 中，横纵坐标分别为数据样本观测和期望的累积概率，数据点都位于直线附近，表明观测点和实际点基本重合，采样数据服从正态分布。利用 SPSS 中的“K-S”功能对采样数据做进一步的正态分布检验，结果显示，双侧渐进显著性取值为 0.79，大于拒绝临界值 0.05，因此接受正态分布假设；在 5%的显著性水平上，样本均值位于区间[3.30，3.34]，包括 3.32 且均值为 3.32 成立的概率达到了 99.5%。按照上述正态性检验方法对整个断面内的不同点三个方向速度分量的采样数据进行分析，结果也满足正态假设，因此巷道断面内任一点瞬时风速的采样序列服从正态分布。

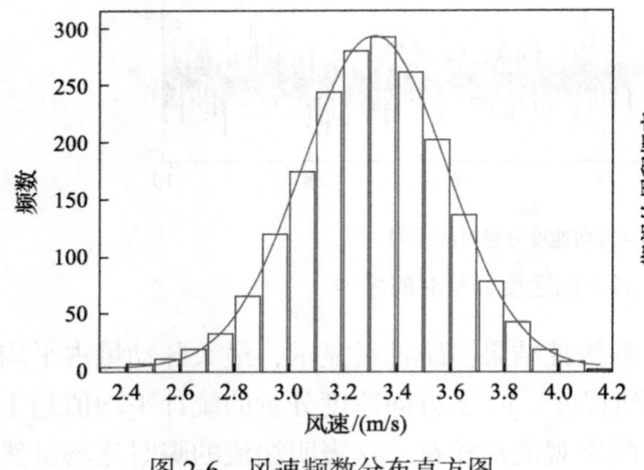

图 2-6　风速频数分布直方图

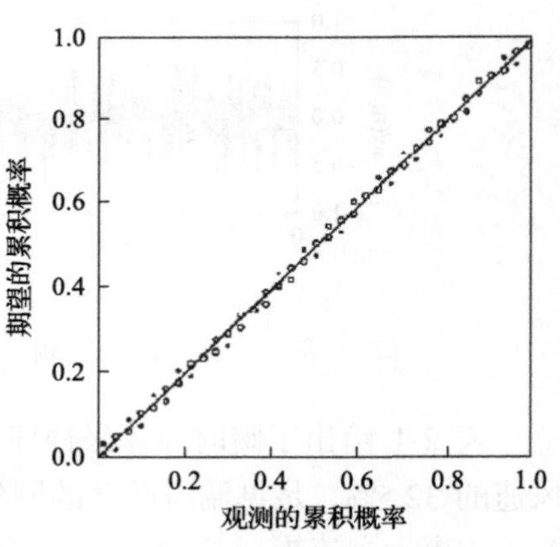

图 2-7　风速正态分布检验结果

2. 瞬时压力时间序列特征

矿井湍流运动中压力和速度之间的关系可由不可压缩流体的纳维-斯托克斯(Naviar-Stokes)运动方程描述：

$$\frac{\partial u_i}{\partial t}+u_j\frac{\partial u_i}{\partial x_j}=-\frac{1}{\rho}\frac{\partial p}{\partial x_i}+\nu\frac{\partial^2 u_i}{\partial x_j}+f_i \tag{2-6}$$

式中，u_i为 i 方向速度分量，m/s；u_j为 j 方向速度分量，m/s；x_i为 i 方向位移分量，m；x_j为 j 方向位移分量，m；t 为流体流动时间，s；p 为压力，Pa；ρ 为风流密度，kg/m^3；ν 为风流运动黏性系数，m^2/s；f_i为单位体积流体所受外力，Pa。

根据雷诺分解，流场中瞬时参量可以分解为时均值和在时均值上下涨落的脉动值，即令$u_i=\overline{u}_i+u_i'$，$p=\overline{p}+p'$，代入式(2-6)，按照求导运算和平均运算法则，可得到时均运动的雷诺方程：

$$\frac{\partial \overline{u}_i}{\partial t}+\overline{u}_j\frac{\partial \overline{u}_i}{\partial x_j}=-\frac{1}{\rho}\frac{\partial \overline{p}}{\partial x_i}+\nu\frac{\partial^2 \overline{u}_i}{\partial x_j}+f_i-\frac{\partial \overline{u_i u_j}}{\partial x_j} \tag{2-7}$$

式(2-7)与式(2-6)对应项相减，可得到脉动风速和脉动压力之间的关系方程：

$$\frac{\partial u_i'}{\partial t}+\overline{u}_j\frac{\partial u_i'}{\partial x_j}+u_j'\frac{\partial \overline{u}_i}{\partial x_j}=-\frac{1}{\rho}\frac{\partial p'}{\partial x_i}+\nu\frac{\partial^2 u_i}{\partial x_j^2}-\frac{\partial}{\partial x_j}(u_i'u_j'-\overline{u_i'u_j'}) \tag{2-8}$$

式中，$\overline{u}_i$ 为速度的时均值，m/s；$\overline{p}$ 为压力的时均值，m/s；u_i' 为速度脉动量，m/s。

由式(2-6)可以直观地看出，当流动速度发生变化时，压力也会随之改变，因此速度脉动与压力脉动相互依存并具有某种内在联系。由式(2-8)可知，湍流压力脉动除了受速度脉动影响外，还与耗散有关，其相互作用关系十分复杂，目前尚无法获得压力脉动与速度脉动关系的解析表达，因而压力脉动的相关特征尚依赖实验观测。

图 2-8 给出了实验条件下，风速测量点处相对静压 300s 内的采样时间序列。由图 2-8 可以看出，瞬时压力与瞬时风速类似，也是围绕一平均值随机涨落，呈脉动状态。由于目前尚没有类似激光多普勒测速仪的高频响测压仪器，因此脉动压力的采集频率较脉动速度迟缓。经统计，所采集的压力最大值 p_{max}=19.6Pa，最小值 p_{min}=14.7Pa，平均值 $\overline{p}$ =17.1Pa，最大脉动量 p'_{max}=2.5Pa，占平均值的 14.6%。实验表明，即使在无外部扰动的模型巷道内，由于湍流脉动的存在，压力监测值也会表现出很大程度的不确定性，这种不确定性可能会导致测量结果产生较大误差。

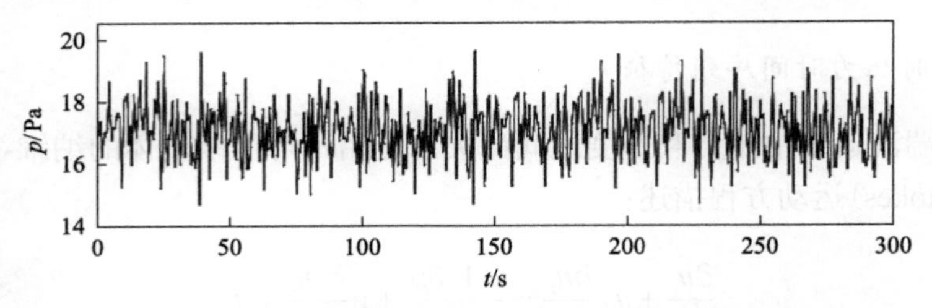

图 2-8　风速测量点处相对静压 300s 内的采样时间序列

图 2-9 给出了测试数据的频数分布直方图，用以研究巷道风流压力脉动的统计规律。利用 SPSS 软件“P-P 图”命令进行采样数据的正态性检验，结果如图 2-10 所示。由图 2-10 可以看出，观测值和期望值基本重合，数据点围绕直线分布，表明压力采样数据服从正态分布。利用“K-S”方法进行测试数据正态性检验，结果显示双侧渐进显著性取值为 0.98，大于拒绝临界值 0.05，接受正态分布假设；在 5%的显著性水平上，该组数据的均值位于区间[16.9,17.2]，包括平均值 17.1Pa，且均值为 17.1Pa 的概率为 99.2%。按照上述测量方法对巷道断面内其他测点进行分析，结果仍服从正态性假设，因此巷道断面内任一点瞬时压力的采样序列也服从正态分布。

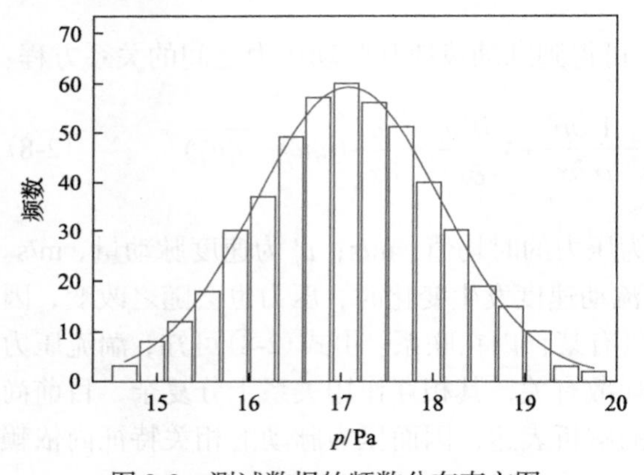

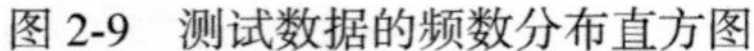

图 2-9　测试数据的频数分布直方图

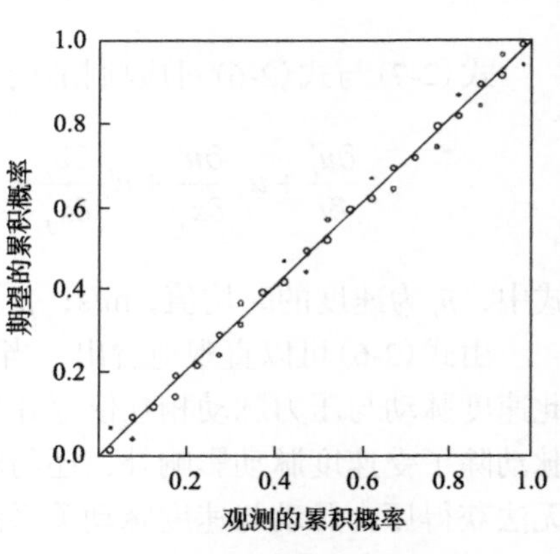

图 2-10　压力正态分布检验结果

3. 风速大小对湍动激烈程度的影响

湍流脉动激烈程度可以用湍流(动)强度定量表征。湍流强度(湍强)有两种表示方法，其一是瞬时速度的标准差 δ，可以视为绝对湍流强度；其二是瞬时速度标准差与时均速度的比值 I，可以称为相对湍流强度[77,98]。当强调湍流的输运扩散作用时，多用第一种表示方法；当描述湍流的紊乱程度时，采用第二种表示方法。同一风速下，瞬时速度标准差与脉动速度的均方根值相等，都用来表征瞬时速度的平均脉动幅度。从测量误差的角度来看，两者可以表示瞬时速度与平均值之间的绝对误差。当风速不同时，用相对误差表征湍流脉动的影响较为合理，此时要用相对湍流强度表示脉动的激烈程度。由于无外部扰动时“测不准”现象源于湍流随机脉动，“测不准”或“不确定度”本质上是测量相对误差的表象，因此矿井通风参数“测不准”现象可用相对湍流强度定量表征。

为了研究风速大小对湍动激烈程度的影响，采集了 10 种风速下同一点的瞬时风速时间序列，经统计得到了每种风速下该点的相对和绝对湍流强度。图 2-11 给出了随风速增大，相对和绝对湍流强度的变化趋势。由图 2-11(a)可见，随平均风速增大，测点风速的相对湍流强度近似呈线性增加，即风速越大，湍流平均脉动幅度越大；由图 2-11(b)可以看出，随平均风速增大，测点处的绝对湍流强度有减小趋势，但减幅十分微弱，当风速由 0.58m/s 增至 5.2m/s 时，绝对湍流强度由 5.86%减小至 4.61%，减幅仅为 1.25%，因此风速大小对绝对湍流强度的影响不大。综上可知，测试风速越大，湍流的平均脉动幅度越大，可引起的宏观波动尺度越大，而相对湍流强度变化不大，这表明“测不准”现象与风速大小关系不大；从测试误差来看，随风速增大，测试的绝对误差不断增加，而相对误差近似不变。

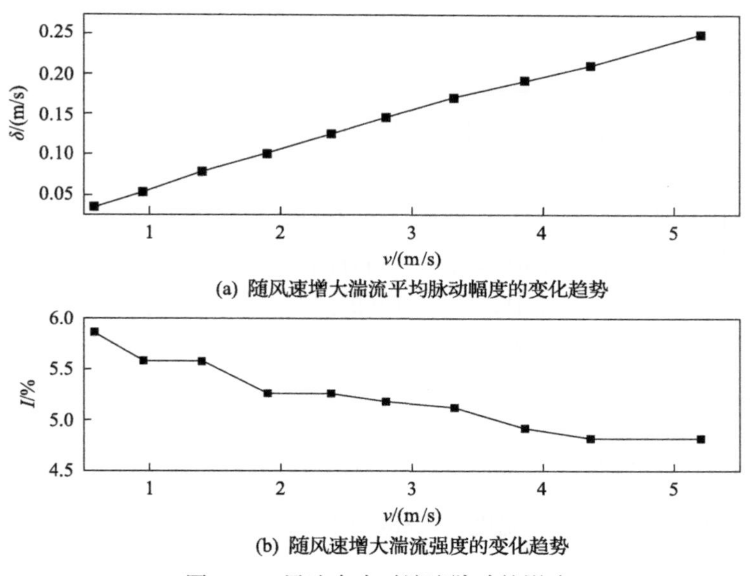

(a) 随风速增大湍流平均脉动幅度的变化趋势

(b) 随风速增大湍流强度的变化趋势

图 2-11　风速大小对湍流脉动的影响

2.2　巷道断面风流场

2.2.1　巷道断面风流场数值模拟

本节对不同形状巷道断面进行数值模拟，旨在研究风流在不同入场风速、温度及不同巷道断面形状的影响下，其风流场的分布情况。

巷道的数值模拟参数根据五阳煤矿的实际情况进行选取，夏季进风流温度为 26℃；冬季在入风井口安设暖风机，进风流温度为 15℃(288K)，具体参数如表 2-2 所示。

表 2-2　风流场数值模拟参数

项目	参数	
风速/(m/s)	1	4
巷道温度/K	293	293
风流温度/K	288	299
煤壁导热系数/[W/(m·℃)]	0.26	0.26
巷道断面	3.6m, 3.5m, 4.6m	1.6m, 4.6m

由于该数值模拟中有三个变量，因此共需建立八个不同的模型。在数值模拟过程中，遵循以下假设：

1) 巷道内风流视为连续的、不可压缩的流体；

2) 巷道壁是均匀的，摩擦系数在不同方向上不发生变化；

3) 风流在巷道流动过程中，与巷道壁的热量交换是稳定的；

4) 巷道中风流流动为湍流，且符合 $k\text{-}\varepsilon$ 模型。

2.2.2　数值模拟结果

1. 不同参数风流场数值模拟结果

1) 当风速为 1m/s，风流温度为 288K 时，数值模拟结果如图 2-12 和图 2-13 所示。

2) 当风速为 1m/s，风流温度为 299K 时，数值模拟结果如图 2-14 和图 2-15 所示。

3) 当风速为 4m/s，风流温度为 288K 时，数值模拟结果如图 2-16 和图 2-17 所示。

4) 当风速为 4m/s，风流温度为 299K 时，数值模拟结果如图 2-18 和图 2-19 所示。

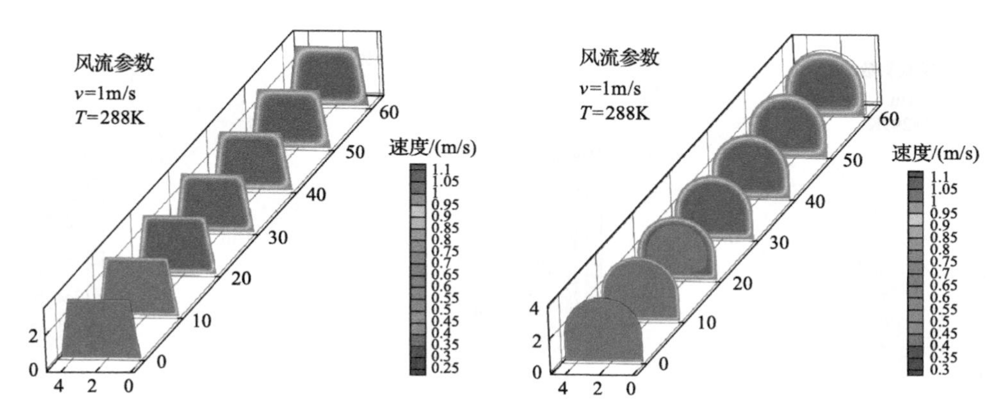

图 2-12　v=1m/s，T=288K 风流速度分布

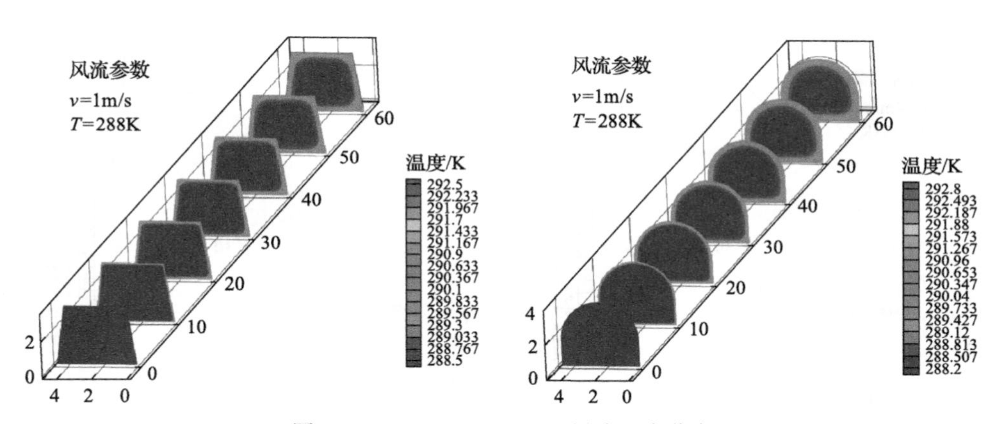

图 2-13　v=1m/s，T=288K 风流温度分布

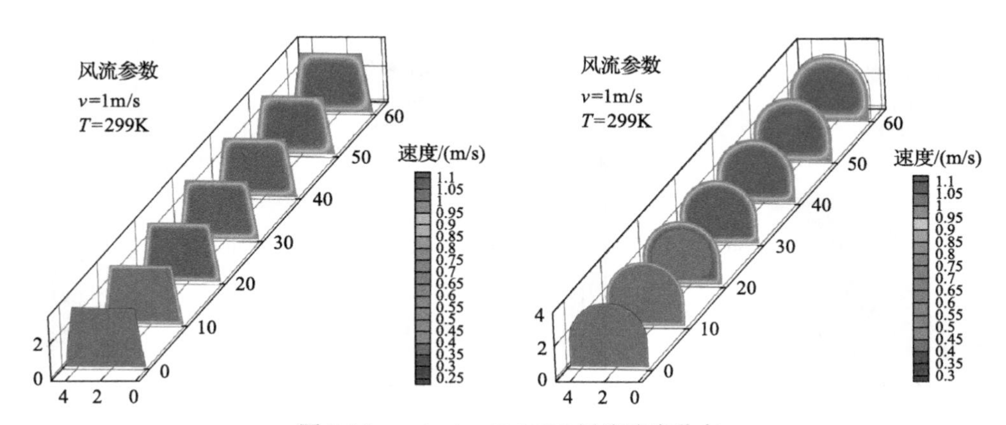

图 2-14　v=1m/s，T=299K 风流速度分布

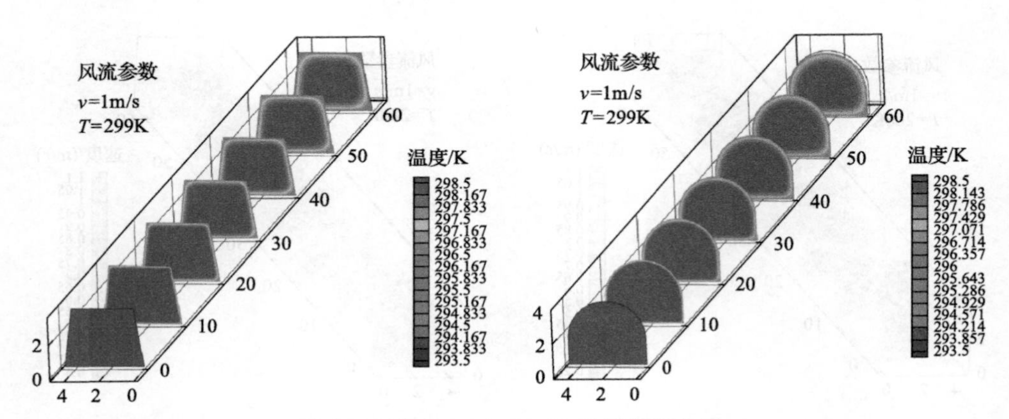

图 2-15　v=1m/s，T=299K 风流温度分布

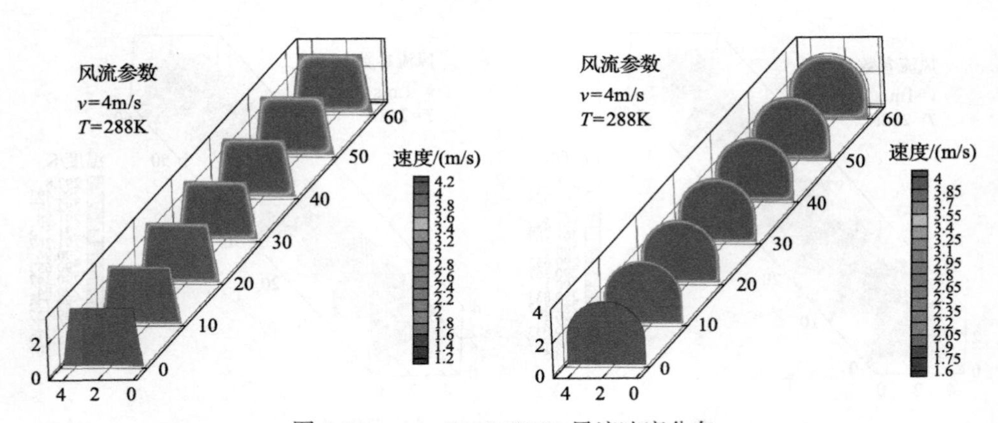

图 2-16　v=4m/s，T=288K 风流速度分布

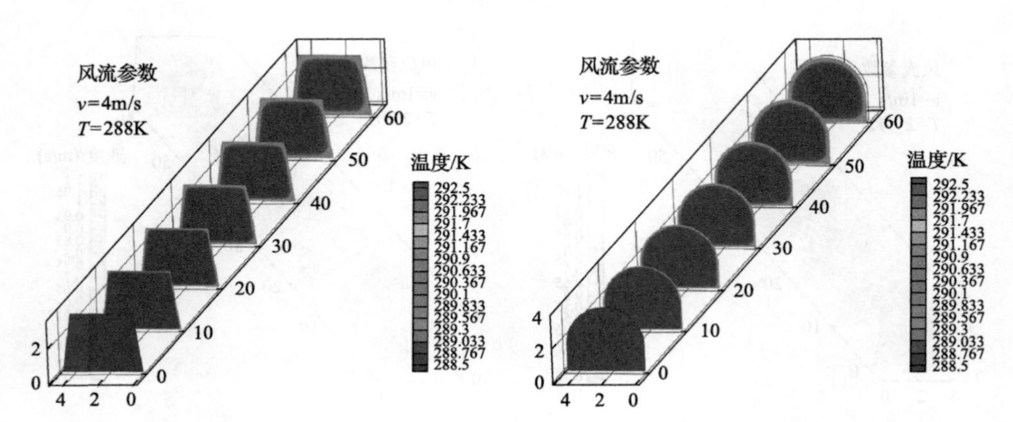

图 2-17　v=4m/s，T=288K 风流温度分布

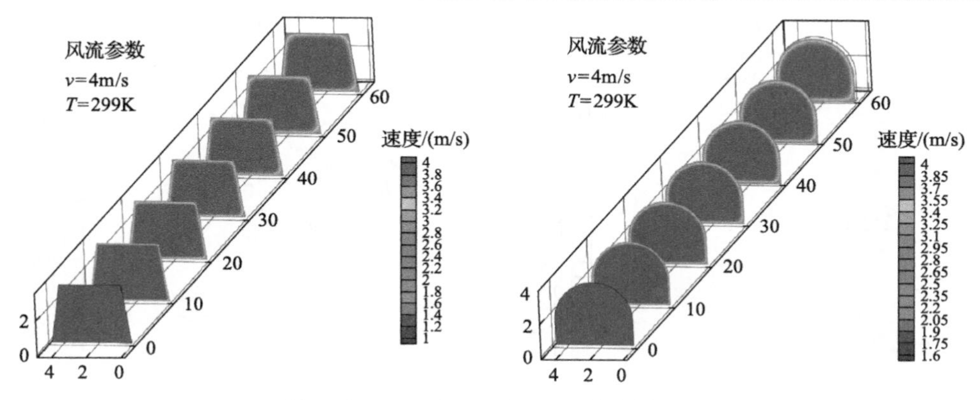

图 2-18　v=4m/s，T=299K 风流速度分布

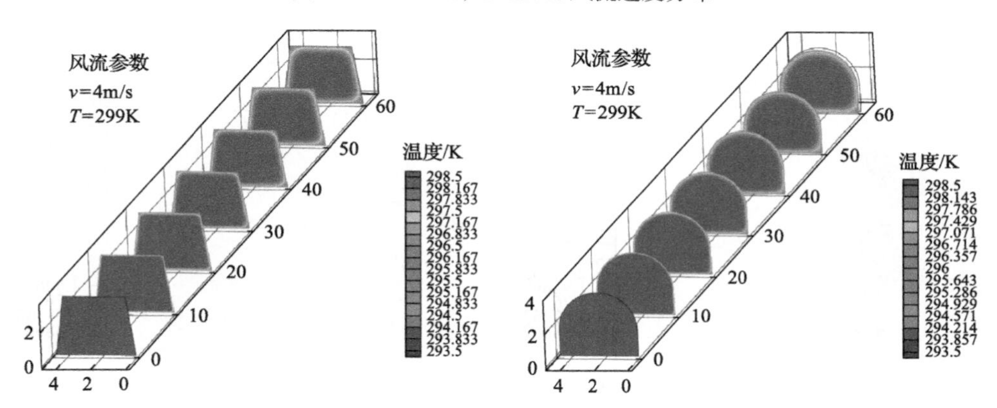

图 2-19　v=4m/s，T=299K 风流温度分布

2. 不同参数对风流场影响分析

1）不同温度对风速分布的影响如图 2-20～图 2-23 所示。

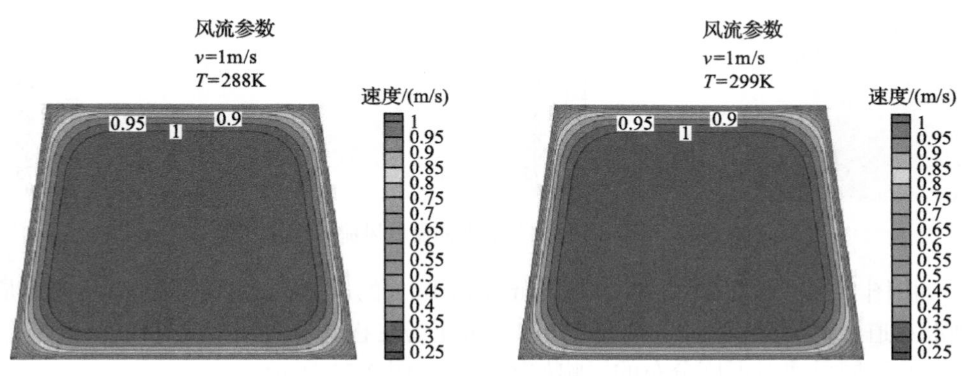

图 2-20　v=1m/s 梯形巷道不同温度风流的速度分布

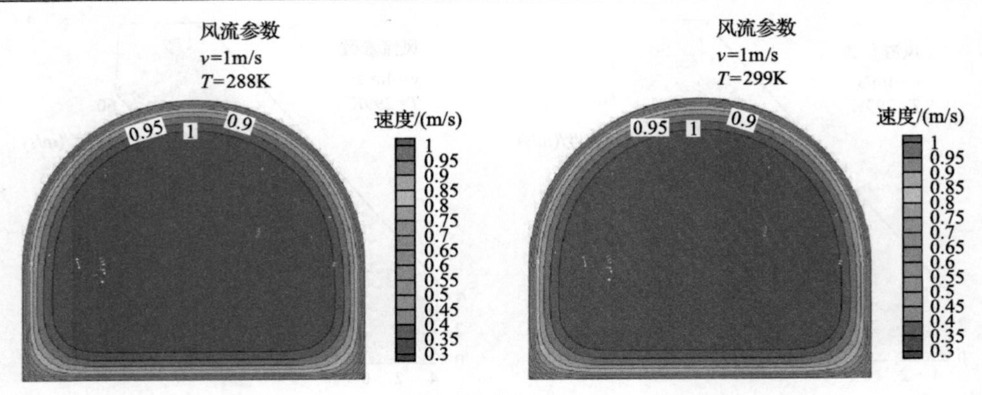

图 2-21 v=1m/s 拱形巷道不同温度风流的速度分布

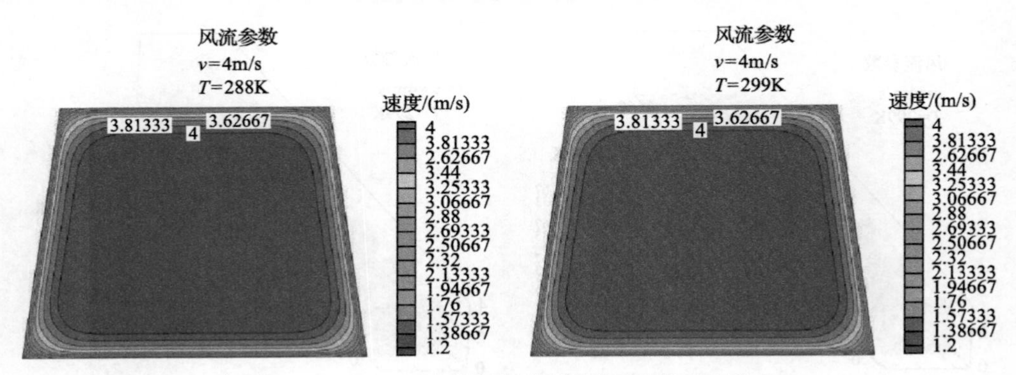

图 2-22 v=4m/s 梯形巷道不同温度风流的速度分布

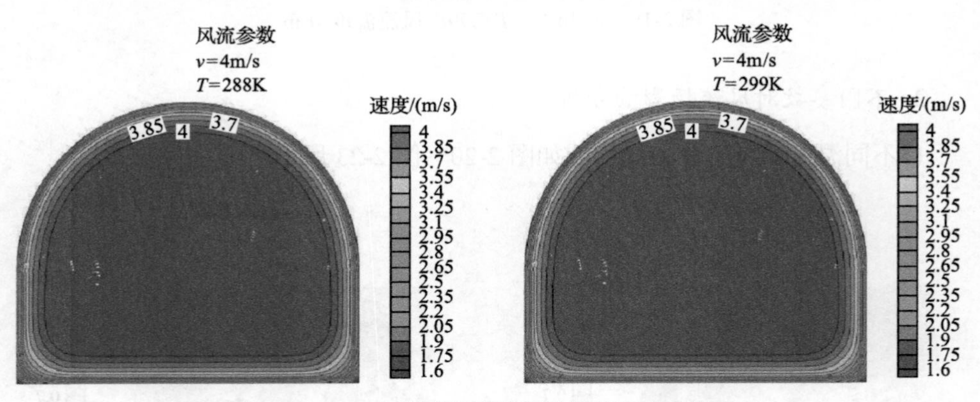

图 2-23 v=4m/s 拱形巷道不同温度风流的速度分布

由图 2-20～图 2-23 可知，对于 1m/s 和 4m/s 的风速，无论是在梯形巷道还是拱形巷道，风流温度为 288K 和 299K 的风速场在巷道中的分布没有任何区别。

2）不同风速对温度分布的影响如图 2-24～图 2-27 所示。

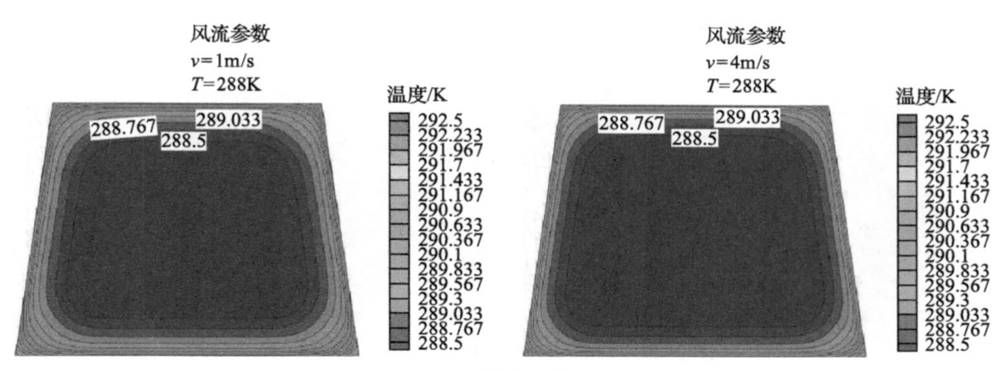

图 2-24　T=288K 梯形巷道风流温度分布

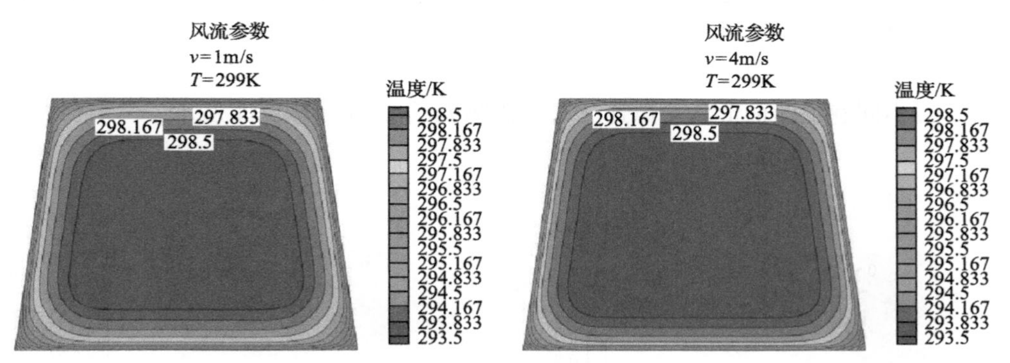

图 2-25　T=299K 梯形巷道风流温度分布

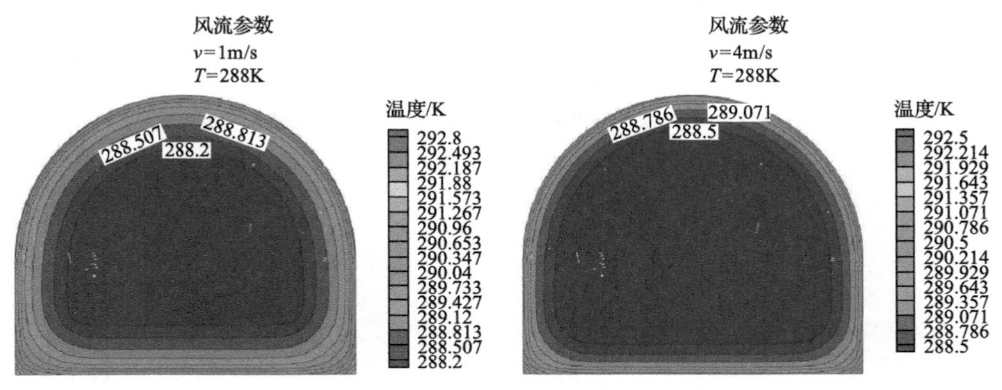

图 2-26　T=288K 拱形巷道风流温度分布

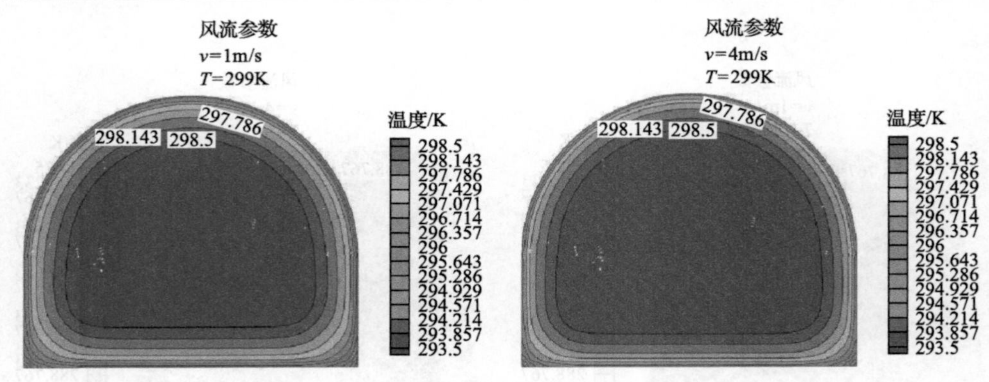

图 2-27　T=299K 拱形巷道风流温度分布

由图 2-24～图 2-27 可知，对于温度为 288K 和 299K 的风流，不同风速对于风流温度在梯形巷道和拱形巷道中的分布都有一定的影响。同一巷道断面中，风流速度越大，同一温度风流层的厚度越小。

3）不同巷道断面形状对风速分布的影响如图 2-28～图 2-31 所示。

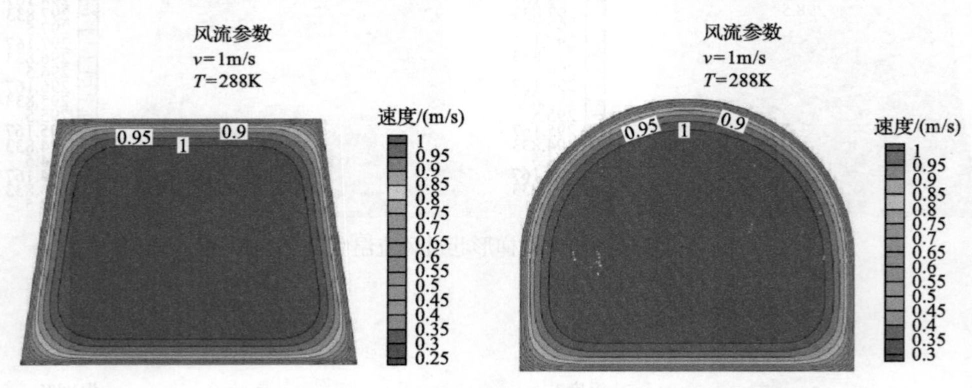

图 2-28　v=1m/s，T=288K 不同断面形状巷道风流速度分布

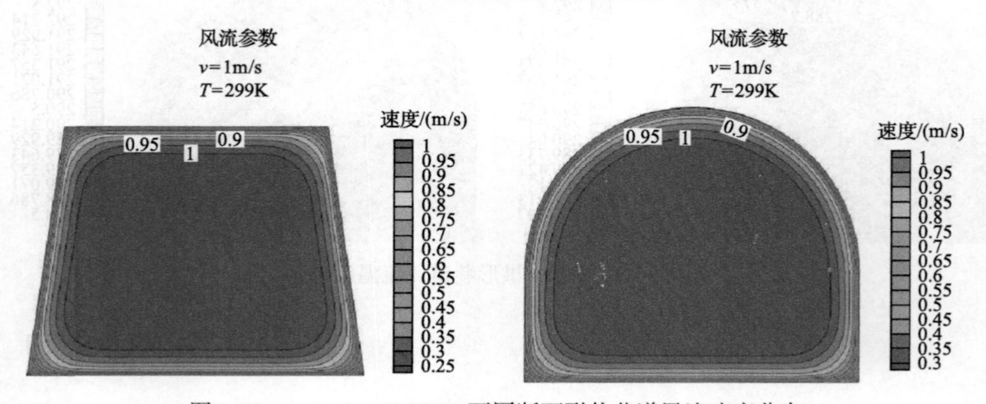

图 2-29　v=1m/s，T=299K 不同断面形状巷道风流速度分布

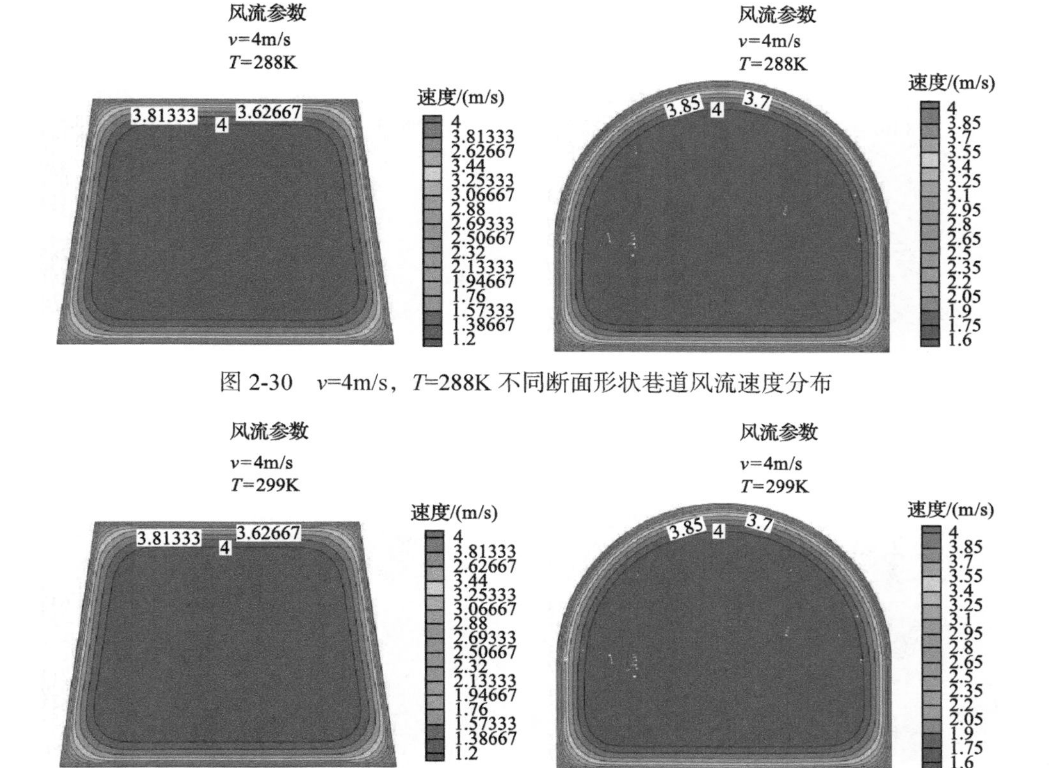

图 2-30　v=4m/s，T=288K 不同断面形状巷道风流速度分布

图 2-31　v=4m/s，T=299K 不同断面形状巷道风流速度分布

由图 2-28～图 2-31 可知，风速在巷道断面的分布呈现边缘小、中间大的现象，且越靠近边缘风速越小。不同巷道断面形状对风速的分布影响较小，只在巷道拐角处出现较低风速区，其他区域风速较稳定，且分布趋于一致。

4) 不同巷道断面形状对温度分布的影响如图 2-32～图 2-35 所示。

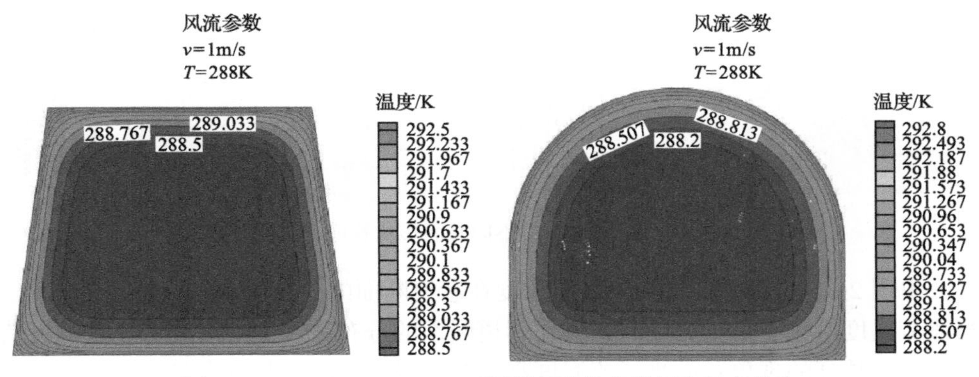

图 2-32　v=1m/s，T=288K 不同断面形状巷道风流温度分布

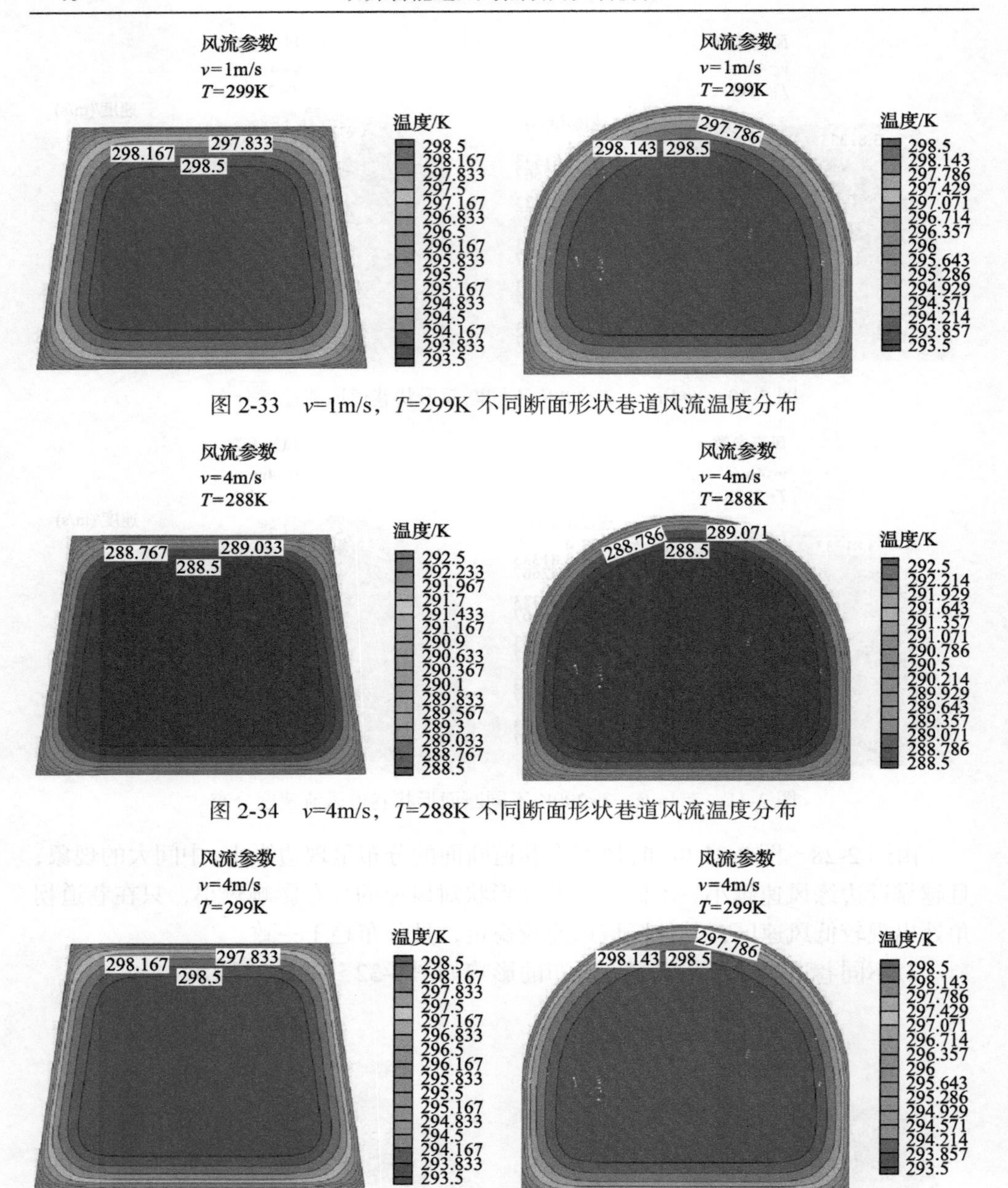

图 2-33　v=1m/s，T=299K 不同断面形状巷道风流温度分布

图 2-34　v=4m/s，T=288K 不同断面形状巷道风流温度分布

图 2-35　v=4m/s，T=299K 不同断面形状巷道风流温度分布

由图 2-32～图 2-35 可知，风流温度在巷道断面的分布受巷道壁温度的影响。当风流温度低于巷道壁温度时，其在巷道断面的分布呈现中间温度低，越靠近巷道壁温度越高的现象；而当风流温度高于巷道壁温度时，其分布趋势正好相反。

巷道断面形状对风流温度的分布基本没有影响，只是在梯形巷道上角处具有一定差异，其他区域风流温度分布基本一致。

2.3　巷道断面点风速与平均风速关系理论

2.3.1　巷道断面平均风速

由于巷道壁的粗糙及风流的黏滞性，风流在巷道中流动会产生沿程的摩擦力，造成巷道断面风速分布的不均匀。风速在巷道中心最大，在巷道壁最小，中间为过渡区。由于巷道的不规则形状和不同的支护方式，往往导致风速的最大值不在巷道断面的中心处。在测风速时，如果风速计放在巷道壁处，则测量值偏小；如果放在巷道中心处，则测量值偏大。所以，在测量巷道风速时，不能仅用某一点的风速代表巷道的平均风速，正确的方法应该是在巷道断面上按照一定的顺序均匀测定多个点的风速，取其平均值。测定的点越多，其平均风速值越接近真实值。巷道中若不说明是哪个点的风速，则指平均风速，即

$$V_{均} = \frac{Q}{S} \tag{2-9}$$

式中，$V_{均}$ 为巷道的平均风速，m/s；Q 为单位时间通过的风量，m^3/s；S 为巷道断面面积，m^2。

2.3.2　巷道断面点风速与平均风速的关系

对 LDA 的测试数据统计平均可得测点的平均速度，即

$$\bar{v} = \frac{1}{n}\sum_{i=1}^{n} v_i \qquad (i = 1, 2, 3, \cdots, n) \tag{2-10}$$

式中，$\bar{v}$ 为测点的平均速度，m/s；v_i 为各采集样本粒子的速度，m/s。

2.3.3　实验测试

1. 测试断面及断面内测点设置

如图 2-36 所示，测试区域为一个巷道断面，在整个区域的中间。激光束距离巷道壁 1mm 处，以尽可能获得巷道壁面的风速。测点沿 y 方向和 z 方向的间距为 4mm，共有测点 2601 个。断面内测点布置及自移轨迹如图 2-37 所示。实验中风量为 $0.12m^3/s$，断面平均风速为 3m/s。

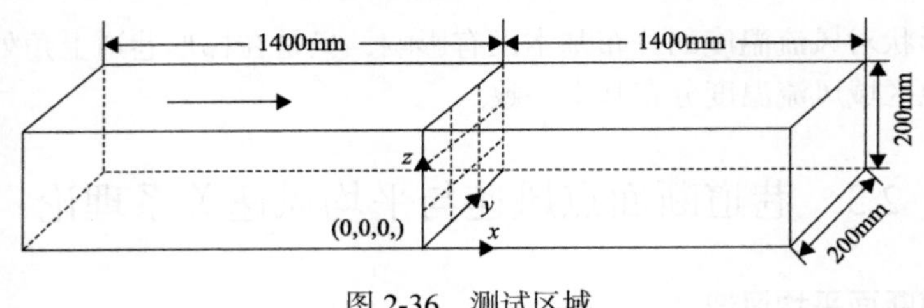

图 2-36 测试区域

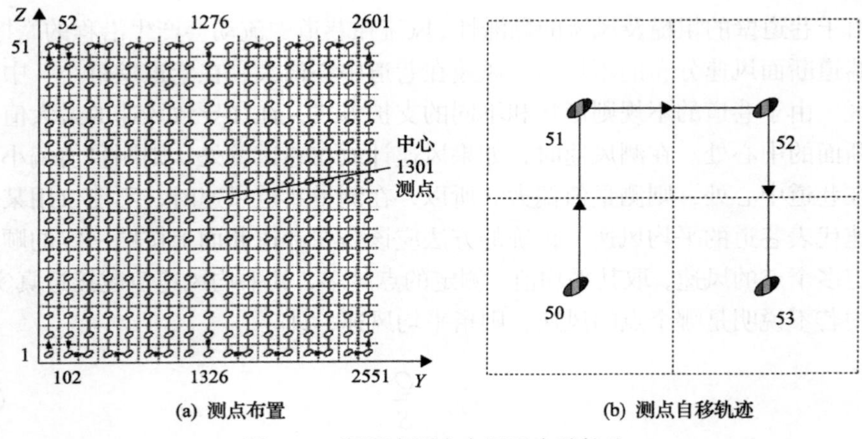

(a) 测点布置 (b) 测点自移轨迹

图 2-37 断面内测点布置及自移轨迹

2. 实验参数设定

LDA 激光器输出氩离子，功率为 1W；光电倍增管为 1000V 的电压；透镜的焦距为 800mm；采用布拉格盒的移动方式；探头 1D 和 2D 的夹角为 22°；粒子数 2000 个和时间 10s 为终止条件；采用协同和非协同的测量模式。

3. 实验步骤

步骤 1：选择测试断面。

步骤 2：利用多点法准确测量该断面的平均风速 u_p。

步骤 3：选择单点位置，测量该点的当地风速 u。

步骤 4：利用公式 $u/u_p=k$ 计算测点校正系数 k。

步骤 5：将传感器布置在所选测点，根据当前传感器的风速监测值 u'，按照 $u'_p=u'/k$ 转化得到当前巷道的平均风速 u'_p。

测试获得 k 值后，可利用监测数据将单点风速快速准确地转化为平均风速。

4. 实验结果

以 1301 测点为例，对其速度进行分析。对所有测点各向速度统计分析，得到的极限速度如表 2-3 所示，速度分布如图 2-38 所示。

表 2-3　断面第 1301 号测点各向极限速度值

各向	速度/(m/s)		
	最大值	最小值	平均值
LDA_1	0.8393	−0.7624	0.0398
LDA_2	5.0161	3.5024	4.2171
LDA_3	−3.5442	−4.6698	−4.0255

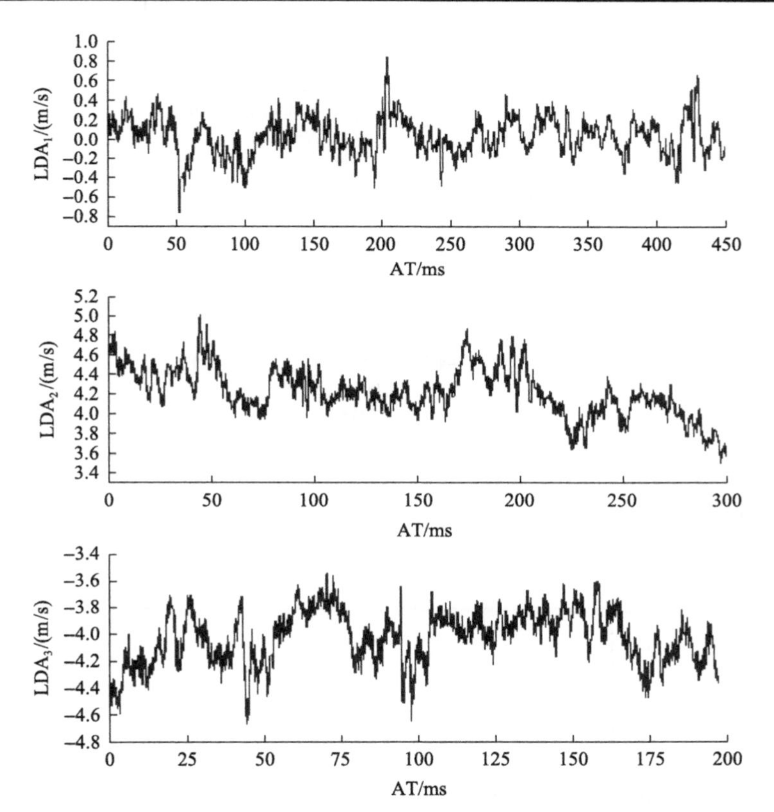

图 2-38　断面第 1301 号测点激光测得粒子的速度分布

AT 表示 LDA 采集到的粒子到达 1301 测点的时间

图 2-38 为第 1301 号测点粒子速度的变化，可以发现粒子速度在速度均值附近有不规则的波动，即湍流现象。

为了进一步研究测试数据的变化规律，将第 1301 号测点数据进行统计，发现测点各向速度大小服从正态分布，如图 2-39 所示。

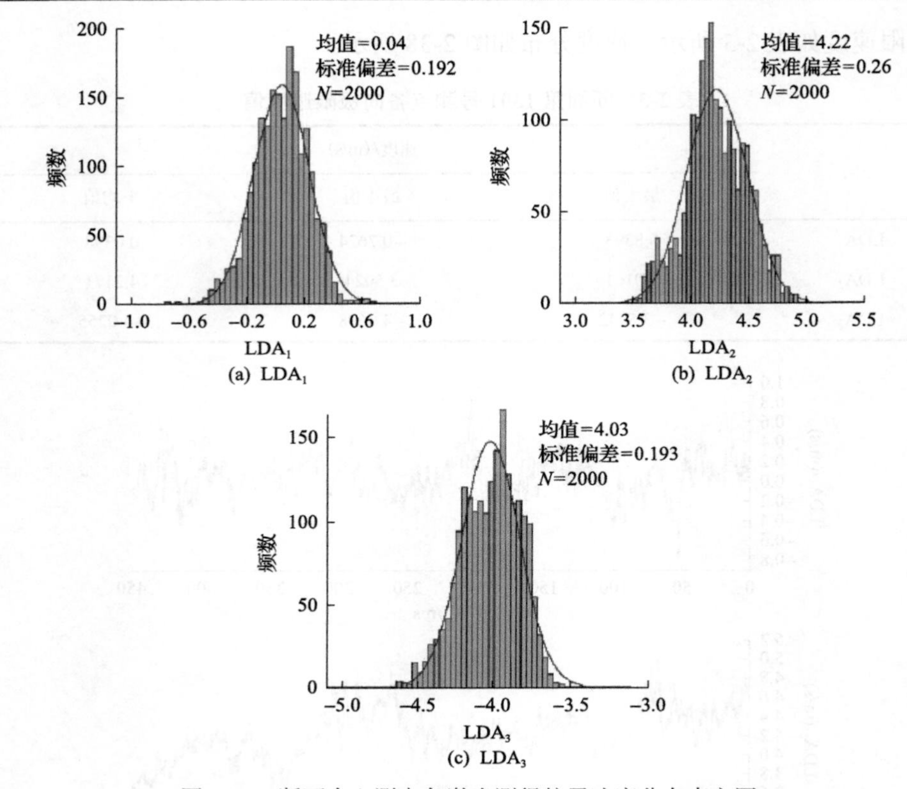

图 2-39　断面中心测点各激光测得粒子速度分布直方图

采用 MATLAB 软件对测量数据进行处理，得到断面平均风速分布，如图 2-40 所示。

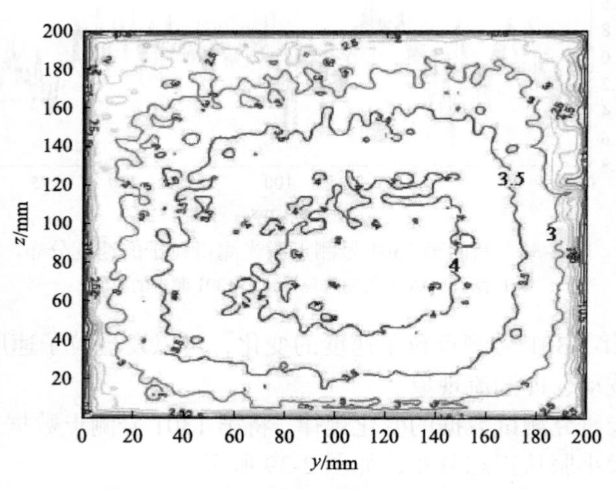

图 2-40　断面平均风速分布(单位：m/s)

从图2-40可以看出，在巷道断面上，风速分布近似为与巷道断面类似的封闭形状。从整体上看，风速分布在巷道断面中心区域速度较大，越靠近巷道壁面速度越小，这一趋势与数值模拟的结果完全一致。

2.4　风速传感器选址算法分析

《煤矿安全规程》要求矿井各采区、回风巷等位置需安装风速传感器。但若想实现对矿井通风系统的全面监控，则需要合理地安装风速传感器，实现对整个矿井通风网络的监控，进而了解整个通风系统的运行状况。

2.4.1　最小树原理算法

最小树可以通过破圈法、Kruskal算法、边割法(Prim算法)等求出。破圈法就是任选一个回路，依次去掉回路中权重最大的分支，直至图中再无回路。根据最小树的定义和破圈法的实质可知，最小树余支的总数为$n-m+1$(n为分支数，m为节点数)个。若知道每个余支的风量，结合关联矩阵，就可以列出$m-1$个线性独立方程(关联矩阵列出的方程包含所有分支)，得到所有树支的风量。因此，在最小树的余支上布置风速传感器可全面监控矿井巷道风速。

最小树原理算法[177]步骤如下。

1. 赋予最小树权重

由最小树的概念可知，求最小树的前提是要对通风网络图中的每条分支赋予权重值。最小树分支赋予权重时可以是风量、风速，也可以是风阻或压差，赋予的权重因子不同，得到的最小树也不同，而这种权重就是布置风速传感器时的影响因素。当赋予权重为风速时，可以通过风速与巷道断面面积之积得到巷道风量，因此以风速为权重值确定最小树较为简便。

2. 计算最小树

由于破圈法适合人工找最小树，因此选取边割法，利用计算机程序找到最小树。

边割法求解最小树的步骤如下：

1)初始化。E按权重由小到大排序；S为节点集合，初始为$\{v_1\}$；E_T为最小树的树支。

2)计算边割。

3)将边割中权重最小的分支的另一个节点加入S中。

4)将边割中权重最小的分支加入树支E_T中。

5) 判断程序是否结束。如 $V-S=\varnothing$，则表明树支 E_T 包含所有节点，转到 6) 程序结束；否则，转到 2) 继续确定边割和树支。

6) 程序结束。

其程序框图如图 2-41 所示。

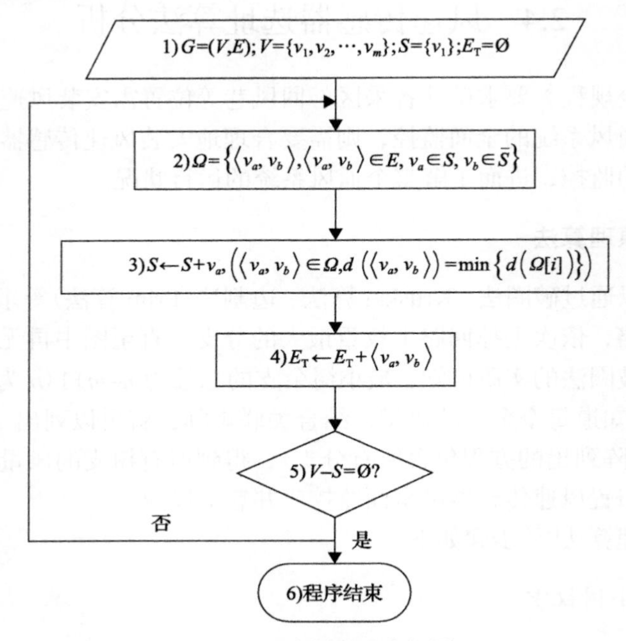

图 2-41　边割法程序框图

G. 图；*V*. 图 *G* 的节点集合；*E*. 图 *G* 的分支集合；*m*. 节点总数；*S*. 边割中分支对应的节点集合；E_T. 最小树的树支集合；Ω. 一个节点在 *S* 中、另一节点在 *S* 补集中的分支集合

2.4.2 可变模糊优选算法

可变模糊优选算法[178]步骤如下。

1. 建立可变模糊理论的因素指标体系结构模型

基于矿井监控系统设计的经济性和合理性，确定风速传感器布置的影响因素，建立指标体系，如图 2-42 所示。

各因素指标的意义及取值如下：

1) 必安装点：必须安装风速传感器用 1 表示，不用安装用 0 表示。

2) 巷道安装条件：风速传感器安装条件主要包括巷道风速、断面高度、巷道长度、巷道变形四个指标。

①巷道风速：巷道风速太小时，测量误差可能较大；

②断面高度；

③巷道长度：安装风速传感器的巷道不应太短，以免受到涡旋、湍流等影响；

④巷道变形：采用变形严重、一般、无变形三个等级对巷道进行评价，分别用 1、0.5、0 表示。

3）已安装点：根据通风网络的实际情况，用数字 1 表示已安装传感器，用 0 表示未安装。

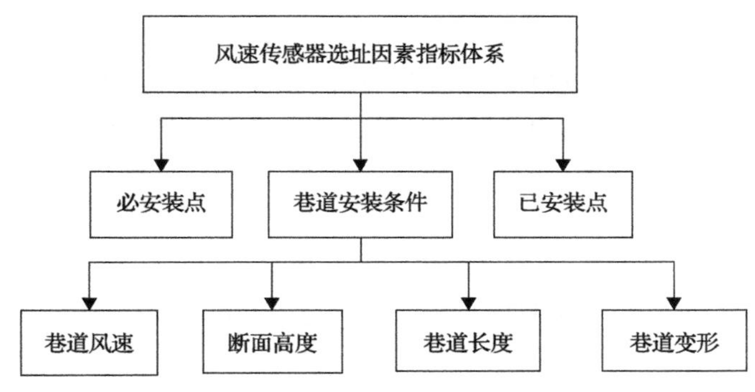

图 2-42　风速传感器选址因素指标体系

2. 建立风速传感器选址模型

设系统有 n 条分支，每条分支有 m 个指标特征值评价其优劣，则指标特征值矩阵式为

$$\boldsymbol{X}=\begin{bmatrix} x_{11} & x_{12} & \cdots & x_{1n} \\ x_{21} & x_{22} & \cdots & x_{2n} \\ \vdots & \vdots & & \vdots \\ x_{n1} & x_{n2} & \cdots & x_{nn} \end{bmatrix}=(x_{ij}) \tag{2-11}$$

式中，x_{ij} 为分支 i 对应于指标 j 的评价因素特征值，i=1,2, …, n；j=1,2, …, m。

由于 m 个指标的数量级和特征值量纲不一致，需对矩阵 $\boldsymbol{X}$ 进行规格化处理，规格化数 r_{ij} 取值范围为[0,1]，将矩阵 $\boldsymbol{X}$ 转化为指标特征值规格化矩阵 $\boldsymbol{R}$。相对隶属度属性值一般分为两类：正相关指标和负相关指标。为了方便起见，规格化后的数据仍记为 x_{ij}。

对于正相关指标，相对隶属度属性值越大越好，其计算式为

$$x'_{ij}=\frac{x_{ij}-\min\{x_{1j},x_{2j},\cdots,x_{nj}\}}{\max\{x_{1j},x_{2j},\cdots,x_{nj}\}-\min\{x_{1j},x_{2j},\cdots,x_{nj}\}} \tag{2-12}$$

对于负相关指标，相对隶属度属性值越小越好，其计算式为

$$x'_{ij}=\frac{\max\{x_{1j},x_{2j},\cdots,x_{nj}\}-x_{ij}}{\max\{x_{1j},x_{2j},\cdots,x_{nj}\}-\min\{x_{1j},x_{2j},\cdots,x_{nj}\}} \tag{2-13}$$

式中，x'_{ij} 为第 i 条分支的第 j 项指标的数值，$i=1,2,\cdots,n$；$j=1,2,\cdots,m$。

由式(2-12)和式(2-13)可以看出，分母是指标最优值和最劣值的差值，当全部分支某个指标的属性值相等时，则式(2-13)的分母为 0，因此不能获得正确的相对隶属度值。根据相对隶属度概念，当所有分支的某因素指标属性值相等时，意味着该因素指标对计算结果不起作用，该因素的相对隶属度可直接取 1。因此，这里提出第三类指标相对隶属度，即某指标的属性值相等或者变化较小时取 1。将三类指标进行组合，从而构成指标对模糊概念“优等”的相对隶属度矩阵 $\boldsymbol{R}$，计算式为

$$\boldsymbol{R}=\begin{bmatrix} r_{11} & r_{12} & \cdots & r_{1n} \\ r_{21} & r_{22} & \cdots & r_{2n} \\ \vdots & \vdots & & \vdots \\ r_{n1} & r_{n2} & \cdots & r_{nn} \end{bmatrix}=(r_{ij}) \tag{2-14}$$

用因素的最优值构建标准优等隶属度向量 $\boldsymbol{g}$，最差值构建标准劣等隶属度向量 $\boldsymbol{b}$，计算式为 $\boldsymbol{g}=[1,1,\cdots,1]^{\mathrm{T}}$，$\boldsymbol{b}=[0,0,\cdots,0]^{\mathrm{T}}$。

定义模糊分划矩阵：

$$\boldsymbol{U}=\begin{bmatrix} u_{11} & u_{12} & \cdots & u_{1m} \\ u_{21} & u_{22} & \cdots & u_{2m} \end{bmatrix}=\begin{bmatrix} u_{1j} \\ u_{2j} \end{bmatrix} \tag{2-15}$$

式中，u_{1j} 为优等指标隶属度；u_{2j} 为劣等指标隶属度。

按对立模糊集定义，$\sum_{k=1}^{2}u_{kj}=1, u_{kj}\in[0,1]$。

分支 i 与优等隶属度向量的广义欧氏距离计算式为

$$d_{ig}=\sqrt{\sum_{j=1}^{m}\left[\omega_j(1-r_{ij})\right]^2} \tag{2-16}$$

分支 i 与劣等隶属度向量的广义欧氏距离计算式为

$$d_{ib}=\sqrt{\sum_{j=1}^{m}\left[\omega_j(r_{ij}-0)\right]^2}=\sqrt{\sum_{j=1}^{m}(\omega_j r_{ij})^2} \tag{2-17}$$

式中，ω_j 为各指标的权向量，$\omega_j=[\omega_1, \omega_2, \cdots, \omega_m]^{\mathrm{T}}$，且满足计算式 $\sum_{j=1}^{m}\omega_j = 1$。

在以往确定可变模糊理论中的权重信息时仅凭经验，缺乏科学性和客观性。采用熵值法可以科学合理地确定通风网络指标的权重信息。

利用熵值法确定各指标权重的步骤如下。

1）指标的标准化处理。由于巷道长度、巷道风速和断面高度这三个影响因素之间的量纲不同，因此需先进行标准化处理，之后计算综合指标，其具体计算方法如式（2-18）和式（2-19）所示。

2）计算第 j 项指标下第 i 条分支占该指标的比例：

$$f_{ij} = \frac{x_{ij}}{\sum_{i=1}^{n} x_{ij}} \quad (i = 1,2,\cdots,n; j = 1,2,\cdots,m) \tag{2-18}$$

3）计算第 j 项指标的熵值：

$$H_j = -k\sum_{i=1}^{n} f_{ij} \ln f_{ij} \tag{2-19}$$

式中，k=1/ln$n$。

4）计算信息熵冗余度：

$$d_j=1-H_j \tag{2-20}$$

5）计算各项指标的权重值：

$$w_j = \frac{d_j}{m - \sum_{j=1}^{m} H_j} \quad (j = 1,2,\cdots,m) \tag{2-21}$$

6）计算各分支的综合得分：

$$S_j = \sum_{j=1}^{m} w_j f_{ij} \quad (i = 1,2,\cdots,n) \tag{2-22}$$

将相对隶属度定义为权重，则分支 i 与优等指标隶属度之间的加权广义欧氏距离（也称距优距离）的计算式为

$$D_{ig} = u_{1j} d_{ig} \tag{2-23}$$

分支 i 与劣等指标隶属度之间的加权广义欧氏距离(也称距劣距离)的计算式为

$$D_{ib} = u_{2j} d_{ib} \tag{2-24}$$

以 i 条分支的距优距离的平方与距劣距离的平方之和的最小值为目标函数，即

$$\min = \left\{ F(u_{1j}) = \sum_{i=1}^{n} \left[(D_{ig})^2 + (D_{ib})^2 \right] \right\} \tag{2-25}$$

令 $\dfrac{dF(u_{1j})}{du_{1j}} = 0$，计算得出最优模糊分划矩阵元素为

$$u_{1j} = \left[1 + \left(\frac{d_{ig}}{d_{ib}} \right)^2 \right]^{-1} \tag{2-26}$$

式(2-26)即为可变模糊优选理论模型。

3. 确定通风网络最小生成树

为了获得风速传感器选址时的最小生成树，首先将上述可变模糊优选理论模型中的隶属度 u_{1j} 作为最小生成树选择时的权重，使用边割法求得最小生成树，从而确定通风网络的余支；然后将风速传感器安装在所有余支上，对得到的监测数据加以计算，可得整个通风网络的风量分布。

2.4.3 灵敏度矩阵与模糊聚类算法

聚类分析就是利用数学理论将研究对象按一定特点进行分类。聚类分析可实现精准划分，对于界限不明确的划分，借助模糊数学可以对其进行很好的聚类分析[179]。

一般模糊聚类包括三类，即传递闭包法、直接聚类法和均值聚类法，其中第一类基于模糊等价矩阵，第二类基于模糊相似关系，第三类基于模糊 C-划分。对于第三类，可直接调用 MATLAB 中的命令——FCM。

灵敏度矩阵与模糊聚类算法[180]一般包括以下四个步骤。

1. 灵敏度矩阵的标准化

运用迭代法得到的灵敏度矩阵[$\boldsymbol{D}$]中，针对数据量纲相同、数量级不同的问题，可对初始数据进行标准化处理，且处理后不能对数据的排序造成影响。

平移-标准差变换式如下：

$$x'_{ij} = \frac{x_{ij} - \overline{x}_j}{s_j} \quad (i = 1, 2, \cdots, n;\ j = 1, 2, \cdots, m) \tag{2-27}$$

式中，$\overline{x}_j$ 为[$\boldsymbol{X}$]中第 j 列元素的平均值，即

$$\overline{x}_j = \frac{1}{n}\sum_{i=1}^{n} x_{ij} \tag{2-28}$$

s_j 为[$\boldsymbol{X}$]中第 j 列元素的标准差，即

$$s_j = \sqrt{\frac{1}{n-1}\sum_{i=1}^{n}(x_{ij} - \overline{x}_j)^2} \tag{2-29}$$

平移-极差变换式如下：

$$x_{ij}^{*} = \frac{x'_{ij} - \min\limits_{1\leqslant i\leqslant n}\{x'_{ij}\}}{\max\limits_{1\leqslant i\leqslant n}\{x'_{ij}\} - \min\limits_{1\leqslant i\leqslant n}\{x'_{ij}\}} \quad (j = 1,2,\cdots,m) \tag{2-30}$$

其余各列元素的算法均与第 j 列一致，最后得到灵敏度模糊矩阵[$\boldsymbol{D}'$]$_{n\times n}$。

2. 建立灵敏度模糊相似矩阵

分析灵敏度模糊矩阵[$\boldsymbol{D}'$]$_{n\times n}$，确定每个分支 d'_{ij} 的相似程度，即相似度系数 X_{ik}，建立模糊相似矩阵[$\boldsymbol{R}$]$_{n\times n}$。采用欧氏距离法确定相似度系数，其表达式为

$$X_{ik} = 1 - c\left[h(d'_i, d'_k)\right] \tag{2-31}$$

式中，X_{ik} 为分支 i 与分支 k 的欧氏距离，反映了分支 i 与分支 k 的相似程度，X_{ik} 越大，说明两者越相似；c 为选取的合适的参数，使得 $0\leqslant X_{ik}\leqslant 1$；$h(d'_i,d'_k)$ 为 d_i 和 d_k 之间的距离，如下：

$$h(d'_i, d'_k) = \sqrt{\sum_{j=1}^{m}(d'_{ij} - d'_{kj})^2} \quad (i,k = 1,2,\cdots,n) \tag{2-32}$$

3. 聚类

建立模糊相似矩阵后，需求得模糊等价矩阵，可使用传递闭包法[181]。

传递闭包法的步骤如下：

1）运用逐步平方法求得模糊相似矩阵[$\boldsymbol{R}$]$_{n\times n}$ 的传递闭包 $t(\boldsymbol{R}) = \boldsymbol{R}^{*}$。

2）给定 $k\in[0,1]$，求 $t(\boldsymbol{R})$ 的截矩阵 $\boldsymbol{R}_k=[x_{ij}(k)]_{m\times n}$。

3）若 $x_{ij}(k)=1$，则 d_i 与 d_j 在分类水平 k 上划为一类；若 $x_{ij}(k)\neq 1$，则 d_i 与 d_j 在分类水平 k 上不划为一类。

4. 确定风速传感器位置

通过上述模糊聚类分析得出分组，在每一组中，安装风速传感器的分支就是和其他分支平均欧氏距离最小的分支，平均欧氏距离为

$$\overline{r_i} = \frac{1}{n-1}\sum_{\substack{j=1 \\ i \neq j}}^{m} X_{ik} \qquad (i = 1, 2, \cdots, n) \tag{2-33}$$

最小平均欧氏距离为

$$\overline{r}_{\min} = \min\{\overline{r_i}\} \qquad (i = 1, 2, \cdots, n) \tag{2-34}$$

2.4.4 割集原理算法

首先利用割集原理确定通风网络的割集数，以及每个割集中需要安装风速传感器的分支条数，从而确定整个通风网络需要安装风速传感器的分支条数；然后通过普查确定矿井通风系统中各巷道的巷道类型，分为主要巷道和次要巷道，一般风速传感器安装在主要巷道。若巷道属性一致，则通过计算通风网络图中各条分支的灵敏度、影响度和被影响度选出灵敏度和被影响度最大的分支，从而确定安装风速传感器的具体分支；若灵敏度无法比较，则通过普查得到各巷道的安装条件，包括巷道长度、巷道风速、断面高度，利用熵值法计算得出指标权重及每条分支的综合得分，最终确定安装风速传感器的具体位置。

1. 确定割集

在通风网络图上作闭合面使其包含某些节点，与该闭合面相切割的所有支路构成网络图的一个割集。因此，通过绘制的通风网络图，即可得出该网络所包含的割集，进而得到安装风速传感器分支条数。

根据规程，回风大巷必须安装风速传感器，所以进行割集确定时，选择从回风井开始。但是，如果只是简单地选择从上往下依次进行，那么靠近进风井的分支往往不会被选择。然而，这些分支是较为重要的分支，所以进行割集划分时选择上下交替进行，这样就会避免靠近进风井的分支不被选择的问题。

2. 确定巷道类型

矿井巷道一般包括开拓巷道、准备巷道和回采巷道。这三类巷道的每一类又可以分为主要巷道和次要巷道，而风速传感器一般需要布置在主要巷道上。通过确定通风系统中每条巷道的属性，即可得到部分需要安装风速传感器的分支。

3. 确定灵敏度矩阵

当某些需要安装风速传感器的巷道属性一致，但是仍需要选择出具体安装传感器的分支时，需要通过计算这些分支的灵敏度，最终选择灵敏度大的分支来安装风速传感器。

4. 确定分支权重

对矿井进行通风系统普查，得到每条巷道的基本信息，包括巷道长度、巷道风速及断面高度。在可变模糊优选算法中提到，这三点是巷道安装风速传感器必须要保证的条件。

2.4.5　算法分析

利用最小树原理方法求解安装风速传感器的分支时，通过边割法能够精确地找到余树分支，并且可以通过监测余风量，经网络解算得到全网络的风量分布，方便快捷，不需要建立模型，工作量较小。

利用可变模糊优选算法求解安装风速传感器的分支时，首先分析风速传感器位置的影响因素；然后根据可变模糊优选理论计算得出隶属度大小，确定各分支安装风速传感器的合理权重，得出风速传感器安装的具体回路分支。但是，通过模型解算可以看出，该算法需要建立模型，并且所需要收集的巷道数据过多，如果是成百上千条分支，收集数据的工作量将非常大，耗时费力。

利用灵敏度矩阵与模糊聚类算法求解安装风速传感器的分支时，对分支进行模糊分类，增加了算法的准确性，能够较为精确地确定安装风速传感器的分支。但是，通过模型解算可以看出，与前面两种算法比较，该算法确定的需要安装风速传感器的分支是最多的，并不符合经济性的需要，并且该算法建立模型的工作量大。

利用割集原理算法求解安装风速传感器的分支时，能够精确地确定安装风速传感器的条数，减少了诸多不必要的计算；通过确定巷道属性和灵敏度值，进而确定需要安装风速传感器的具体分支，避免了庞大的数据计算；另外，通过分支的权重计算，能够校准通过巷道属性和灵敏度值得到的分支是否正确，提高了算法的准确性，进而通过网络解算得到全网络的风量分布，精准快捷。

2.5　风阻自适应理论及计算

2.5.1　风阻自适应理论

矿井通风网络中分支的风阻是通风网络解算的基础，也是通风网络优化和主通风机工况优化的重要考虑内容。受多种因素的影响，巷道风阻测量的精度一般较难控制，所以其校验至关重要。

将实测风阻和风量输入仿真系统，通过网络解算可求得各分支的风量。然而，实测风量与通风网络解算所得风量之间有一些偏差。尽管该偏差较小，但为了通风网络解算的精度更高，可以通过风阻值的自动调节，也即风阻自适应，使网络解算风量值与实测风量值偏差尽可能小。

依据通风阻力定律，由风压和风量求解风阻，即

$$R_{ij} = \frac{H_i - H_j}{Q_{ij}^2} \tag{2-35}$$

式中，R_{ij} 为节点 i、j 所在分支的风阻，$N \cdot s^2/m^8$；H_i、H_j 为节点 i、j 的风压，Pa；Q_{ij} 为节点 i、j 所在分支的风量，m^3/s。

在通风网络中，同一分支中两个节点的能量之差一般不发生变化，所以可根据实测值与通风网络解算结果计算出更加准确的实际风阻值。其计算依据为同一分支中两个节点的能量之差不变。

设节点 i、j 在分支 e 中，其实测风量为 Q_{ij}，实测风阻值为 R_{ij}，通风网络解算的风量为 Q'_{ij}。根据通风阻力定律，实测风量与实测风阻值的关系为

$$H_{ij} = R_{ij} \cdot Q_{ij}^2 \tag{2-36}$$

通风网络解算风量与实际风阻值的关系为

$$H'_{ij} = R'_{ij} \cdot Q_{ij'}^2 \tag{2-37}$$

因为同一分支中两个节点的能量之差不变，即 $H_{ij} = H'_{ij}$，所以

$$R_{ij} \cdot Q_{ij}^2 = R'_{ij} \cdot Q_{ij'}^2 \tag{2-38}$$

可得分支精确的风阻值为

$$R'_{ij} = R_{ij} \cdot Q_{ij}^2 \,/\, Q_{ij'}^2 \tag{2-39}$$

2.5.2 风阻自适应实例计算

在图 2-43 所示的通风系统中，总风量为 $Q_{总}$=20m^3/s，对各分支实测风阻值、使用 Cross 法对通风网络解算风量值和实测风量值进行统计，如表 2-4 所示。

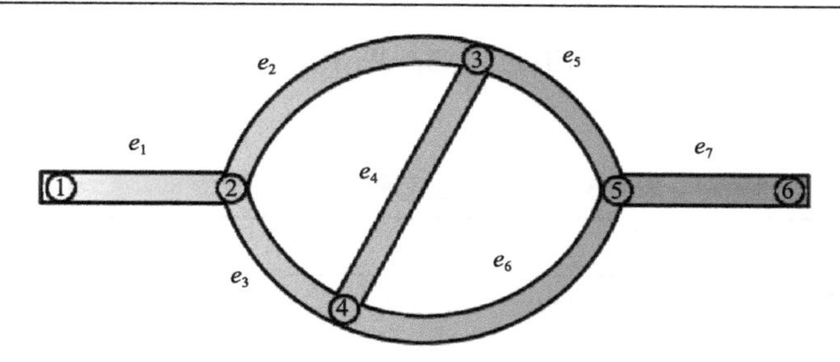

图 2-43　通风网络简化图(一)

表 2-4　风量风阻测量值及网络解算值

分支号	e_1	e_2	e_3	e_4	e_5	e_6	e_7
风阻值/($N\cdot s^2/m^8$)	1.1235	1.0093	1.0213	1.0307	1.0383	2.9813	1.0423
解算风量值/(m^3/s)	20	10.1672	9.8328	2.3311	12.4983	7.5017	20
实测风量值/(m^3/s)	20	10	10	2	12	8	20
差值/(m^3/s)	0	0.1672	0.1672	0.3311	0.4983	0.4983	0
偏差率/%	0	1.67	1.67	16.56	4.15	6.23	0

由表 2-4 可知，基于实测风阻值进行通风网络解算所得各分支的风量值与实测风量值具有较大的偏差，这一偏差主要由于风阻值实测不精确所致。所以，必须进行风阻值的自适应校正，从而使得通风网络解算求得的各分支风量与实测风量值偏差尽可能减小。

在图 2-43 所示的通风网络中，分支 e_2 的实测风阻值为 $1.0093\text{N}\cdot\text{s}^2/\text{m}^8$，通风网络解算风量值为 $10.1676\text{m}^3/\text{s}$，所以可求得分支 e_2 的风压为

$$H_{23}=R_{23}\cdot Q_{23}^2=1.0093\times10.1672^2=104.3333(\text{Pa})$$

分支 e_2 的实测风量值为 $10\text{m}^3/\text{s}$，根据分支风压不变原理，可求得实际的风阻值为

$$R'_{23}=H_{23}/Q_{23}^2=104.3333/10^2=1.0433(\text{N}\cdot\text{s}^2/\text{m}^8)$$

同理，可求得

$$R'_{24}=0.9874\text{N}\cdot\text{s}^2/\text{m}^8$$
$$R'_{45}=1.4002\text{N}\cdot\text{s}^2/\text{m}^8$$
$$R'_{35}=1.1263\text{N}\cdot\text{s}^2/\text{m}^8$$
$$R'_{45}=2.6215\text{N}\cdot\text{s}^2/\text{m}^8$$

利用所求得分支的实际风阻值进行通风网络解算，得到的各分支风量如表 2-5 所示。

表 2-5　风阻自适应通风网络解算值

分支号	e_1	e_2	e_3	e_4	e_5	e_6	e_7
解算风量值/(m^3/s)	20	10.0001	9.9999	1.9998	11.9999	8.0001	20
差值/(m^3/s)	0	0.0001	0.0001	0.0002	0.0001	0.0001	0
偏差率/%	0	0.001	0.001	0.1	0.083	0.001	0

由表 2-5 可知，风阻校正后的通风网络解算所得风量与实测风量值之间的偏差很小，对于偏差较大的分支 e_4，其偏差率也由原先的 16.56%降低为 0.1%，由此可证明该方法的有效性。

2.6　测风求阻理论

矿井通风网络解算的常用方法是利用各分支风阻、自然风压及通风机特性进行计算，从而求得各分支风量。然而，对于复杂的大型通风网络，获取各分支风阻不仅耗费人力成本，也浪费经济资源，并且分支风阻存在测试精度低甚至可能存在无法获取的情况。

测风求阻法以巷道分支的风量和通风机的特性参数为基础数据来解算通风网络，借助计算机编程技术，可以实现快速解算各分支风阻。

通风网络解算基于通风的三条定律，具体如下。

1. 通风阻力定律

在通风系统中，通风阻力与巷道风阻和风量具有一定的关系：

$$h=RQ^2 \tag{2-40}$$

式中，h 为巷道通风阻力，Pa；R 为巷道风阻，$N\cdot s^2/m^8$；Q 为巷道风量，m^3/s。

2. 节点风量平衡定律

通风网络中所有节点都满足流入风量与流出风量平衡，即

$$\sum_{j=1}^{n} a_{ij}Q_j = 0 \tag{2-41}$$

式中，i 为通风网络中的节点编号(i=1,2,…,m)；j 为通风网络中的分支编号(j=1,2,…,n)；Q_j 为第 j 条分支风量，m^3/s；a_{ij} 为风流系数，且其满足：

$$a_{ij}=\begin{cases}1 & （第 j 条分支风流流入节点 i）\\ 0 & （第 j 条分支不与节点 i 相连）\\ -1 & （第 j 条分支风流流出节点 i）\end{cases}$$

3. 回路风压平衡定律

通风系统中所有回路的压力代数和都为零，即

$$\sum_{j=1}^{n} b_{ij}(R_i Q_{ij}^2)-H_{\mathrm{F}i}-H_{\mathrm{N}i}=0 \tag{2-42}$$

式中，i 为回路编号(i=1,2,···,n–m+1)；j 为通风网络中的分支编号(j=1,2,···,n)；$H_{\mathrm{F}i}$ 为第 i 条回路中风机工作风压，Pa；$H_{\mathrm{N}i}$ 为第 i 回路中自然风压，Pa；R_i 为分支 i 的风阻值，$\mathrm{N \cdot s^2/m^8}$；Q_{ij} 为通过分支 j 的风量，$\mathrm{m^3/s}$；b_{ij} 为第 i 条回路中第 j 条分支的风向函数，且其取值满足：

$$b_{ij}=\begin{cases}1 & （回路 i 中第 j 条分支风向与回路方向一致）\\ 0 & （第 j 条分支不属于回路 i）\\ -1 & （回路 i 中第 j 条分支风向与回路方向相反）\end{cases}$$

对于一个通风网络来说，G=(V|E)，其中|V|表示通风系统中的节点，其值为 m；|E|表示通风系统中的分支，其值为 n。根据图论知识，该通风网络中独立回路个数为 K(K=n–m+1)。独立回路与回路方程是对应的，所以有 n–m+1 个独立回路方程。根据节点风量平衡定律，关于节点的方程有 m 个，关于回路和节点的方程数共有 n+1 个。如果 n 条分支的风阻已知，则 n 条分支的风量可以由此计算。

2.6.1　节点压能法

1. 节点压能法原理

本方法是根据已知分支的风量和部分节点的压力先求出相关未知节点的压力，然后根据通风阻力定力求得巷道的风阻。其基本原理为首先通过开闭风门或者调节通风机工况等方式获得分支风量变化前后的两组数据，然后根据此数据进行求解。在调节前后，假设巷道风阻值没有发生变化。如果巷道风阻发生了变化，则不能使用该方法。

设某巷道始节点为 i，末节点为 j，节点压力与风量之间的关系满足：

$$\begin{cases}h_i-h_j+G_{ij}=a_{ij}R_{ij}Q_{ij}^2\\ G_{ij}=\rho g(Z_i-Z_j)\end{cases} \tag{2-43}$$

式中，h_i、h_j 为节点 i、j 的压能，Pa；G_{ij} 为节点 i、j 的位压差，Pa；ρ 为空气密度，kg/m^3；g 为重力加速度，N/s^2；Z_i、Z_j 为节点 i、j 的高程，m；a_{ij} 为风流系数，且其满足：

$$a_{ij}=\begin{cases}1 & (\text{第}\,j\,\text{条分支风流流入节点}\,i)\\ 0 & (\text{第}\,j\,\text{条分支不与节点}\,i\,\text{相连})\\ -1 & (\text{第}\,j\,\text{条分支风流流出节点}\,i)\end{cases}$$

调节前后两组数据满足如下关系式：

$$\begin{cases}h_{i,1}-h_{j,1}+G_{ij,1}=a_{ij}R_{ij}Q_{ij,1}^2\\ h_{i,2}-h_{j,2}+G_{ij,2}=a_{ij}R_{ij}Q_{ij,2}^2\end{cases} \tag{2-44}$$

式中，$h_{i,1}$、$h_{i,2}$ 为节点 i 第 1 组、第 2 组的节点压能，Pa；$h_{j,1}$、$h_{j,2}$ 为节点 j 第 1 组、第 2 组的节点压能，Pa；$Q_{ij,1}(Q_{ij,2})$ 为分支 i–j 第 1(2) 组风量，m^3/s；$G_{ij,1}(G_{ij,2})$ 为第 1(2) 组节点 i、j 的位压差，Pa。

将式(2-44)中两式等号两端分别做比，得

$$\frac{h_{i,1}-h_{j,1}+G_{ij,1}}{h_{i,2}-h_{j,2}+G_{ij,2}}=\frac{a_{ij}R_{ij}Q_{ij,1}^2}{a_{ij}R_{ij}Q_{ij,2}^2} \tag{2-45}$$

约去 a_{ij}、R_{ij}，得

$$\frac{h_{i,1}-h_{j,1}+G_{ij,1}}{h_{i,2}-h_{j,2}+G_{ij,2}}=\frac{Q_{ij,1}^2}{Q_{ij,2}^2} \tag{2-46}$$

令 $K_{ij}=\dfrac{Q_{ij,1}^2}{Q_{ij,2}^2}$，则式(2-46)可写为

$$h_{i,1}-h_{j,1}-K_{ij}(h_{i,2}-h_{j,2})=K_{ij}G_{ij,2}-G_{ij,1} \tag{2-47}$$

利用式(2-47)对不同巷道列方程，可求得未知节点压力，从而求得巷道风阻。

2. 节点压能法实例分析

在图 2-44 所示的通风系统中，通过开闭分支 e_5 的风门进行实际测量，得到如下两组通风数据：

$Q_{23,1}$=10m^3/s；$Q_{24,1}$=10m^3/s；$Q_{34,1}$=2m^3/s；$Q_{45,1}$=12m^3/s；$Q_{23,2}$=4m^3/s；

$$Q_{24,2}=6\text{m}^3/\text{s};\ Q_{34,2}=4\text{m}^3/\text{s};\ Q_{45,2}=10\text{m}^3/\text{s}$$

$$h_{2,1}=0\text{Pa};\ h_{5,1}=-10\text{Pa};\ h_{2,2}=0\text{Pa};\ h_{5,2}=-10\text{Pa}$$

所有相邻节点位压差均为 0。

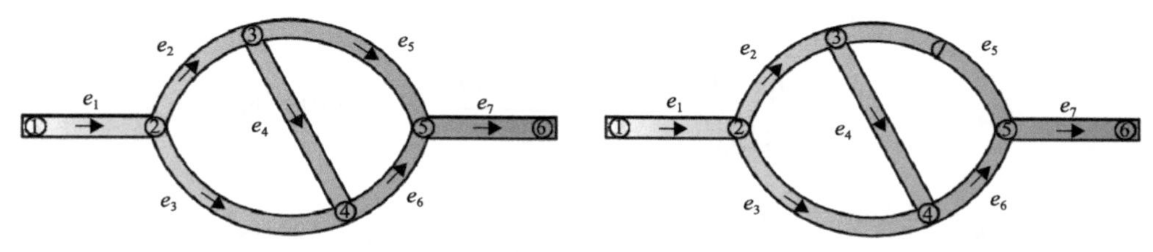

图 2-44　通风网络简化图(二)

所以，可列如下方程：

$$\begin{cases} h_{2,1}-h_{3,1}-K_{23}(h_{2,2}-h_{3,2})=0 \\ h_{2,1}-h_{4,1}-K_{24}(h_{2,2}-h_{4,2})=0 \\ h_{3,1}-h_{4,1}-K_{34}(h_{3,2}-h_{4,2})=0 \\ h_{4,1}-h_{5,1}-K_{45}(h_{4,2}-h_{5,2})=0 \end{cases} \tag{2-48}$$

由于 $K_{23}=\dfrac{Q_{23,1}^2}{Q_{23,2}^2}=\dfrac{10^2}{4^2}$，$K_{24}=\dfrac{Q_{24,1}^2}{Q_{24,2}^2}=\dfrac{10^2}{6^2}$，$K_{34}=\dfrac{Q_{34,1}^2}{Q_{34,2}^2}=\dfrac{2^2}{4^2}$，$K_{45}=\dfrac{Q_{45,1}^2}{Q_{45,2}^2}=\dfrac{12^2}{10^2}$，因此方程(2-48)可写为

$$\begin{cases} 0-h_{3,1}-\dfrac{10^2}{6^2}(0-h_{3,2})=0 \\ 0-h_{4,1}-\dfrac{10^2}{4^2}(0-h_{4,2})=0 \\ 0-h_{4,1}-\dfrac{10^2}{4^2}(0-h_{4,2})=0 \\ h_{4,1}+10-\dfrac{12^2}{10^2}(h_{4,2}+10)=0 \end{cases} \tag{2-49}$$

上述方程组中，未知数和方程个数相同，且系数行列式不为 0，方程组有唯一解，解得 $h_{3,1}$=8.6600Pa，$h_{3,2}$=1.3856Pa，$h_{4,1}$=9.1361Pa，$h_{4,2}$=3.2890Pa。

所以，可求得

$$R_{23}=\frac{|\Delta h_{23,1}|}{Q_{23,1}{}^{2}}=\frac{|h_{2,1}-h_{3,1}|}{Q_{23,1}{}^{2}}=\frac{|0-8.6600|}{10^{2}}=0.0866\ (\mathrm{N\cdot s^2/m^8})$$

$$R_{24}=\frac{|\Delta h_{24,1}|}{Q_{24,1}{}^{2}}=\frac{|h_{2,1}-h_{4,1}|}{Q_{24,1}{}^{2}}=\frac{|0-9.1361|}{10^{2}}=0.0914\ (\mathrm{N\cdot s^2/m^8})$$

$$R_{34}=\frac{|\Delta h_{43,1}|}{Q_{43,1}{}^{2}}=\frac{|h_{4,1}-h_{3,1}|}{Q_{43,1}{}^{2}}=\frac{|9.1361-8.6600|}{2^{2}}=0.1190\ (\mathrm{N\cdot s^2/m^8})$$

$$R_{45}=\frac{|\Delta h_{45,1}|}{Q_{45,1}{}^{2}}=\frac{|h_{4,1}-h_{5,1}|}{Q_{45,1}{}^{2}}=\frac{|9.1361+10|}{12^{2}}=0.1329\ (\mathrm{N\cdot s^2/m^8})$$

数值正确性可通过变化后的风量进行检验，即

$$R_{23}=\frac{|\Delta h_{23,2}|}{Q_{23,2}{}^{2}}=\frac{|h_{2,2}-h_{3,2}|}{Q_{23,2}{}^{2}}=\frac{|0-1.3856|}{4^{2}}=0.0866\ (\mathrm{N\cdot s^2/m^8})$$

$$R_{24}=\frac{|\Delta h_{24,2}|}{Q_{24,2}{}^{2}}=\frac{|h_{2,2}-h_{4,2}|}{Q_{24,2}{}^{2}}=\frac{|0-3.2890|}{6^{2}}=0.0914\ (\mathrm{N\cdot s^2/m^8})$$

$$R_{34}=\frac{|\Delta h_{43,2}|}{Q_{43,2}{}^{2}}=\frac{|h_{4,2}-h_{3,2}|}{Q_{43,2}{}^{2}}=\frac{|3.2890-1.3856|}{4^{2}}=0.1190\ (\mathrm{N\cdot s^2/m^8})$$

$$R_{45}=\frac{|\Delta h_{45,2}|}{Q_{45,2}{}^{2}}=\frac{|h_{4,2}-h_{5,2}|}{Q_{45,2}{}^{2}}=\frac{|3.2890+10|}{10^{2}}=0.1329\ (\mathrm{N\cdot s^2/m^8})$$

2.6.2 回路阻力平衡法

该方法以巷道回路为研究对象，通过开关风门或者调节通风机工况可获得同一分支的两组数据，基于回路阻力平衡定律，列出风阻和风量的关系方程，然后将各回路方程联立求解，即可得出各分支的风阻值。

在图 2-45 所示的通风系统中，由通风阻力定律可知：

$$\begin{cases}a_{ij}R_{ij}Q_{ij,1}^{2}\pm Z=0\\ a_{ij}R_{ij}Q_{ij,2}^{2}\pm Z=0\end{cases}\tag{2-50}$$

式中，R_{ij} 为分支风阻，$\mathrm{N\cdot s^2/m^8}$；$Q_{ij,1}(Q_{ij,2})$ 为分支 $i–j$ 的第 1(2)组风量，$\mathrm{m^3/s}$；Z 为自然风压，Pa，且当自然风压与回路假设方向相同时取“+”，否则取“–”；a_{ij}

为风流系数，且其取值满足：

$$a_{ij}=\begin{cases}1 & （第\,j\,条分支风流流入节点\,i）\\ 0 & （第\,j\,条分支不与节点\,i\,相连）\\ -1 & （第\,j\,条分支风流流出节点\,i）\end{cases}$$

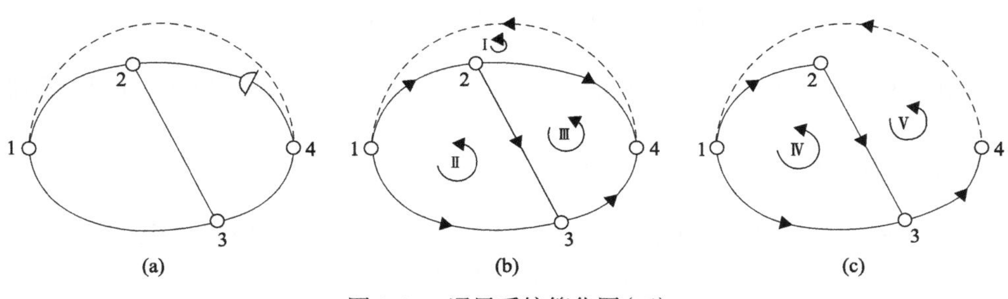

图 2-45　通风系统简化图(三)

图 2-45 中，分支 2-4 有一风门。打开风门所形成的回路如图 2-45(b)所示，关闭风门所形成的回路如图 2-45(c)所示。通过开关风门测得两组风量数据，如表 2-6 所示。

表 2-6　分支风量

分支	Q_{12}	Q_{13}	Q_{23}	Q_{34}	Q_{24}
风量 1/(m^3/s)	10	10	2	12	8
风量 2/(m^3/s)	4	6	4	10	0

图 2-45(b)中有三个回路，分别为回路Ⅰ(1-2-4-1)、回路Ⅱ(1-2-3-1)和回路Ⅲ(2-3-4-2)。图 2-45(c)中有两个回路，分别为回路Ⅳ(1-2-3-4-1)、回路Ⅴ(1-2-3-1)。对五个回路列阻力平衡方程：

$$\begin{cases}R_{12}Q_{12,1}^2+R_{24}Q_{24,1}^2-h_{14}=0\\ R_{13}Q_{13,1}^2-R_{12}Q_{12,1}^2-R_{23}Q_{23,1}^2=0\\ R_{23}Q_{23,1}^2+R_{34}Q_{34,1}^2-R_{24}Q_{24,1}^2=0\\ R_{12}Q_{12,2}^2+R_{23}Q_{23,2}^2+R_{34}Q_{34,2}^2-h_{14}=0\\ R_{13}Q_{13,2}^2-R_{12}Q_{12,2}^2-R_{23}Q_{23,2}^2=0\end{cases}\tag{2-51}$$

代入数值，即

$$
\begin{cases}
R_{12}\cdot 10^2+R_{24}\cdot 8^2-10=0\\
R_{13}\cdot 10^2-R_{12}\cdot 10^2-R_{24}\cdot 2^2=0\\
R_{23}\cdot 2^2+R_{34}\cdot 12^2-R_{24}\cdot 8^2=0\\
R_{12}\cdot 4^2+R_{23}\cdot 4^2+R_{34}\cdot 10^2-10=0\\
R_{13}\cdot 6^2-R_{12}\cdot 4^2-R_{23}\cdot 4^2=0
\end{cases}
\tag{2-52}
$$

在方程组(2-52)中有五个未知数，五个方程，系数行列式不为0，方程组有唯一解。

解该方程组，可得：

$$R_{12}=0.0730\text{N}\cdot\text{s}^2/\text{m}^8；R_{13}=0.0747\text{N}\cdot\text{s}^2/\text{m}^8；R_{23}=0.0421\text{N}\cdot\text{s}^2/\text{m}^8；$$
$$R_{24}=0.0421\text{N}\cdot\text{s}^2/\text{m}^8；R_{34}=0.0175\text{N}\cdot\text{s}^2/\text{m}^8$$

2.7 灾变时期通风参数获取的数据融合理论

2.7.1 数据融合概念

数据融合技术是指在一定条件之下，利用计算机自动分析和综合，按时间序列取得一些观测信息，从而完成所需的决策和评价。

多传感器信息融合是人类和其他生物系统的基本功能。通过应用这种能力，人类将源自人体各种传感器(眼睛、耳朵、鼻子、四肢)的信息融合上去，通过贝叶斯知识展开统计，从而认识周围环境和正在发生的事情。多传感器信息融合技术的基本原理就像人脑对信息的综合处理，通过恰当地掌控和透过这些传感器及其观测信息，可将多个传感器在时间和空间之上的冗余或重叠信息按一定的准则展开组合，以取得更精确的信息。它的最终目标是通过多传感器的共同或联合操作来提升多传感器系统的有效性。

单传感器信号处理是对人脑信息处理的低级模仿，而多传感器处理可取得更多的被侦测目标和环境的信息。

2.7.2 数据融合层次

数据融合的类型和级别：第一种是局部或自备式，它从单个平台上的多个传感器收集数据；第二种是全局式或区域融合，它优化了来自不同空间和时间的多个平台和传感器的数据组合。根据数据提取的三个层次，融合包括像素级融合、特征级融合和决策级融合。

1)像素级融合：也称数据级融合，是对原始数据进行融合前的分析和融合，属于数据融合的最低层次。这种融合的主要优点是原始信息丰富，能提供其他两个融合层次所不能提供的细节信息，因此精度最高。然而，海量的原始信息也意味着像素级融合需要处理的传感器数据量巨大，处理成本高，实时性差。像素级融合通常用于多源图像合成、图像分析和理解及相似(均匀)雷达波形的直接合成，主要方法有 HIS 变换、PCA 变换和小波变换。

2)特征级融合：特征级融合是中间级的融合，首先提取来自传感器的原始信息，然后综合分析处理特征信息。通常，提取的特征信息应该是原始数据信息的足够显示量或统计量。其优点是实现了大的信息压缩，有利于实时处理，提取出的特征直接与决策分析相关，因此结果可以最大限度地提供决策分析所需的特征信息。特征级融合的方法有 Dempster-Sharer 证据推理法(D-S 法)、表决法、神经网络法等。

3)决策级融合：决策层面的融合是高度的融合，结果可以为指挥控制和决策提供依据。决策水平融合是三级融合的最终结果，直接对应具体的决策目标，融合结果直接影响决策水平。目前，决策级数据融合方法主要有模糊集理论、专家系统、贝叶斯估计法、神经网络法等。

2.7.3　数据融合算法

1. HIS 变换

HIS 变换是一种广泛使用的像素级融合方法。与 RGB 颜色空间相比，它是一个物体颜色属性的描述系统，其中 I 表示地面物体的强度(intensity)，H 代表色调(hue)，S 代表颜色的饱和度(satuation)，三者分别代表三个波段的平均辐射强度、数据矢量和等效数据大小。HIS 可以充分显示空间特征，显著丰富图像的信息内容。

2. D-S 证据推理

D-S 证据推理根据 Dempster 和他的学生 Shafer 而命名。D-S 证据推理可被视为经典概率推理理论在有限领域的广义延伸。其主要特点是支持不同精度水平的描述，并直接介绍未知不确定性的描述。该算法具有很强的处理不确定信息的能力，它不需要先验信息，解决了“未知”的表示方法无法区分无知和不确定性的问题，并在准确反映证据收集方面表现出极大的灵活性。

3. 专家系统

专家系统通过模仿人类专家的思维活动进行推理判断，从而解决问题。专家系统主要由两部分组成：知识库和推理机。知识库包含需要处理问题的相关知识，通常由数据库管理系统组织和实施；推理机包含解决一般问题过程中使用的推理方法和控制策略的知识，通常由特定程序实施。

2.7.4 不确定数据融合

信息的不确定性包括两个方面：价值不确定性和属性不确定性，其中价值代表信息的状态数，属性代表信息的来源。导致价值不确定性的主要原因包括传感器精度和环境复杂多变导致的信息观测误差，以及非线性、多平台自定位和不准确的定时同步等引起的信息时空转换错误；导致属性不确定性的主要原因是信息观察本身的局限性导致的信息模糊性，以及目标运动、意图、环境等变化导致的信息随机性。一般来说，状态值由估计决定，属性由系统识别、分类和识别决定。

2.8 矿井通风故障智能诊断理论与技术

由前述内容可知，根据井下故障对风阻的影响，可将故障分为阻变型故障、高温型故障、阻变冲击型故障和综合型故障四个类型，本书主要研究阻变型故障的诊断理论及技术。

2.8.1 阻变型故障理论

巷道风阻的变化是引起巷道风量变化的根本原因，将矿井通风系统巷道风阻变化的故障统称阻变型故障，如风门、风窗等通风构筑物的漏风导致漏风率增加，通风动力设备受到机械磨损导致性能下降，矿井巷道老化变形、断面面积缩小导致巷道阻力增大，顶板冒落、突然坍塌阻塞及通风动力工况偏离常态，局部通风机故障、各种通风机械设备破坏失效等。阻变型故障发生地点称为故障位置，巷道风阻的变化量称为通风系统阻变型故障量[128]。对故障及时诊断，针对井下通风网络出现的故障提出科学合理的应急措施，可有效保证人员健康和财产安全。

2.8.2 阻变型故障诊断

矿井通风系统阻变型故障诊断主要包括两个方面：故障位置的诊断及故障量的诊断。SVM 可以解决分类问题及回归问题，故障位置诊断时，输出的故障位置为离散变量，因此基于 SVM 构建故障位置诊断分类模型，将分支编号视为类别编号；输出的故障量为连续性数值，因此基于 SVM 构建故障量诊断回归模型，将连续风阻值作为回归模型的输出。

构建矿井通风系统阻变型故障诊断模型及进行矿井通风系统故障位置和故障量诊断的过程如图 2-46 所示。

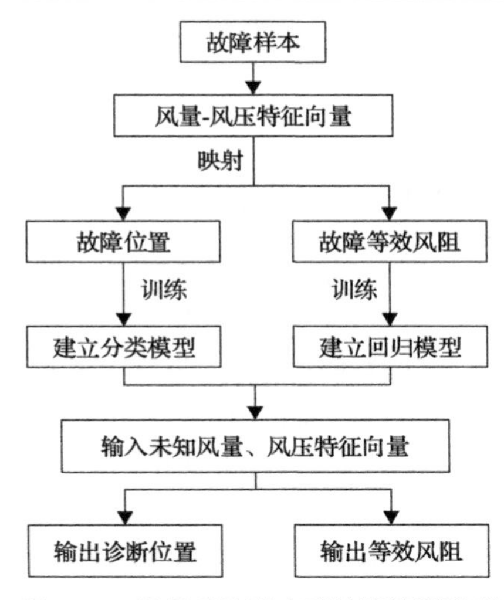

图 2-46　通风系统阻变型故障诊断流程

1. 阻变型故障诊断数学模型

(1) 故障位置诊断模型

利用 SVM 分类算法建立诊断通风系统故障具体位置数学模型，将风量、风压数据作为 SVM 诊断模型的输入端因子，将故障分支对应的编码作为 SVM 诊断模型的输出端因子。对需要学习的样本进行反复训练，通过非线性变化 $\phi(\cdot)$ 将未解决的低维空间问题映射反馈至高维空间进行分析，最终寻求出最优分类超平面。故障分支编号与输入向量之间的映射关系表示为

$$M(x)=\operatorname{sgn}\left[w\cdot\phi(x)+b\right] \tag{2-53}$$

式中，x 为 n 维输入向量；$\operatorname{sgn}(\cdot)$ 为符号函数，对故障分支编号进行取值；w 为 N 维权向量；$\phi(x)$ 为将 x 非线性映射后的特征向量；b 为分类阈值。

(2) 故障量预测模型

基于 SVM 回归算法对阻变型故障量进行预测，以风量、风压数据作为 SVM 回归模型的输入，将故障量作为 SVM 回归模型的输出，经过训练得到回归的最优分类超平面，表示为

$$M(x)=w\cdot\phi(x)+b \tag{2-54}$$

式 (2-53) 与式 (2-54) 表现形式大致相同，主要区别在于分类模型变量在输出端表现为离散型，而回归模型则表现为连续型。

2. 故障诊断精度评价

(1) 分类性能评估指标

1) 分类准确率(Accuracy)的计算公式如下：

$$\text{Accuarcy} = \frac{m_{(\text{right})}}{m} \tag{2-55}$$

式中，$m_{(\text{right})}$为正确分类的测试样本个数；m 为测试样本数总数。

2) 混淆矩阵。一般情况下，我们将具有可视化性能的监督学习模型称为混淆矩阵，也称误差矩阵。混淆矩阵作为表征可视化特定算法性能的主要因素，其中的每行和每列数据分别表示预测值和真实值。通过混淆矩阵可以很清楚地看出预测值是否被诊断为真实值，以及诊断正确或错误的次数。以图 2-47 所示的混淆矩阵为例对混淆矩阵进行说明。图 2-47 中共有 a、b、c 三种分类，矩阵中行代表真实值的情况，列表示预测值的情况。

	a	b	c
a	x_{11}	x_{12}	x_{13}
b	x_{21}	x_{22}	x_{23}
c	x_{31}	x_{32}	x_{33}

图 2-47　混淆矩阵实例

在图 2-47 中，x_{11} 表示实际属于 a 类的样本被确定为 a 类的次数，x_{21} 表示实际属于 a 类的样本被确定为 b 类的次数，x_{31} 表示实际属于 a 类的样本被确定为 c 类的次数；x_{12} 表示实际属于 b 类的样本被确定为 a 类的次数，x_{22} 表示实际属于 b 类的样本被确定为 b 类的次数，x_{32} 表示实际属于 b 类的样本被确定为 c 类的次数；x_{13} 表示实际属于 c 类的样本被确定为 a 类的次数，x_{23} 表示实际属于 c 类的样本被确定为 b 类的次数，x_{33} 表示实际属于 c 类的样本被确定为 c 类的次数。

(2) 回归性能评价指标

1) 相对误差 σ 的计算公式如下：

$$\sigma = \frac{|r_i^* - r_i|}{r_i} \times 100\% \tag{2-56}$$

式中，r_i为真实风阻值，N·s^2/m^8；r_i^*为预测风阻值，N·s^2/m^8。

2）平均平方误差（MSE，Mean Squared Error）的计算公式如下：

$$\mathrm{MSE}=\frac{1}{m}\sum_{i=1}^{m}(r_i^*-r_i)^2\times 100\% \tag{2-57}$$

式中，m为测试样本总数。

3）绝对误差的计算公式如下：

$$\alpha=|r_i^*-r_i| \tag{2-58}$$

MSE反映了数据的变化程度，值越小说明模型的预测效果越好。MSE受异常点的影响较大，如果个别样本预测不合理，会导致其值偏大。

3. 故障样本生成

根据生成样本的类型不同，蒙特卡洛方法可以分为两大类，一类是产生独立样本，一类是生成相关联的样本。独立样本的主要生成方法有直接采样、接受—拒绝采样和重要性采样，相关联样本的生成方法主要有马尔科夫、蒙特卡洛、Metropolis- Hastings算法和Gibbs Sampler算法。

本书预生成的阻变型故障量模拟值为独立样本，因此从基本方法，即直接采样、接受—拒绝采样和重要性采样三种[182]方法中确定出适合生成阻变型故障量模拟值的方法。下面对这三种方法进行介绍。

（1）直接采样

直接采样方法主要通过均匀分布进行采样，从而实现对任意分布形式进行采样。在大多数情况下，生成满足均匀分布Uniform（0,1）的样本是比较容易的，其生成步骤主要如下：首先要生成随机数，由前文的介绍可知，严格的随机数是难以生成的，在实际应用过程中利用伪随机数代替随机数；然后利用线性同余发生器获得伪随机数，并通过确定性算法生成近似满足Uniform（0,1）的伪随机数。利用这种算法得到的伪随机数已经满足在实际应用中的需求，具备良好的统计性质，因此可以根据这些伪随机数对所求问题的性质进行求解。这种方法得到广泛应用的原因还在于其不仅可以解决离散型分布，还可以解决连续型分布，具有良好的通用性。直接采样常用的几种分布包括均匀分布、高斯分布、指数分布等，进行采样时，在得知分布的概率密度$f(x)$后，便可以求得对应分布的累积函数，即

$$F(x)=\int f(x)\mathrm{d}x \tag{2-59}$$

直接采样的步骤如下：

1）通过均匀分布生成随机样本 z，$z \sim \text{Uniform}(0,1)$；

2）令 $z=F(x)$，其中 $F(x)$ 是待求样本的分布函数 $f(x)$ 的累积函数；

3）计算累积函数 $z=F(x)$ 的反函数 $x=F^{-1}(z)$；

4）得到结果 x，即为满足对应概率分布 $f(x)$ 的采样。

由以上分析可以得出，用直接采样法进行采样时必须已知累积概率分布的表达式，并且其分布函数的反函数必须存在。但是，在实际生产过程中，很多问题难以用数学表达式准确描述，即使可以得到描述，能够满足表达式可逆的情况更是极少，此时这种问题便难以利用直接采样法进行解决。所以，直接采样法仅适合简单分布的抽样，而对比较复杂的问题则难以实现。

(2) 接受—拒绝采样

接受—拒绝采样方法是通过某种机制从简单分布抽样的样本中删除一些样本，得到最后待求分布 $P(z)$ 的样本。其原理为：引入一个常数 k，k 值满足对所有的 z 值都有 $kq(z) \geqslant p(z)$，其中函数 $kq(z)$ 称为比较函数。首先由已知的概率分布 $P(z)$ 中确定一个随机数 z_0，然后在区间 $[0,kq(z_0)]$ 内生成一个随机数 u_0。若 $u_0 > P(z_0)$，则 u_0 位于图 2-48 中的灰色区域，样本被拒绝；反之则被保留。

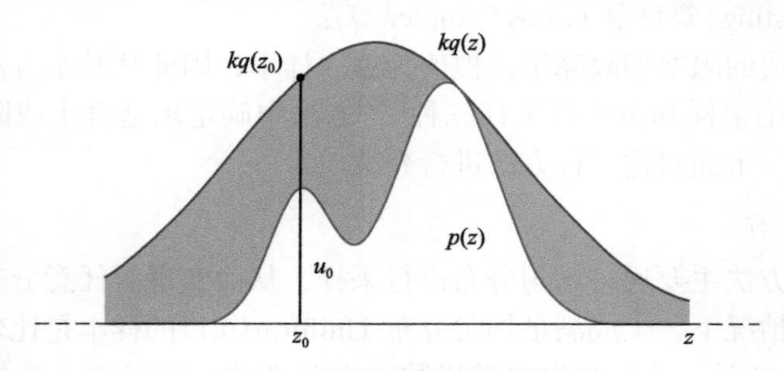

图 2-48 接受—拒绝采样原理

接受—拒绝采样的步骤如下：

1）寻找一个合适的简单分布 $q(z)$。

2）确定 k 值。

3）从 $q(z)$ 分布随机抽样得到 z_0。

4）在比较函数 $[0,kq(z_0)]$ 区间抽样得到 u_0。

5）计算 z_0 的接收概率：

$$\alpha = \frac{p(z)}{kp(z)} \tag{2-60}$$

若 $u_0 \leqslant \alpha$，则该样本为合格样本，接受这次采样，$x_i=z_0$；否则为不合格样本，

即 u_0 恰好位于灰色区域内，从而拒绝此次采样。

6）重复步骤3）～5），直到满足需要的样本个数要求，得到该条分支的故障量模拟值序列 $R=\{r_1, r_2, \cdots, r_n\}$。

(3) 重要性采样

重要性采样和接受—拒绝采样进行抽样的思想大致相同，只是采样的目的不同。重要性采样的重要理论基础是概率论中的数学期望，其根据数学期望进行采样，本身不提供采样的具体样本，而是直接给出近似期望的框架。重要性采样表述为：对于积分值有重要贡献的被积函数区间，以较大概率生成处于这个区间附近的随机变量，用于快速逼近理论值[183,184]。

针对一般随机变量 X，其满足 $X=f(x)$，其概率密度函数为 $p(x)$。若该积分 $\int_a^b f(x)p(x)\mathrm{d}x$ 绝对收敛，则该随机变量 X 的数学期望记为 $E(X)$。

根据经典的方法，我们需要求得 $f(x)$ 的原函数才能解出这个积分结果。

因矿井通风系统阻变型故障不是简单标准的概率分布，通过对比分析直接采样法、接受—拒绝采样法、重要度采样法三种方法的适用范围，最终确定在生成矿井通风系统阻变型故障量模拟值时采用接受—拒绝采样法。

本章小结

1）分析了矿井通风参数“测不准”的原因，其中外因包括瞬态扰动、周期性扰动、永久性扰动和大尺度漩涡，内因则为风流的湍流随机脉动。

2）针对传统的巷道断面单点风速难以准确代表巷道平均风速的问题，利用多普勒测速实验(LDA)研究了巷道断面点风速与平均风速的关系，建立了巷道单点风速表征平均风速的表达式，可以通过测量巷道断面某点的风速，准确地表征巷道平均风速。

3）为快速准确地获取井下通风参数，对风速传感器的布置选址问题进行了研究，提出了最小树原理算法、可变模糊优选算法、灵敏度矩阵与模糊聚类算法及割集原理算法，并基于科学性和合理性对各算法进行了分析。

4）对于风阻测量难度大的问题，进行了测风求阻的相关研究，利用节点风量平衡法和回路阻力平衡法，基于风量和风压可以准确地求得巷道风阻。

5）通风网络解算时，以测量的风阻值为基础数据进行解算时所得风量与实际风量的偏差值较大。针对此问题提出了风阻自适应理论，即对测量的风阻值进行自适应调节，从而降低解算风量与实测风量之间的差值。

6）通过数值模拟探究了不同巷道断面、不同风流速度和不同风流温度巷道断面风流场的分布情况。研究发现：风流速度场在巷道中的分布不受温度的影响。

不同风速对于风流温度在梯形巷道和拱形巷道中的分布都有一定的影响，即风流速度越大，同一温度风流层的厚度越小。不同巷道断面形状对风速分布影响较小，只在巷道拐角处出现较低风速区，其他区域分布趋于一致；而对于风流温度的分布基本没有影响，只是在梯形巷道上角处具有一定差异，其他区域基本一致。巷道断面某一点的风速不受巷道形状和风流温度的影响，仅受风流速度的影响。

7) 根据井下故障对巷道风阻的影响定义了阻变型故障，并通过实例证明利用风量-风压复合特性可以对阻变型故障位置和故障量进行准确地诊断。

第 3 章　矿井通风实时智能计算

3.1　有源风网理论

在通风网络中，可以将涌出的气体称为(风)源，吸附的气体称为汇。有源风网[185]具体是指在巷道中的任意分支或节点上涌出外源气体时与周围风流共同组成的通风网络。井下常见的外源气体有甲烷、一氧化碳、火灾烟流气体等有害气体。有源风网一般分为分支风源和节点风源。风源可分为强源和弱源，强源指相对于巷道风流而言剧烈释放的风源，如煤与瓦斯突出、有害气体异常涌出及火灾产生的大量烟气；弱源指相对于巷道风流缓慢释放的风源，如巷道瓦斯及有害气体正常涌出。

有源风网风流质量-能量平衡方程与数学模型如下：

$$\boldsymbol{AM}=\boldsymbol{A}^*\boldsymbol{W}+\boldsymbol{D} \tag{3-1}$$

式中，$\boldsymbol{A}$ 为基本节点关联矩阵。$\boldsymbol{A}=[a_{ij}](m-1)\times n$，$a_{ij}$ 为风流系数，且其取值满足：

$$a_{ij}=\begin{cases}1 & （第\ j\ 条分支风流流入节点\ i） \\ 0 & （第\ j\ 条分支不与节点\ i\ 相连） \\ -1 & （第\ j\ 条分支风流流出节点\ i）\end{cases}$$

$\boldsymbol{M}$ 为风量质量矩阵。$\boldsymbol{M}=[M_j]_{n\times1}$，$M_j$ 为风流的质量流量，kg/s。$M_j=\rho_jQ_j$，其中 Q_j 为分支 j 巷道风量，m^3/s；ρ_j 为分支 j 巷道风流的平均密度，kg/m^3。

$\boldsymbol{D}$ 为通风网络节点源项矩阵。$\boldsymbol{D}=[D_i]_{(m-1)\times1}$，其中 D_i 为风路节点风源在 i 节点上源项的质量流量，kg/s。

$\boldsymbol{W}$ 为通风网络分支源项矩阵。这里的 $\boldsymbol{W}$ 代表分支弱源，$\boldsymbol{W}=[W_j]_{n\times1}$，$W_j$ 为分支 j 上源项的质量流量，kg/s。

$\boldsymbol{A}^*$为通风网络基本节点汇集矩阵。$\boldsymbol{A}^*=[a_{ij}^*]_{(m-1)\times n}$。当 $a_{ij}=-1$ 时，$a_{ij}^*=1$；否则，$a_{ij}^*=0$。

若有分支弱源存在于通风系统中，则式(3-1)可改写为

$$\sum_{j=1}^{n}a_{ij}M_j=\sum_{j=1}^{n}a_{ij}^*W_j+D_i \qquad (i=1,2,3,\cdots,m-1) \tag{3-2}$$

如果将矿井通风系统中的分支弱源忽略，则式(3-1)可以进一步简化为

$$\sum_{j=1}^{n} a_{ij} M_j = \sum_{j=1}^{n} a_{ij}^{*} W_j + D_i \qquad (i = 1, 2, 3, \cdots, m-1) \tag{3-3}$$

1. 有源风网能量方程

在出现煤与瓦斯突出事故时，原本赋存于巷道中的瓦斯气体密度出现明显下降，由于瓦斯气体流速变化，导致巷道中的气压分布出现明显变化。有源风网能量平衡方程如下：

$$\boldsymbol{BH}=\boldsymbol{BH}_{\mathrm{f}}+\boldsymbol{BP}_{\mathrm{e}} \tag{3-4}$$

$$\boldsymbol{B}=\begin{bmatrix} b_{11} & b_{12} & \cdots & b_{1n} \\ b_{21} & b_{22} & \cdots & b_{2n} \\ \vdots & \vdots & & \vdots \\ b_{n-m+1,1} & b_{n-m+1,2} & \cdots & b_{n-m+1,n} \end{bmatrix}$$

$$\boldsymbol{H}=\begin{bmatrix} h_1 \\ h_2 \\ \vdots \\ h_n \end{bmatrix}$$

$$\boldsymbol{H}_{\mathrm{f}}=\begin{bmatrix} h_{\mathrm{f},1} \\ h_{\mathrm{f},2} \\ \vdots \\ h_{\mathrm{f},n} \end{bmatrix}$$

$$\boldsymbol{P}_{\mathrm{e}}=\begin{bmatrix} p_{\mathrm{e},1} \\ p_{\mathrm{e},2} \\ \vdots \\ p_{\mathrm{e},n} \end{bmatrix}=\begin{bmatrix} (Z_{1,1}-Z_{1,2})\rho_1 g \\ (Z_{2,1}-Z_{2,2})\rho_2 g \\ \vdots \\ (Z_{n,1}-Z_{n,2})\rho_n g \end{bmatrix}$$

式中，$\boldsymbol{B}$ 为基本回路矩阵，且 $\boldsymbol{B}=[b_{sj}]_{(n-m+1)\times n}$。当 j 分支是 s 回路同向分支时，$b_{sj}=1$；当 j 分支是 s 回路反向分支时，$b_{sj}=-1$；否则，$b_{sj}=0$。$\boldsymbol{H}$ 为风压向量，且 $\boldsymbol{H}=[h_j]_{n\times 1}$，$h_j$ 为 j 分支上的风压差，Pa。考虑分支风流方向，有 $h_j=R_jQ_j|Q_j|$ 或者 $h_j=R_jM_j|M_j|/\rho_j^2$。$\boldsymbol{H}_{\mathrm{f}}$ 为风机风压向量，且 $\boldsymbol{H}_{\mathrm{f}}=[h_{\mathrm{f},j}]_{n\times 1}$，$h_{\mathrm{f},j}$ 为 j 分支上的通风机风压，Pa。$\boldsymbol{P}_{\mathrm{e}}$ 为位压向量，且 $\boldsymbol{P}_{\mathrm{e}}=[p_{\mathrm{e},j}]_{n\times 1}$，$p_{\mathrm{e},j}$ 为 j 分支上的位压差，Pa。$p_{\mathrm{e},j}=(Z_{j,1}-Z_{j,2})\rho_j g$，其中 $Z_{j,1}$、$Z_{j,2}$ 分别为 j 分支的起止节点标高，m。

因此：

$$\sum_{j=1}^{n} b_{ij}(h_j - p_{e,j} - h'_{f,j}) = 0 \text{ 或 } \sum_{j=1}^{n} b_{ij}[R'_j \mid M_j \mid M_j - (Z_{j,1} - Z_{j,2})\rho_j g - h'_{f,j}] = 0$$

2. 有源风网中节点风源与分支风源的转化计算

节点风源指从某一风源点处不断涌出风流。分支风源即风源气体沿特定分支不断地释放到巷道中的瓦斯。若任意分支上的风源气体均匀释放，则分支风源可根据风源涌出强度进行计算：

$$W_j = l_j w_j \tag{3-5}$$

式中，W_j 为 j 分支的风源，kg/s；l_j 为 j 分支总长度，m；w_j 为 j 分支单位长度产生气体的质量流量，kg/(m·s)。w_j 通常是实际问题的基础参数，如煤巷或工作面煤壁单位长度上的瓦斯涌出强度。

对分支强源，有

$$\sum_{j=1}^{n} a_{ij} M_j = D_i \qquad (i = 1, 2, 3, \cdots, m-1) \tag{3-6}$$

一般可根据实际问题将分支风源与对应的节点风源相对应，按权重分配到两端的节点上。对分支风源，有

$$\begin{cases} d_{j,i_1} = \beta_j W_j \\ d_{j,i_2} = (1 - \beta_j) W_j \end{cases} \tag{3-7}$$

式中，d_{j,i_1}、d_{j,i_2} 为 j 分支风源分流到 i 节点风源；i_1、i_2 分别代表 j 分支的起节点和末节点；β_j 为 j 分支风源对节点 (i_1) 的贡献权重，无量纲。

β_j 的确定原则是顺风流方向取大，逆风流方向取小。

如图 3-1 所示，根据位置权重将各分支上的点源依次分配至两端节点：

$$\begin{cases} d_{j,i_1} = \dfrac{l_{j,d}}{l_j} W_j \\ d_{j,i_2} = \dfrac{l_j - l_{j,d}}{l_j} W_j \end{cases} \tag{3-8}$$

式中，$l_{j,d}$ 为点源距离起点的位置，m。

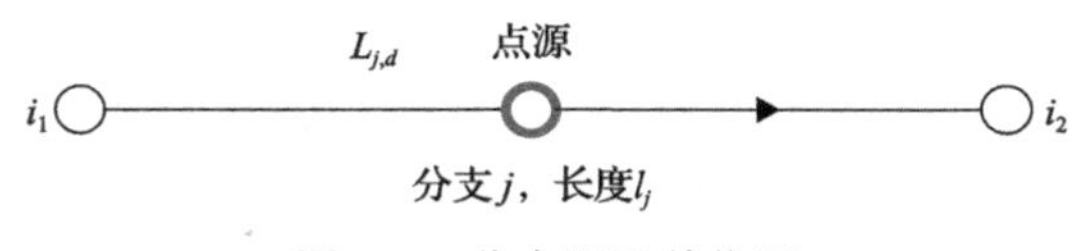

图 3-1　分支源及其位置

从而，转化修正后的 i 节点风源 D_i' 为

$$D_i' = D_i + \sum_{j=1}^{n} | a_{ij} | d_{j,1} \tag{3-9}$$

就处于分支位置的最强点源而言，最为有效的通风网格划分方法是将其视为通风网络的新节点。

3.2 实时网络解算理论

3.2.1 质量守恒定律

1. 狭义质量守恒定律

狭义质量守恒定律(节点质量守恒定律)为单位时间内从任意节点流入和流出的风流质量代数和为零。若设流出为正、流入为负，则节点质量守恒定律可表示为

$$\sum \rho_{ij} q_{ij} - \sum \rho_{ki} q_{ki} = 0 \; ((v_i, v_j) \in E^+(v_i), (v_k, v_i) \in E^-(v_i), v_i \in V, v_j \in V, v_k \in V) \tag{3-10}$$

式中，ρ_{ij} 为分支 (v_i, v_j) 的风流密度，$\mathrm{kg/m^3}$；ρ_{ki} 为分支 (v_k, v_i) 的风流密度，$\mathrm{kg/m^3}$；q_{ij} 为分支 (v_i, v_j) 的风量，$\mathrm{m^3}$；q_{ki} 为分支 (v_k, v_i) 的风量，$\mathrm{m^3}$；(v_i, v_j) 和 (v_k, v_i) 分别为节点 v_i 的出边 $E^+(v_i)$ 和入边 $E^-(v_i)$。

若密度可视为理想状态变化，则式(3-10)可表示为

$$\sum q_{ij} - \sum q_{ki} = 0 \; ((v_i, v_j) \in E^+(v_i), (v_k, v_i) \in E^-(v_i), v_i \in V, v_j \in V, v_k \in V) \tag{3-11}$$

式(3-11)表明：在通风网络中的任意节点处的风量变化量代数和为零。

使用图论和矩阵知识表示风量守恒，图 G 中共有 m 个节点，可对 m 个节点列风量平衡方程，即

$$\boldsymbol{B}\boldsymbol{Q}^{\mathrm{T}} = \left(\sum_{j=1}^{n} b_{ij} q_j \right)_{m \times 1} = 0 \tag{3-12}$$

式中，$\boldsymbol{B}$ 为图 G 的完全关联矩阵，且 $\boldsymbol{B} = (b_{ij})_{m \times n}$；$\boldsymbol{Q}$ 为分支的风量矩阵，$\boldsymbol{Q} = (q_1, q_2, \cdots, q_n)$，其排列次序与关联矩阵一致；$\boldsymbol{Q}^{\mathrm{T}}$ 为 $\boldsymbol{Q}$ 的转置矩阵。

2. 广义质量守恒定律

在满足狭义质量守恒定律的前提下，任意割集对应的分支风量代数和为零。割集风量平衡方程矩阵可表示为

$$\boldsymbol{SQ}^{\mathrm{T}}=\left(\sum_{j=1}^{n}s_{ij}q_j\right)_{s\times 1}=0 \tag{3-13}$$

式中，$\boldsymbol{S}=(s_{ij})_{s\times n}$ 为有向割集矩阵及其元素值；s 为割集数。

3.2.2　能量守恒定律

能量守恒定律为在任一闭合回路 C 上发生的能量转换的代数和为零，即

$$\sum_{i=1}^{|C|}\pm h_i-h_C^f-h_C^z=0 \tag{3-14}$$

式中，h_i 为分支 i 的阻力，Pa。当分支与回路方向一致时，h_i 取正号；当分支与回路方向相反时，h_i 取负号。h_C^f 为回路 C 上的风机风压，Pa。当机械动力回路中克服阻力做功时，$h_C^f>0$；反之，如果所属的动力在回路内起阻力作用，则 $h_C^f<0$。h_C^z 为回路 C 上的自然风压、火风压等。如果自然风压、火风压在回路中克服阻力做功，则 $h_C^z>0$；反之，$h_C^z<0$。

将 h_C^f 和 h_C^z 统称为附加阻力 h'。当回路上无主动作用力和机械力做功时，式(3-14)可写为 $\sum_{i=1}^{|C|}\pm h_i=0$，即阻力平衡定律。该定律表明：任意回路中的异向风流的阻力必然相等。

将矩阵 $\boldsymbol{C}=(c_{ij})_{s\times n}$ 的回路分支按列进行排列，则阻力集合因素和回路附加阻力因素分别构建的矩阵可表示为 $\boldsymbol{H}=(h_1,h_2,\cdots,h_n)$，$\boldsymbol{H}'=(h_1',h_2',\cdots,h_s')$，即

$$\boldsymbol{CH}^{\mathrm{T}}=\boldsymbol{H}'^{\mathrm{T}} \tag{3-15}$$

或写为

$$\left(\sum_{j=1}^{n}c_{ij}h_j-h_i'\right)_{s\times 1}=0 \tag{3-16}$$

式中，s 为回路总数；$\boldsymbol{H}^{\mathrm{T}}$、$\boldsymbol{H}'^{\mathrm{T}}$ 分别为 $\boldsymbol{H}$ 和 $\boldsymbol{H}'$ 的转置。

若将上述阻力定律推广至通路中，则有

$$PH^{\mathrm{T}} = H'^{\mathrm{T}} \tag{3-17}$$

式中，$\boldsymbol{P}$ 为网络的全部通路矩阵。

3.2.3　通风阻力定律

风流在通风系统中流动时，其阻力可表示为

$$h_i = r_i q_i^x (i = 1, 2, \cdots, n) \tag{3-18}$$

式中，h_i 为分支的阻力值，Pa；r_i 为分支的风阻值，$\mathrm{N \cdot s^2/m^8}$；q_i 为分支的风量值，$\mathrm{m^3/s}$；x 为流态因子，根据风流流动状态取值，1 为层流，2 为紊流，1～2 为过渡态，本书仅讨论紊流。

3.2.4　Cross 法实时网络解算数学模型

网络解算算法研究可以追溯到 1854 年，Atkinson 在北英格兰采矿工程师学会上发表的一篇论文奠定了通风网络解算理论的基础。Czeczott 于 1925 年发表了通风网络中的角联分支理论，可处理部分初级通风网络解算问题。本书研发的软件采用的网络解算方法属于 Cross 算法，但是在无初始风量、单向回路处理、扇风机特性曲线 5 次拟合、20 次迭代后不收敛分支重新排序、由网络派生的虚拟简化分支的风量修正算法等方面具有创新性。

传统的网络解算是预先在井下测得通风参数，之后在计算机上进行网络解算。Cross 法实时网络解算是将井下风流参数传感器与数据分析系统通过 5G 技术进行直接连接，实时获取通风参数进行通风网络解算，其连接如图 3-2 所示。

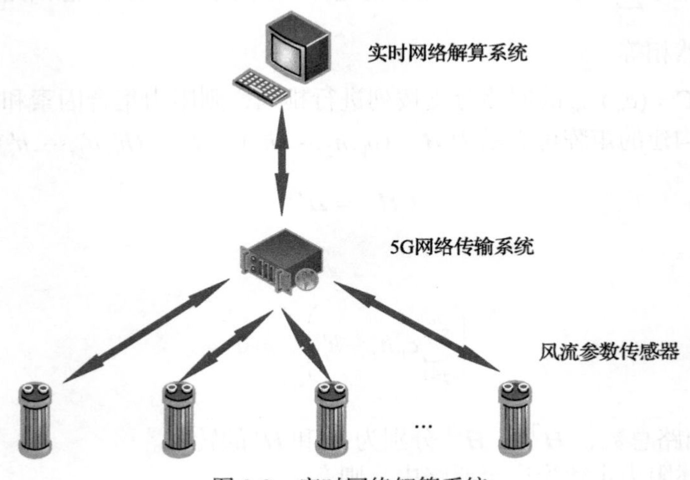

图 3-2　实时网络解算系统

Cross 法也称 Scott-Hinsley 法。在 Barczyk 法中，如果回路选择合理，可以使 Jacobi 矩阵除主对角线外其余元素为 0，即

$$\begin{pmatrix} f_1^{(k-1)} \\ f_2^{(k-1)} \\ \vdots \\ f_{n-m+1}^{(k-1)} \end{pmatrix} + \begin{pmatrix} \dfrac{\partial f_1^{(k-1)}}{\partial q_1^{(k-1)}} & 0 & \cdots & 0 \\ 0 & \dfrac{\partial f_2^{(k-1)}}{\partial q_2^{(k-1)}} & \cdots & 0 \\ \vdots & \vdots & & \vdots \\ 0 & 0 & \cdots & \dfrac{\partial f_{n-m+1}^{(k-1)}}{\partial q_{n-m+1}^{(k-1)}} \end{pmatrix} \begin{pmatrix} \Delta q_1^{(k)} \\ \Delta q_2^{(k)} \\ \vdots \\ \Delta q_{n-m+1}^{(k)} \end{pmatrix} \approx 0 \tag{3-19}$$

式(3-19)中，$n-m+1$ 个回路阻力平衡方程中每一个回路仅含有一个基准分支。当基本回路矩阵 $\boldsymbol{C}=(\boldsymbol{I},\boldsymbol{C}_{\mathrm{T}})$ 时，式(3-19)成立且有

$$f_i^{(k-1)} + \frac{\partial f_i^{(k-1)}}{\partial q_i^{(k-1)}} \Delta q_i^{(k)} = 0 \tag{3-20}$$

将 $f_i = \sum\limits_{j=1}^{n} c_{ij} r_j q_j \left|q_j\right| - h_i'$ 代入式(3-20)，有

$$\sum_{j=1}^{n} c_{ij} r_j q_j^{(k-1)} \left|q_j^{(k-1)}\right| - h_i' + \sum_{j=1}^{n} \left|2 c_{ij} r_j q_j^{(k-1)}\right| \Delta q_j^{(k)} - \frac{\partial h_i'}{\partial q_i^{(k-1)}} \approx 0 \tag{3-21}$$

如果令 $\Delta q_1^{(k)} = \Delta q_2^{(k)} = \cdots = \Delta q_n^{(k)} = \Delta q_i^{(k)}$，则有回路风量校正式为

$$\Delta q_i^{(k)} = -\frac{f_i^{(k-1)}}{\partial f_i^{(k-1)} \Big/ \partial q_i^{(k-1)}} = -\frac{\sum\limits_{j=1}^{n} c_{ij} r_j q_j^{(k-1)} \left|q_j^{(k-1)}\right| - h_i'}{\sum\limits_{j=1}^{n} \left|2 c_{ij} r_j q_j^{(k-1)}\right| - \partial h_i' \Big/ \partial q_i^{(k-1)}} \tag{3-22}$$

式中，$\Delta q_i^{(k)}$ 为第 i（$i=1,2,\cdots,n-m+1$）个基本回路、第 k（k 为迭代次数，$k=1,2,\cdots$）次迭代时的回路风量修正值；c_{ij} 为基本回路矩阵第 i 行、第 j 列元素值；r_j 为回路第 j 列对应的分支风阻，$\mathrm{N\cdot s^2/m^8}$；$q_j^{(k-1)}$ 为回路第 j 列对应的分支在第 k 次迭代时的初始风量值，$\mathrm{m^3/s}$；h_i' 为第 i 个基本回路的附加阻力，Pa。

回路分支风量校正式(3-22)可写为

$$\begin{cases} q_j^{(k)} = q_j^{(k-1)} + c_{ij} \Delta q_i^{(k)} \\ q_j^{(k-1)} = q_j^{(k)} \end{cases} \quad (j=1,2,\cdots,n) \tag{3-23}$$

为了加速收敛，式(3-23)的第二行采用已修正的风量值计算后面回路的风量修正值。

Cross 法程序流程如下：

1) 已知 $\boldsymbol{G}=(\boldsymbol{V},\boldsymbol{E})$ 、 $\boldsymbol{R}$ 、 $\boldsymbol{Q}^{(0)}$ 、 $\boldsymbol{H}'$ ， $k=1$ ；

2) 拟定树及余树： $\boldsymbol{T}$ 、 $\bar{\boldsymbol{T}}$ ；

3) 拟定基本回路矩阵： $\boldsymbol{C}=(\boldsymbol{C}_{\mathrm{L}},\boldsymbol{C}_{\mathrm{T}})$ ；

4) 计算回路风量修正值 $\Delta q_i^{(k)}$ ；

5) 修正回路风量 $q_j^{(k)}$ ；

6) 误差验算，满足精度程序结束；否则， $k \leftarrow k+1$ ，转到 4) 继续迭代。

3.3 矿井火灾烟流动态传播理论

矿井火灾可释放出大量烟气，按照有源风网理论，矿井火灾属于强源，所以可根据有源风网理论对火灾的动态传播过程进行研究。

3.3.1 井巷火灾的过程

井下火灾具有突发性、火势发展迅猛、灭火和救护困难等特点。火灾会产生大量有毒有害的气体和热量，并形成火风压。风流受火灾动力作用，容易引起其状态紊乱，甚至造成整个通风系统风流状态的混乱，由此造成的损失尤为惨重。矿井火灾是在地下特殊环境中的特定条件下发生的，燃烧条件、供氧条件、燃烧生成物扩散条件等与地面火灾不同，烟流运动状态十分复杂。

一次不受人为因素控制(不采取灭火措施)的井巷式矿井火灾，燃烧从一个点或一个面开始，随着时间的增加，火焰向周围蔓延，火区由一个点或一个面延烧成一定范围的火区，参与燃烧反应的可燃物量逐渐增多，火灾烟流最高温度逐渐增加。在采用强制通风的井巷，烟流流动受井巷断面及向火区供风量的制约，当火势发展到一定程度时，可燃物表面的灰层厚度增大，燃烧速度下降。但由于火焰的延烧，火区范围增大，当供风条件被限定或可燃物总量一定时，火灾处于比较稳定的燃烧状态，此时烟流最高温度的变化幅度不大，烟流中的气体浓度也基本恒定。随着火灾时间的继续增加，有大量的可燃物燃尽成为灰渣，并堆积在燃烧反应物表面，则燃烧反应面的灰层厚度增大，燃烧速度减小。当可燃物的投放量一定时，参与燃烧的物质量减少，烟流最高温度下降。

根据火灾烟流最高温度和燃烧生成物变化的特点，井巷火灾过程可分为三个阶段：火灾初期，火势不断增大，烟流最高温度不断升高的过程，称为火灾发展阶段；火灾经发展阶段后，火势基本稳定，烟流最高温度变化很小的过程，称为火灾稳定阶段；最后，火势不断减小，烟流最高温度不断下降的过程，称为火灾衰减阶段。

可燃物性质和摆放状态不同，通风条件不同，火灾发展阶段、稳定阶段和衰减阶段的持续时间变化很大。

3.3.2　井巷火灾污染区域

火灾时期的矿井通风系统可依据火灾发展的三个阶段中的烟流运移状态和燃烧产物相互作用、影响的关系进行划分，划分详情如图 3-3 所示。

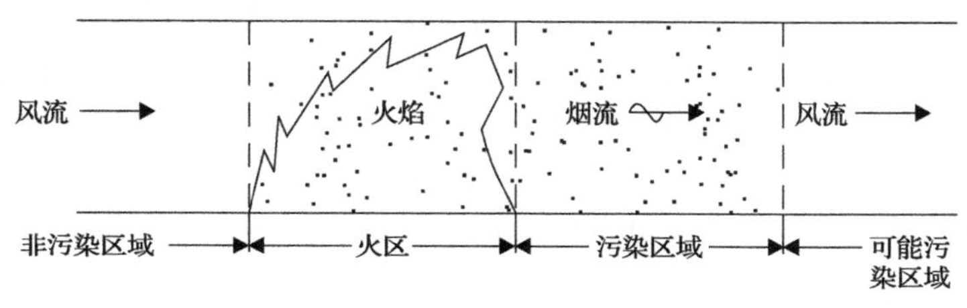

图 3-3　火灾烟流污染状态

1) 火灾区内上风侧未被烟流污染的风流分支集合称为非污染区域，又称安全区域。火灾的蔓延不会对该区域内的风流组分及流动状态造成影响，故称该区域为火灾过程中的安全通道。火灾发生后产生的动力效应会使得通风系统出现结构上的变化，也会对某些分支中的风速、风温和风压造成微小影响。

2) 火灾区中燃烧分支区域段及已燃区分支段区域共称为火区，又称燃烧区。火区火灾发生之前的风流运移特性与燃烧时火焰产生的烟流特性不同。发生火灾时，火焰烟流呈现持续升温状态，同时其气流密度开始下降；随着燃烧的进行，火灾区内不断出现有毒有害气体，导致巷道中的阻抗发生变化，此时误入火区的人员将会被烧伤或中毒窒息。

3) 在已燃区域内，火灾产生的烟流会污染某一列或几列分支，这些分支统称为污染区域。燃烧之后的烟流中含有灾害产生的污染物质。发生灾害之前，烟流温度略低于风流温度；在火灾期间烟流温度持续升高，密度不断下降，不断产生有毒有害气体，井巷阻抗不断变化。在整个过程中，烟流温度、密度、速度、气体浓度不断发生变化。

4) 位于未燃区火灾下风侧且未被烟流污染的区域称为可能污染区域。如果火区上风侧的通风系统处于混乱状态，则该区域可能变为火区下风侧，未被污染的分支统一称为可能污染区域。该区域的风流温度、气体浓度较未发生火灾时变化较小。由于火灾动力效应对风流的作用，风流速度、密度、静压等有所变化。

3.3.3　火灾燃烧状态及其风流流动状态

一般情况下，矿井火灾的燃烧温度不高，可燃物与氧气的化合反应是主体，燃烧生成物的分解反应或二次燃烧反应是次要的。因此，燃烧状态以一次反应为主体。

井巷中火灾的风流(或烟流)有外界热量、外界质量和外界动量的加入，有摩擦阻力损失。它是密度不断变化的可压缩的黏性流体，其流动过程是非稳定过程。燃烧生成的气体和粉尘进入流过火区的风流，形成火灾烟流。烟流流动过程中不断与其周围的物体(如岩石、各种设备、各种管路等)进行热交换，所以流动过程中风流和烟流的质量及其内能都在变化。火灾形成火风压，烟流与其周围物体进行热交换的过程中，其密度不断变化，所以烟流流动过程中有动量的加入，烟流为可压缩性流体。烟流流动过程中与其周围物体之间有相互摩擦，烟流为黏性流体。由于火灾燃烧过程是非稳定过程，燃烧状态参数随时间不断变化，烟流温度、密度、速度、静压等也随之变化，因此烟流的流动过程是非稳定过程。火灾燃烧及其风流流动原理就是研究矿井火灾的燃烧状态和燃烧过程，以及火灾时期风流和烟流状态变化过程及其遵循的规律，主要包括燃烧过程理论、烟流动力效应理论、烟流逆流层理论、风流和烟流的非稳定流动理论等。

3.3.4　污染范围的确定

在通风网络上，污染范围对应的子图包括所有以火灾分支末节点为始点的通路，可用式(3-24)确定：

$$G_w = \{e_k \mid e_k \in P_w\} \tag{3-24}$$

式中，G_w 为污染范围对应的子图；P_w 为以火灾分支末节点为始点的通路集合，$P_w = \{P_i \mid V^-(P_i) = v_t, (v_s, v_t) = e_f\}$，$V^-(P_i)$ 为通路 P_i 始点，e_f 为火灾分支，v_s 为 e_f 的始节点，v_t 为 e_f 的末节点。

具体确定时，采用深度优先搜索法(Deep First Search，DFS)搜索以火灾分支末节点为始点的通路。

如图 3-4 所示的通风网络，如果发火位置在 3 分支，距末节点 4 的距离为 10m，则 $e_f = 3$，$v_s = 2$，$v_t = 4$，$V^-(P_i) = 2$：

$$\begin{aligned} P_w &= \{P_i \mid V^-(P_i) = v_t, (v_s, v_t) = e_f\} \\ &= \{\{e_6, e_8, e_9, e_{10}\}, \{e_5, e_9, e_{10}\}\} \end{aligned} \tag{3-25}$$

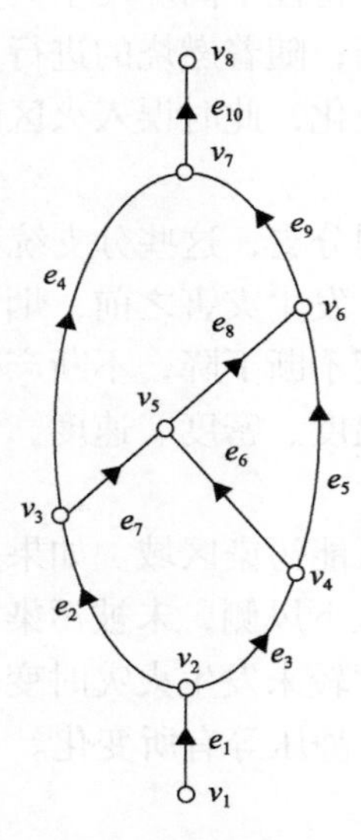

图 3-4　通风网络

P_w 中包括两条通路：

$$G_w = \{e_k \mid e_k \in P_w\} = \{e_5, e_6, e_8, e_9, e_{10}\} \tag{3-26}$$

3.3.5 火区最高温度的确定

火灾烟流的最高温度是计算烟流的温度分布和进行风流(烟流)状态解算的重要数据。常用的确定火灾烟流最高温度的计算方法有绝热井巷内烟流最高温度计算法、R-C 烟流的最高温度计算方法、中-山烟流最高温度的计算方法，以及根据烟流最高温度的稳定流动模型、烟流最高温度的能量守恒模型进行计算的方法等。其中，烟流最高温度的能量守恒模型既考虑了烟流与井巷物体间的热交换，同时保留了风流动能和烟流流动过程中的动能变化，较好地描述了稳定燃烧过程和烟流稳定流动过程中火区烟流的温度分布和烟流的最高温度，计算结果比前几种方法更接近真实值。该方法的火区烟流温度微分方程式为

$$\left[m_0 c_{\mathrm{p}} + \frac{m_0 v_0^2 T}{T_0^2} + \frac{x(m_{\mathrm{m}} - m_0)\left(c_{\mathrm{p}} + \dfrac{v_0^2 T}{T_0^2}\right)}{L_{\mathrm{r}}}\right]\frac{\mathrm{d}T}{\mathrm{d}x} + \frac{v_0^2 (m_{\mathrm{m}} - m_0) T^2}{2L_{\mathrm{r}} T_0^2} + \left[\alpha_{\mathrm{b}} U + \frac{(m_{\mathrm{m}} - m_0) c_{\mathrm{p}}}{L_{\mathrm{r}}}\right] T + \frac{2Jgx(m_{\mathrm{m}} - m_0)}{L_{\mathrm{r}}} + m_0 Jg - \alpha_{\mathrm{b}} U T_{\mathrm{a}} - q_{\mathrm{r}} = 0 \tag{3-27}$$

式中，T_0 为火区入风端风流的温度，K；α_{b} 为烟流与井巷物体间的不稳定传热系数，$\mathrm{W/(m^2 \cdot ℃)}$；T_{a} 为井巷围岩的原始温度，K；J 为井巷坡度；m_0 为入风端风流的质量流量，kg/s；m_{m} 为出风端风流的质量流量，kg/s；x 为距火区入风端的距离，m；c_{p} 为定压比热，kJ/(kg·K)，风流为 1.004，烟流为 1.050；v_0 为火区入风端风流的速度，m/s；U 为井巷周长，m；L_{r} 为火区长度，m；g 为重力加速度，m/s^2；$q_{\mathrm{r}} = \gamma_{\mathrm{z}}\, q_{\mathrm{r}}'$，$q_{\mathrm{r}}'$ 为单位长度上单位时间内燃烧生成的热量，kJ/(m·s)，γ_{z} 为转换系数。

式(3-27)给出的火区烟流温度微分方程式不能解出解析解，解算时必须采用差分方法，其差分格式为

$$T_{i+1} = T_i + \Delta x\left[m_0 c_{\mathrm{p}} + \frac{m_0 v_0^2 T_i}{T_0^2} + \frac{x_i (m_{\mathrm{m}} - m_0)\left(c_{\mathrm{p}} + \dfrac{v_0^2 T_i}{T_0^2}\right)}{L_{\mathrm{r}}}\right]^{-1}\left\{\alpha_{\mathrm{b}} U T_{\mathrm{a}} + q_{\mathrm{r}} - m_0 Jg - \frac{2Jgx_i (m_{\mathrm{m}} - m_0)}{L_{\mathrm{r}}} - \left[\alpha_{\mathrm{b}} U + \frac{(m_{\mathrm{m}} - m_0) c_{\mathrm{p}}}{L_{\mathrm{r}}}\right] T_i - \frac{v_0^2 (m_{\mathrm{m}} - m_0) T_i^2}{2L_{\mathrm{r}} T_0^2}\right\} \tag{3-28}$$

计算时选取 $L_{\mathrm{r}} / \Delta x > 50$，可获得满意的收敛效果。

3.3.6 火灾时期高温烟流动态蔓延模拟方法

在矿井火灾时期，迅速准确地掌握矿井通风网络内风流状态及火灾烟流和有害气体的分布，对于现场指挥救灾和合理控制风流具有十分重要的意义。但是，由于火灾发展很快，以及火灾与通风系统的相互作用，使火灾的影响波及范围大，因此火灾时期风流状态变化十分复杂。在现阶段，只有使用计算机模拟方法才能获得较全面的火灾时期风流状态的数据，从而为救灾决策提供依据。

矿井火灾时期的通风状态模拟方法主要可以分为两类；一类是微分方程法，另一类是时间区间法。微分方程法是建立火灾过程、烟流扩散、围岩传热及通风网络风量风压平衡等微分方程组，应用有限差分法求解这些方程，从而得到较精确的数值解。这种方法计算复杂，计算量大，目前难以达到实用的程度。时间区间法是在每一个微小的时间区间内将风流状态看成稳态，以前一时间区间的风量等数据为基础，计算火灾烟流的扩散范围、井巷的风温和火灾对风流的影响等，然后采用稳态时的通风网络解算方法求解当前时间区间的风量等参数。如此由火灾发生时刻开始，逐个时间区间向前计算。这种方法计算比较简单，基本能模拟出火灾时期风流状态变化的趋势，因而获得了很快的发展，成为当前火灾通风模拟的主要方法。

火灾通风模拟的时间区间法主要包括两个相互联系的部分，一是火灾烟流在通风网络中的扩散过程的模拟，二是通风网络在火灾作用下的风流状态的解算。显然，火灾烟流的扩散主要受井巷中的风向和风速的影响，而风向和风速大小又与火灾的强度及烟流的扩散范围有关。风流状态的解算这里采用前述的 Cross 法。火灾烟流扩散的模拟目前主要有控制体法和烟流锋面法。控制体法就是将每条巷道中的风流分为若干个称为控制体的区段，每段中的烟流浓度假设为常数，控制体的前边界为数据点，记录温度、浓度、离始点距离等参数值。随着时间的推移，控制体也向前移动，直至到达分支末点，在节点处烟流混合形成新的控制体并流入后续巷道。这种方法的缺点是每条巷道的控制体数一定，在风流参数变化较快时，如控制体太少就不能全面描述巷道中的烟流变化情况；而在无烟流流经的巷道中，控制体数据单元不能有效利用，浪费了宝贵的存储空间。烟流锋面法是将每一时间区间中，由火源或节点混合后流出的烟流浓度发生变化的烟流截面都作为一个烟流锋面，记录其烟流温度、浓度、所在分支、离分支始点的距离等参数。随着时间的推移，烟流锋面也向前移动，其温度等参数发生变化，在烟流汇合的节点处，根据质量守恒与热焓平衡定律计算得到新的烟流锋面，流入后续巷道。同一巷道的前后两烟流锋面之间的烟流浓度看作线性变化，温度按指数规律变化。由于烟流锋面记录了烟流浓度发生变化的全部地点的参数，因此可以全面描述通风网络中的烟流分布状况，而且数据存储空间的利用率较高。本书采用烟流锋面法。

3.3.7　污染范围内巷道烟流温度分布

火灾时期，从火区流出的烟流在机械通风动力、自然风压和火灾动力效应的作用下向火区下风侧流动。随着时间的增加，烟流前沿到火区的距离增大，污染区域的范围不断扩大。由于烟流温度高于井巷周围物体的温度，因此烟流流动过程中不断与井巷周围的物体进行热交换，热流从烟流流向周围的物体，烟流失去热能，内能减少，温度下降；井巷周围的物体不断接受烟流热能，其温度随着时间的增加而升高。

污染范围内巷道烟流温度分布如下。

1. 水平井巷

水平井巷沿程烟流温度的计算式可写为

$$T = A_k + (T_1 - A_k)\cdot\exp(-B_k) \tag{3-29}$$

式中，A_k=T_0；$B_k = \dfrac{\alpha_b U}{mc_p}$。

2. 倾斜井巷

倾斜井巷沿程烟流温度的计算式可写为

$$T = A_k + (T_1 - A_k)\cdot\exp(-B_k) \tag{3-30}$$

式中，$A_k = T_0 - \dfrac{mJg}{\alpha_b U}$；$B_k = \dfrac{\alpha_b U}{mc_p}$。

3.3.8　通风系统内节点的温度计算

对于由多条井巷组成的通风系统，各井巷的风量按通风阻力定律和风量平衡定律自然分配，不同井巷的风速不同。当在通风系统中的某一井巷内发生火灾时，烟流由火区回风端到达系统汇点(回风井的出风口)有多条通路，每条通路都由若干条井巷构成。在通风系统的内节点，由于流向节点的各井巷烟流(风流)的温度不同，因此必须进行节点能量的平衡计算，给出流出节点的各井巷烟流(风流)的温度。

当流入节点的烟流温度较低时，定压比热随温度变化的幅度较小。如果流入节点的各井巷烟流定压比热取同一值，且流出节点的烟流定压比热等于流入的定压比热，则流出点的烟流温度为

$$T_1 = \frac{\sum_{i=1}^{n} m_i (T_2)_i}{\sum_{i=1}^{n} m_i} \tag{3-31}$$

式中，T_1 为流出点烟流的温度，K；T_2 为井巷回风端烟流的温度，K；m_i 为流入流出风流的质量流量，kg/s。

3.3.9 火灾时期通风仿真计算模型

本书提出火灾时期高温烟流动态传播数值模拟算法，如下：

1) 用 DFS 算法确定以火灾分支末节点为始点的通路集合 P_w。

2) 基于火区烟流温度微分方程式的差分方程确定火区最高温度。

3) 利用污染范围内巷道烟流温度分布式及通风系统内节点的温度计算式确定火灾分支末节点入风侧温度。

4) 确定火灾分支末节点到网络汇点所需的最长时间 t_{max}，确定时间步长 Δt，确定最大时间循环次数 n_{fd}。

5) 进行时间循环，令起始时刻 it=1，则当前时刻为 $t = it \times \Delta t$。

6) 进行通路循环，对于以火灾分支末节点为始点的通路集合中的通路 i，确定当前时刻烟流传播到的地点距当前通路当前分支距离 x。

7) 如果 x 小于当前通路当前分支长度，则利用污染范围内巷道烟流温度分布式确定当前通路中各分支中从当前节点始节点到 x 的温度分布，令 $i = i + 1$，转 6)；如果 x 大于当前通路当前分支长度，则转 8)。

8) 利用通风系统内节点的温度计算式确定当前通路当前分支末节点出风侧温度。

9) 如果当前分支末节点是网络的汇点，it 大于 t_{max}，则转 10)；否则，it 小于 t_{max}，令 it=it+1，转 5)。

10) 结束。

据此，本书开发了火灾时期高温烟流动态传播数值模拟软件。

火灾时期通风仿真计算的主要流程如图 3-5 所示。

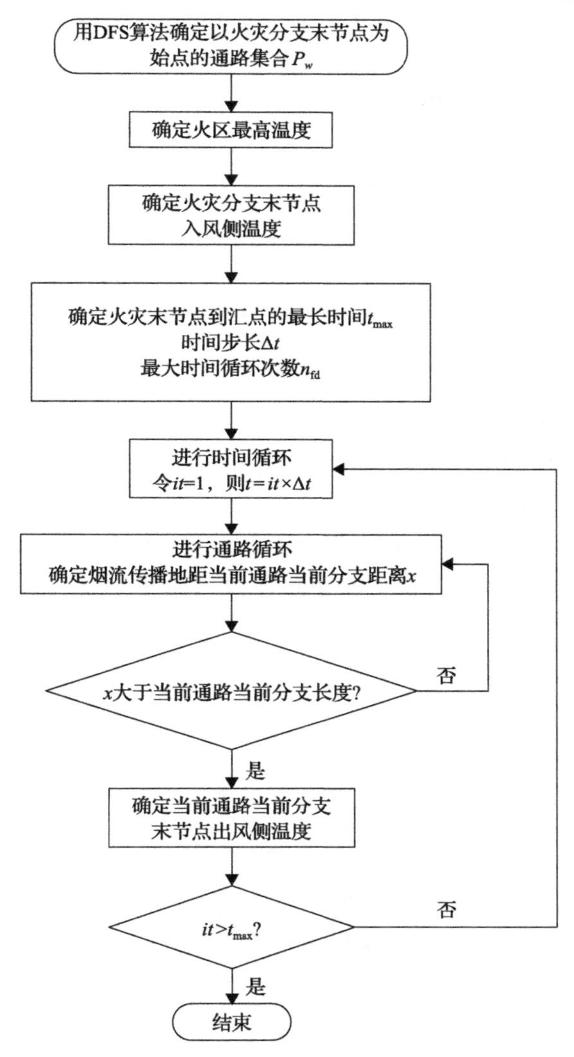

图 3-5　火灾时期通风仿真计算的主要流程

3.4　矿井瓦斯爆炸冲击波与通风动力耦合理论

矿井瓦斯爆炸是一种热-链式反应(也称链锁反应)。就其本质来说，瓦斯爆炸是一定浓度的甲烷和空气中的氧气在一定温度作用下产生的激烈氧化反应。

瓦斯爆炸发生在井下巷道时，根据其爆炸特性可将其视为发生在管网中，所以可使用管网对巷道中的瓦斯爆炸进行模拟。

研究瓦斯爆炸冲击波与通风动力的耦合情况，可以为瓦斯爆炸冲击波的防控奠定基础。

3.4.1　瓦斯爆炸模拟条件假设

实际情况下的矿井瓦斯爆炸是一个非常复杂的过程，为将问题简化，数值模拟遵循以下假设：

1) 瓦斯填充区预先均匀地混合了常态的瓦斯与空气；

2) 管道为刚性，且壁面为绝热的，不产生相对位移；

3) 瓦斯爆炸的化学反应是单步的且不可逆的反应。

3.4.2　瓦斯爆炸冲击波与通风动力耦合模型

基于通风网络理论，分析瓦斯爆炸时通风网络拓扑关系的动态变化，研究瓦斯爆炸冲击波在通风网络中的传播规律，根据通风管网内瓦斯爆炸不同时期主导压力的不同，建立瓦斯爆炸冲击波与通风动力耦合的模型。

瓦斯爆炸期间，爆源点和复合作用形成的高压区域将作为通风网络的源。此外，由于冲击波与通风动力耦合，造成部分分支流向逆转，根据“有源风网”理论，瓦斯爆炸点相当于强源，可以作为新的节点来处理，所以原来的通风网络拓扑关系将发生变化，如图 3-6 所示。

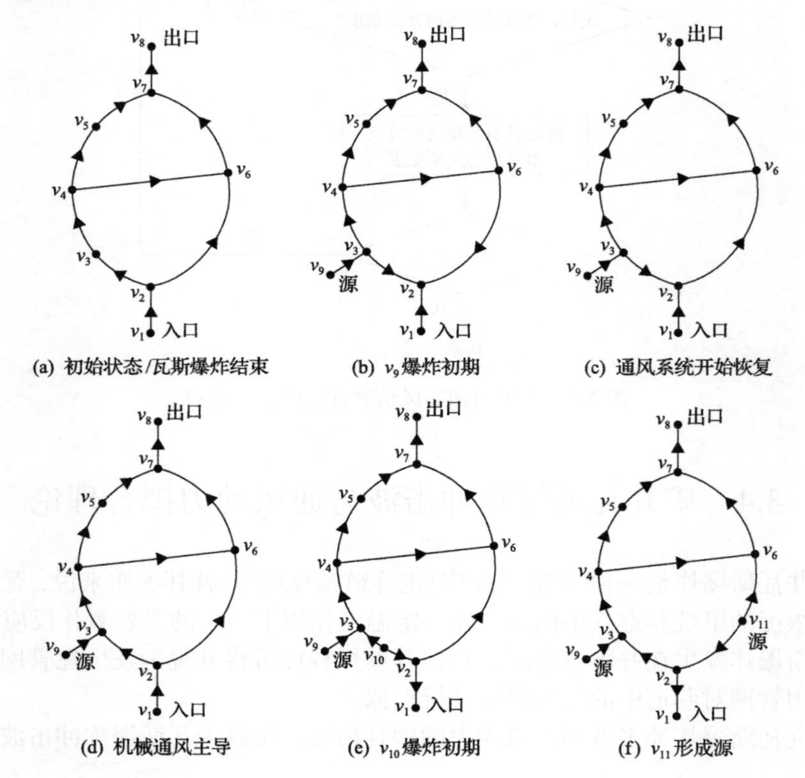

(a) 初始状态/瓦斯爆炸结束　(b) v_9爆炸初期　(c) 通风系统开始恢复

(d) 机械通风主导　(e) v_{10}爆炸初期　(f) v_{11}形成源

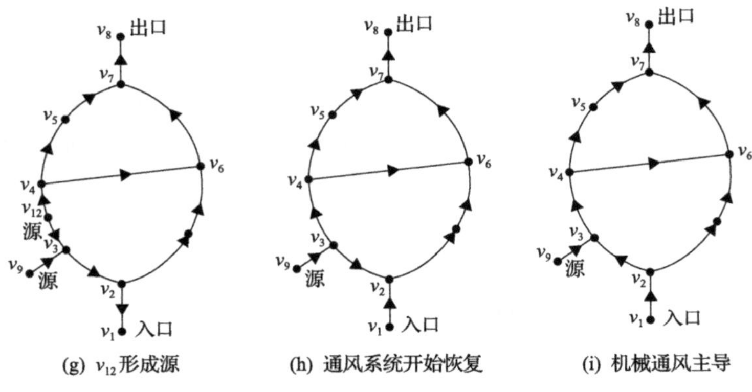

图 3-6　瓦斯爆炸前后通风网络变化

图 3-6 中各状态说明如下：

(a) 管网内未发生爆炸的初始状态或爆炸后通风动力系统恢复正常。

(b) v_9 处发生瓦斯爆炸初期，管网内冲击波占绝对主导地位，v_9 可视为源。

(c) 瓦斯爆炸冲击波的强度开始减弱，管网内的通风动力系统开始恢复。

(d) 管网内通风系统恢复至原有机械通风动力占据主导地位。

(e) v_{10} 处发生二次瓦斯爆炸初期，管网内冲击波占绝对主导地位，v_{10} 可视为源。

(f) 管网内冲击波、火焰波、管网自身结构变化形成的扰动源相互影响，产生复合作用，在 v_{11} 区域形成一个高压区，使其变为一个源。

(g) 冲击波强度虽大幅减小，但此时未燃烧瓦斯气体的量还相对充足，为火焰波的燃烧提供燃料，形成的高温气团加热周围气体形成较强的膨胀压。该复合作用可在 v_{12} 处形成源，使管网风流改变。

(h) 燃烧形成的膨胀压逐渐减弱，通风系统开始恢复。

(i) 机械通风动力大于火焰燃烧形成的膨胀压，占据主导地位。

3.5　矿井瓦斯爆炸冲击波与通风动力耦合数值模拟

假设正常通风的巷道中发生瓦斯爆炸，对爆炸冲击波与通风耦合的情况进行数值模拟。几何模型根据实验室实体瓦斯爆炸装置进行建模，设定预先在瓦斯爆炸腔体填充空气与甲烷的混合气体，参照前人数据和实验室实验[186,187]，验证甲烷浓度为 9.5%时爆炸强度最大，所以采用浓度为 9.5%的甲烷进行模拟，模拟采用二维模型。

3.5.1 几何模型及监测点

管网模型是按照实验室爆炸实验装置的实际尺寸建立的，模型设有两个开口，左边为压力入口，右边为压力出口，具体尺寸及监测点布置如图 3-7 所示。

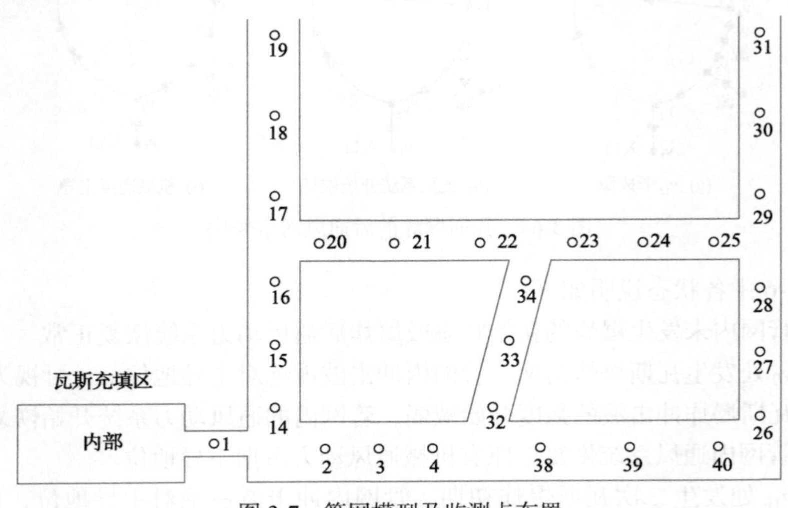

图 3-7 管网模型及监测点布置

3.5.2 边界条件和初始条件

1. 边界条件

$$x=\frac{-b\pm\sqrt{b^2-4ac}}{2a}$$

管网设定压力值为标准大气压，出口组分为氧气 23%，氮气 77%，压力出口和入口的湍流强度均为 5%，水力直径计算如下：

$$D=\frac{4A}{U} \tag{3-32}$$

式中，D 为水力直径，m；A 为管道截面积，m^2；U 为湿周长，m。

所有边界(除开口端)设为不可移动的壁面，温度 300K，热通量 0，壁面粗糙常数为 0.5，粗糙度厚度为 0.001m。

2. 初始条件

以浓度为 9.5%的甲烷-空气混合气体为研究对象，混合气体中各组分气体的质量分数为 $w_{CH_4}=0.053, w_{O_2}=0.21, w_{H_2O}=0, w_{CO_2}=0, w_{N_2}=0.737$；一般空气区

的初始操作条件为 T_0=300K，$w_{CH_4}=0$，$w_{O_2}=0.23$，$w_{H_2O}=0$，$w_{CO_2}=0$，$w_{N_2}=0.77$；瓦斯充填区域初始条件为 T_0=300K，$w_{CH_4}=0.053$，$w_{O_2}=0.21$，$w_{H_2O}=0$，$w_{CO_2}=0$，$w_{N_2}=0.737$；管网入口初始条件为 P_0=2500Pa。模拟中，原始爆炸点设置为已燃区(高温、高压区域)，假设氧化反应完全，初始条件为 $P_0=2.5\times10^5$Pa，T_0=1600K，$w_{CH_4}=0$，$w_{O_2}=0$，$w_{H_2O}=0.145$，$w_{CO_2}=0.118$，$w_{N_2}=0.737$。设置时间步长为 0.001s(1ms)。

3.5.3　数值模拟结果

图 3-8 所示结果表明，距点火源越近的位置处，爆炸压力呈现出持续增长的规律。在爆炸冲击波逐渐传播过程中出现了爆炸压力持续减小的现象，这主要是由于冲击波自监测点 1 向点 2 处传播时管道截面积突然增加，而在截面积恒定之后，爆炸压力呈现出缓慢下降的趋势。数值模拟结果与文献[159]中的爆炸冲击波相关规律较为贴近，即爆炸冲击波的总体变化规律呈现出突变而后平稳变化的趋势。

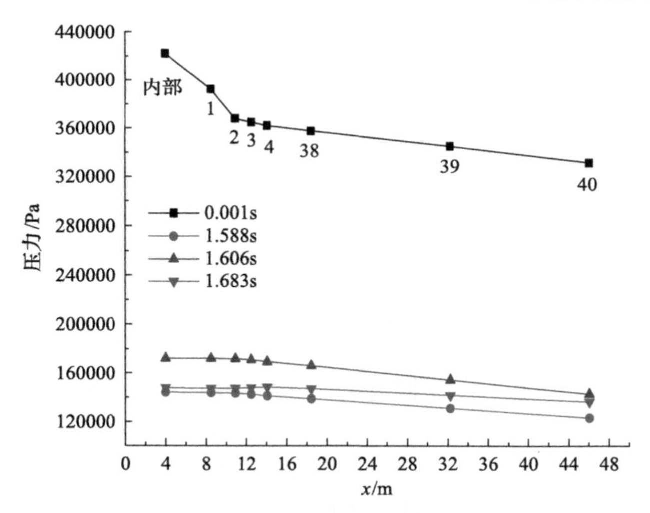

图 3-8　底部直管中监测点超压变化曲线

在点火引爆(0.001s)时，冲击波从抗爆本体内部传播至监测点 2 的压降速度十分迅速。在出现管道横截面积突然缩小时，冲击波能量会在管道壁面和截面突变交界处出现各个方向的反射现象，导致能量损失的出现。而在爆炸初期的火焰波还处于“发育阶段”，其传播速度及所含能量十分有限，其对冲击波的加速效果同样不明显，火焰波所含能量未能有效地补充冲击波的损失，导致了图 3-8 中相关现象的出现。

冲击波在底部管道中传播时，随着传播距离的不断增加，爆炸压力的减小趋势不断缩小。在此过程中，由于出现了拐角管道及管道截面积突然变化等现象，冲击波的衰减程度受到了一定程度的缓冲。在发生爆炸的 1.588s、1.606s 和 1.683s 三个时刻，由于冲击波和火焰波的持续相互作用，底部直管中形成了一个明显的“高压区”，此时刻的冲击波超压逐渐衰减至 1atm①。

图 3-9 表明，由于在爆炸中后期管道中有外部空气进入，监测点 14 处的爆炸压力数值较监测点 1 和点 2 处明显更低；同时可以发现，冲击波在管网中的传播规律与直管中一致，即离爆炸源越近的位置超压值越高。比较监测点 2 和点 14 的超压变化过程可以发现，在分岔管道和截面突变管道同时存在时，截面积变化对冲击波的影响要略高于分岔管道。这主要是由于冲击波在管道的分岔处出现了气体分离现象，从而形成了小区域涡流。但由于横截面积变化更加明显的影响，管道中气体的主要流动方向并未出现突变。

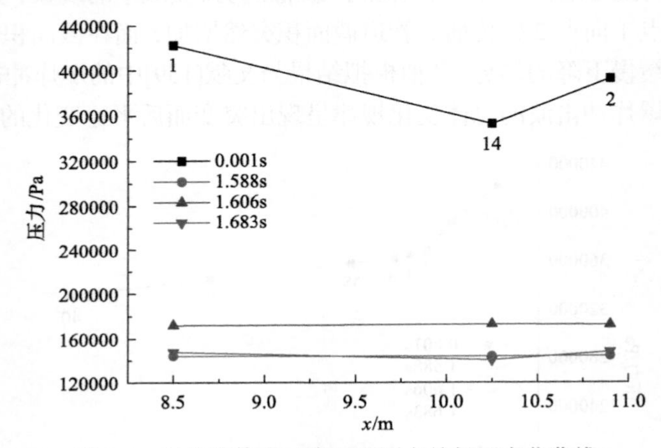

图 3-9 爆炸腔体出口附近监测点的超压变化曲线

如图 3-10 所示，比较三个不同时刻的超压峰值可以发现，冲击波压力数值随着传播距离的增加而持续衰减。虽然在整个过程中会出现压力上升现象，但总体呈现逐渐降低的趋势。冲击波在经过管道分叉处时会有一部分进入斜管传播，而其余部分则保持之前的传播方向继续传播，直管中的超压峰值总体上略高于分叉管道中的超压峰值。在 1.683s 时出现了压力的持续上升，这主要是因为管道中发生了二次爆炸，说明在较为复杂的管道中会出现爆炸冲击波的多次叠加，导致爆炸超压峰值会出现持续陡升现象。

图 3-11 的模拟结果与文献[188]中所得的结论具有一致性，同时数值模拟与文献中的实验结果形成了相互验证和互相补充说明。由于管道中的气流经历了一个前期的持续加速效应，因此具有较大的正向传播速率。在气体进入分岔管道中时，由于初期具备的惯性特征，分岔管道中的气体具有相对较大的速度梯度，因此其中的气流速度保持了之前的特性。

---

① 1atm=101.325kPa。

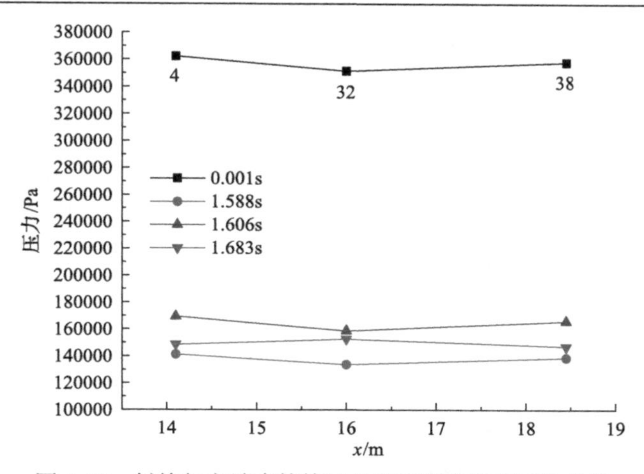

图 3-10　斜管与底端直管接口处的监测点超压变化曲线

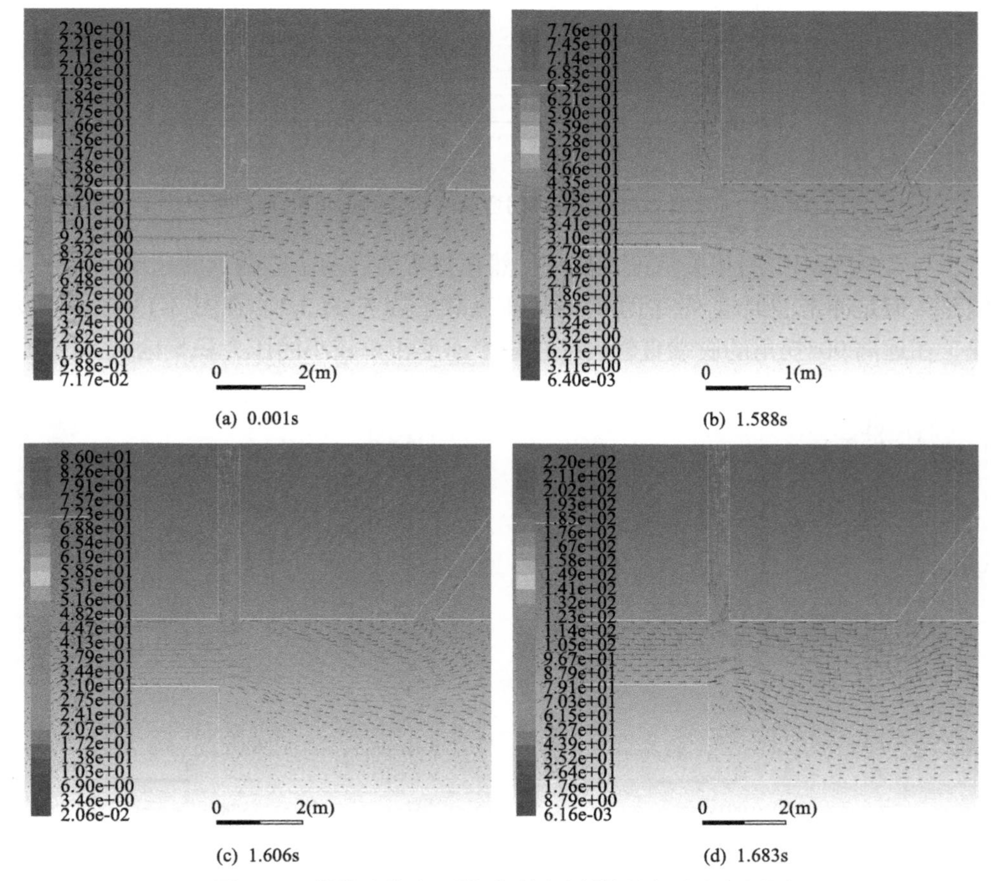

图 3-11　爆炸腔体出口附近不同时刻的局部速度矢量图

图 3-12 中的结果表明，监测点 40 处的超压峰值明显高于点 26 处的超压。这主要是由于受到管道面积的突然缩小影响，原来冲击波的传播趋势突然受阻，剩余的冲击波会在突变的区域角落不断地聚集。随着压力波的积聚，在缩小的管道中会形成一个明显的相对“高压区域”，导致流速持续增加而喷出管道出口。同时，由于压力积聚的影响，缩小管道中的火焰波传播会受到一定程度的抑制，从而出现火焰波速度持续下降的现象。

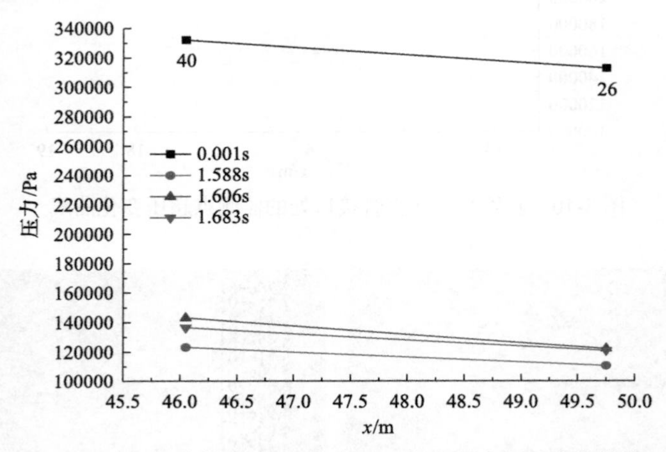

图 3-12 底部直管右端 90°拐弯处两侧监测点超压变化曲线

与文献[188]中的相关结论相比，虽然在拐弯前后两个监测点的超压值上存在偏差，但是冲击波通过 90°拐角时的超压衰减系数 K 为 1.1。在图 3-13 中可以发现，在远离 90°拐角的底端直管内存在一个速度相对较小的压力积聚区域。

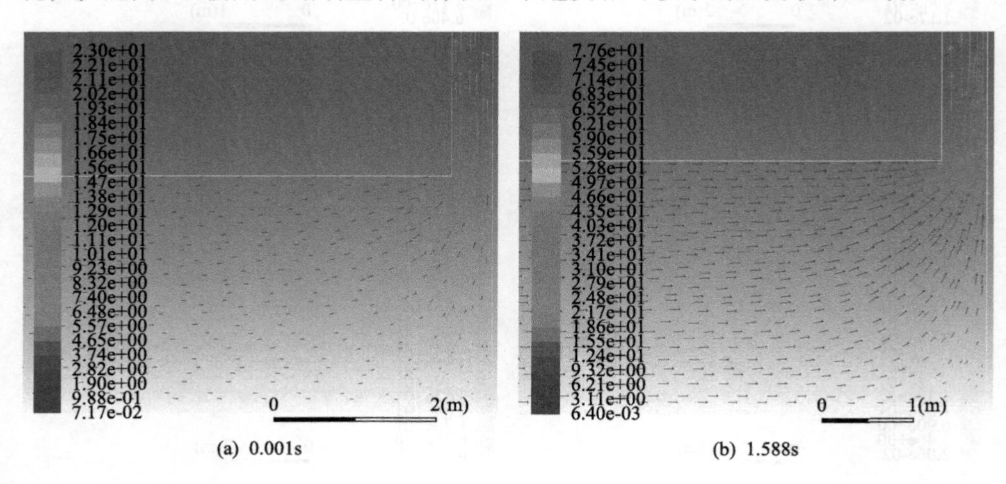

(a) 0.001s (b) 1.588s

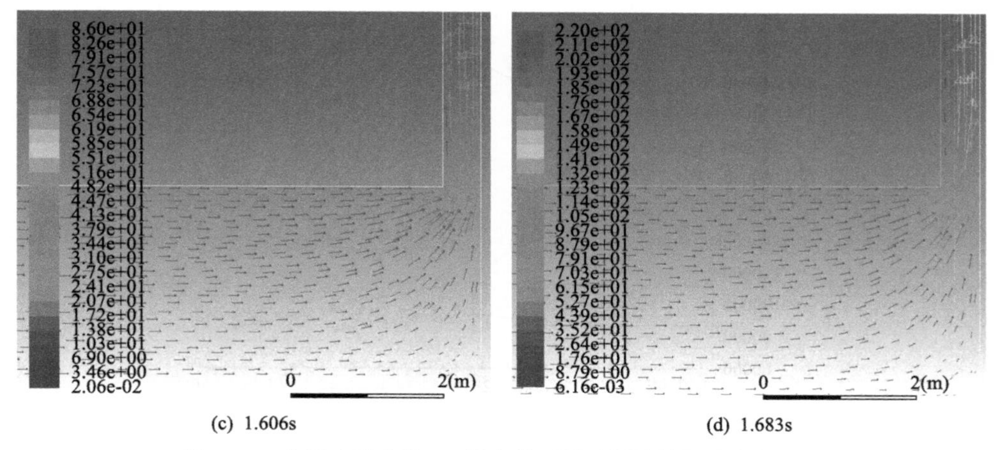

(c) 1.606s　　(d) 1.683s

图 3-13　底部直管右端 90°拐弯处不同时刻的局部速度矢量图

图 3-14 表明，位于进气管道中的超压冲击波在传播过程中会受到其他与之相连管道中压力冲击波的持续影响，从而出现压力峰值数据突变的现象。与此同时，随着爆炸的进一步进行，火焰波出现的持续加速现象也会对高压区域中积聚的冲击波气团产生一定的加速作用，冲击波与火焰波相互作用而产生不断膨胀的涡流团，从而加大了各管道中发生二次积聚爆炸的可能性，危险度不断升高。

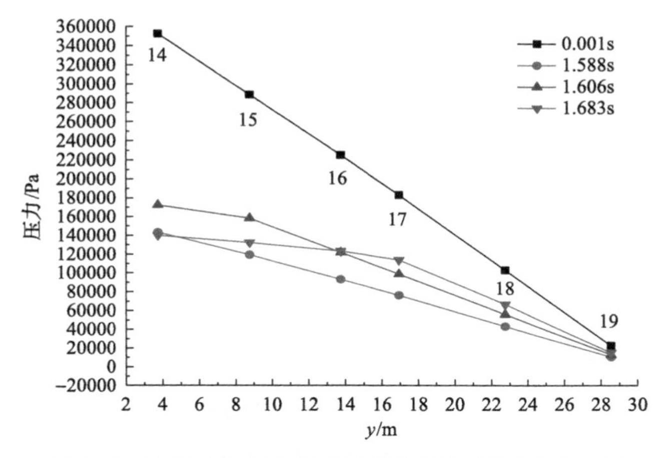

图 3-14　进气管道中各个监测点不同时刻超压变化曲线

图 3-15 表明，爆炸初期的超压提升十分缓慢，随着距离的增加，在同一时刻距离爆炸源更远监测点处的压力上升速率进一步减小。在 1.588s、1.606s、1.683s 时，从监测点 20 到监测点 25 的各个监测点超压变化相对较缓和，总体呈降低趋势。

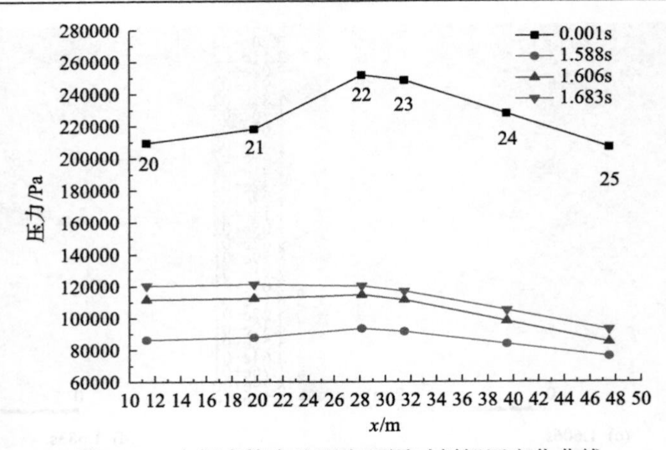

图 3-15　中部直管内监测点不同时刻超压变化曲线

图 3-16 表明，随着管道的进一步延伸，爆炸超压呈现总体下降的变化趋势，同时冲击波的持续衰减现象较直管更加明显。随着反应的进一步进行，超压衰减梯度不断增加，这与爆炸初期缓慢的下降趋势形成了鲜明的对比。

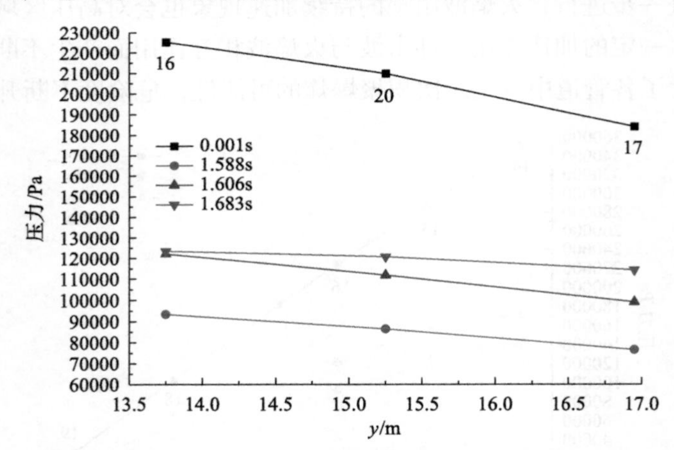

图 3-16　进气管道与中部直管连接处监测点超压变化曲线

与文献[189]相比，在分叉处的直线段冲击波超压衰减系数(P16/P17)为 1.2，大于该文献中的 1.1；同时，支线冲击波超压衰减系数(P16/P20)为 1.1，小于文献[161]中的 1.8。出现偏差的原因是：由于受到分岔管道扰动源的影响，不同管道中的冲击波持续相互作用导致超压衰减系数较直管中有所不同。同时，不同直管中的超压变化过程及超压冲击波峰值分布特性也较直管有所差异。

图 3-17 中的结果表明，在管道分岔和拐角处的冲击波会受到扰动而出现局部涡团，该区域一般具有较高的雷诺数，甚至在局部还会出现绕流现象。该区域中的气流往往会出现多次叠加效应，从而加大发生二次爆炸的可能性，而火焰波的

突变效应也使得该区域内部的扰动现象更加明显。

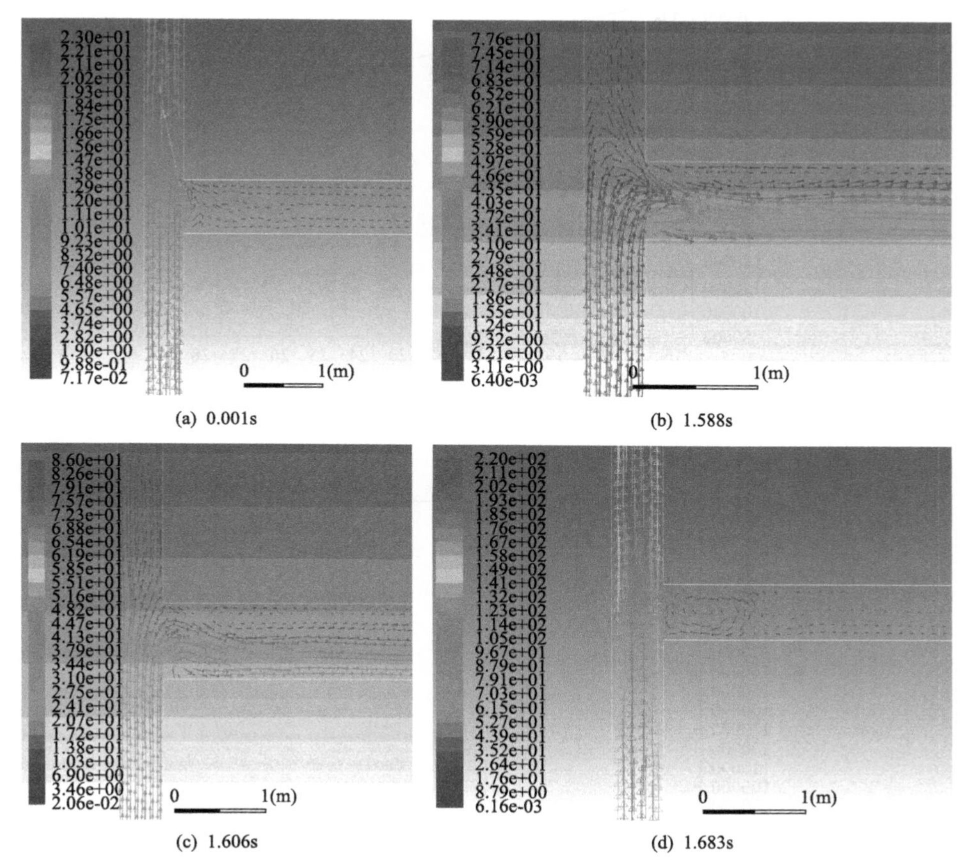

(a) 0.001s　　(b) 1.588s

(c) 1.606s　　(d) 1.683s

图 3-17　进气管道与中部直管连接处不同时刻的局部速度矢量图

在图 3-18 中，超压最大值和最小值点位于测点 32 和 34 处，超压变化趋势为线性降低。各测点在 0.001s 时超压值都大于 2.7atm；而在 1.588s、1.606s 和 1.683s 时超压值在 1.3atm 附近，且超压衰减率较小。

在图 3-19 中，超压最大值为测点 34，最小值为测点 23 处。斜管中的爆炸冲击波较强，中部直管的则较弱，两者在连接处产生叠加。在图 3-20 中，斜管的强冲击波与直管的弱冲击波叠加现象可通过速度流向和涡团体现。

图 3-21 中，0.001s 时，从监测点 26 到 31 处，爆炸超压迅速降低，且近乎线性变化。在 1.588s、1.606s、1.683s 时，各测点的超压值和变化趋势相近。在测点 28 处，超压衰减率突然增大。

图 3-22 中，在 0.001s、1.588s、1.606s、1.683s 时，监测点处的超压变化趋势

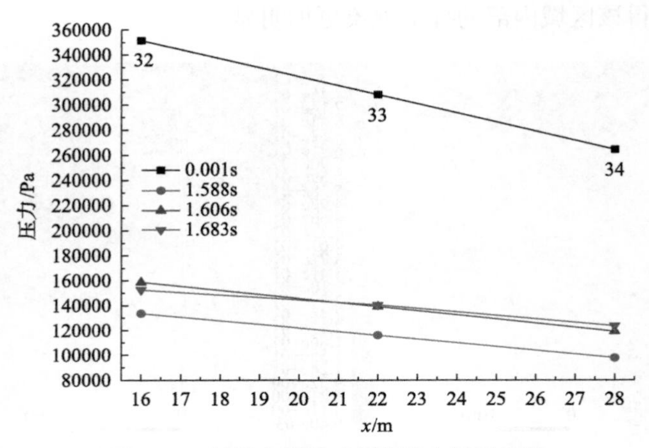

图 3-18　斜管中不同时刻监测点超压曲线

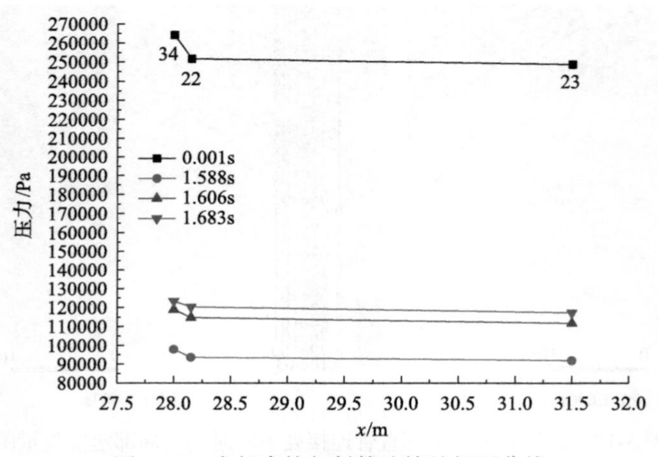

图 3-19　中部直管与斜管连接处超压曲线

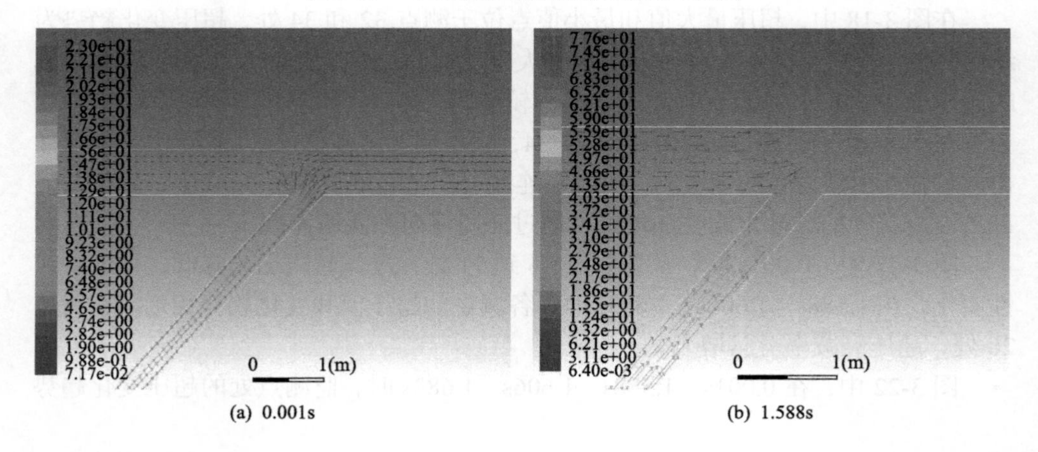

(a) 0.001s　　(b) 1.588s

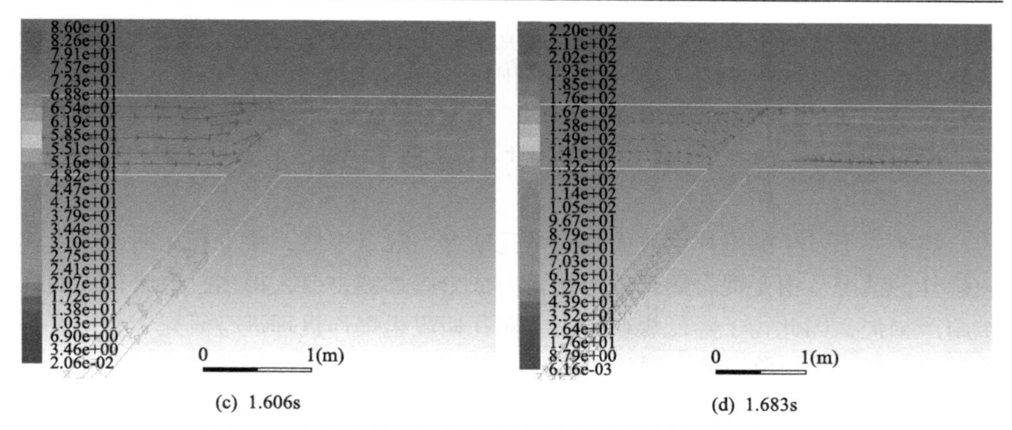

(c) 1.606s　　(d) 1.683s

图 3-20　中部直管与斜管连接处不同时刻的局部速度矢量图

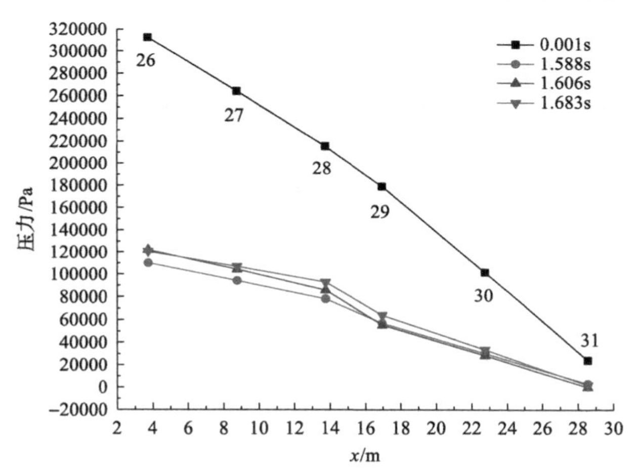

图 3-21　出气管道不同时刻的超压曲线

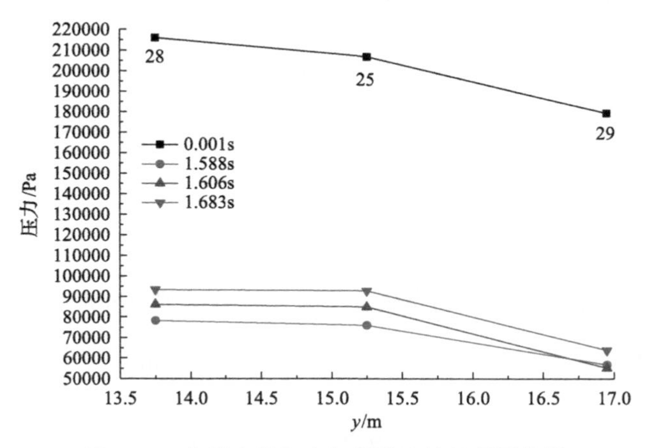

图 3-22　中部直管和出气管道连接处超压曲线

基本一致，整体呈下降趋势，超压最大值和最小值都是在监测点 28 和 29 处，最大超压在 0.001s 时达到 2atm，其他时刻则在 0.8atm 附近。

3.6 瓦斯煤尘爆炸机理

煤矿井下发生的爆炸事故大部分是瓦斯煤尘混合爆炸，很少有瓦斯或煤尘单一爆炸的情况。由于混合爆炸威力比单一成分爆炸威力要大得多，造成很多的人员财产损失，因此为了降低煤矿损失，对瓦斯煤尘爆炸机理进行研究十分重要。本节对瓦斯、煤尘单一成分爆炸、瓦斯-沉积煤尘混合爆炸及爆炸冲击波、火焰波进行机理分析。

3.6.1 瓦斯爆炸机理

爆炸是某种物质在很短的时间内发生化学或者物理变化的一种过程。在该过程中，物质内的能量借助气体快速膨胀的方式向周围做功，一般同时伴随有强烈的放热、发光和声响的现象。为了研究瓦斯爆炸反应机理，许多科研工作人员在实验基础上对瓦斯爆炸反应机理进行了分析，最终提出了链式反应理论和热爆炸理论，瓦斯爆炸是两者共同作用的结果。当井下巷道内氧气充足时，瓦斯爆炸的化学方程式如下：

$$CH_4 + 2O_2 \longrightarrow CO_2 + 2H_2O \tag{3-33}$$

或

$$CH_4 + 2\left(O_2 + \frac{79}{21}N_2\right) \longrightarrow CO_2 + 2H_2O + 7.52N_2 \tag{3-34}$$

当井下氧气不充分时，爆炸会产生大量的一氧化碳，致使井下工作人员一氧化碳中毒，这也是在瓦斯爆炸时造成人员伤亡的另外一个重要原因。此时的化学方程式如下：

$$CH_4 + O_2 \longrightarrow CO + H_2 + H_2O \tag{3-35}$$

由式(3-34)可知，若甲烷和空气完全发生反应，则 1mol 甲烷和 2mol 氧气参与反应；如果换算成空气，则需要 $2\times\left(1+\frac{79}{21}\right)\approx 9.52$mol 空气参与反应，这种情况下甲烷的浓度为 $\frac{1}{1+9.52}\times 100\% \approx 9.5\%$。因此，通过理论计算得出，在氧气充足的新鲜空气中，当瓦斯浓度为 9.5%时，甲烷与空气爆炸效果最强烈。这种情况下混合气体中的甲烷和氧气完全参与反应，化学反应最充分、最完全，产生的热量也最多，因此甲烷 9.5%的体积浓度就是空气-甲烷混合气体的化学当量浓度。从理论上讲，以化学当量浓度发生燃烧或爆炸时，炸力最强、威力最大，相对应的火焰传播速度和燃烧压力也应该最大。

热爆炸反应理论认为，瓦斯气体和氧气的反应是一个放热的过程，在反应持续进行时会放出大量热量。随着反应时间加长，整个系统内部会出现聚热现象，致使系统周围的甲烷分子等受热产生无规则运动的状况。在有限的空间内，分子运动频率加快，这就导致各分子间的碰撞概率大大增加，使整个反应速率加快；同时，由于井下巷道空间有限，整个瓦斯爆炸系统散热能力十分有限，散热条件不够理想，瓦斯与氧气氧化反应产生的热量无法同外界及时交换而持续积累，瓦斯与氧气反应得不到控制，反应速率进一步提高，因此整个系统反应就会往复持续地自发进行下去。如果这种加速反应的现象无法及时得到控制，再加上系统周围高温的作用，反应系统内部与周围温差不断增大，最终就会导致瓦斯爆炸现象。

链式反应理论认为，瓦斯空气的混合气体在受到热源加热以后，热量被甲烷分子吸收，甲烷分子内部分子链受到高温作用而产生断裂，以两个或多个游离基的形式被分离出来，原本稳定的甲烷分子在被解离之后变得活跃，活性增强，在一些特定的条件下，这些游离的自由基可再次解离为两个或两个以上具有更高活性的自由基。依此类推，随着解离过程的持续进行，整个体系中的化学反应速率逐步加大，最终经过一系列复杂的化学反应发展成为瓦斯爆炸，更有甚者将进一步发展成为爆轰。

瓦斯爆炸是一个十分复杂的过程，式(3-33)～式(3-35)只是一系列复杂化学反应的最终结果，不能代表甲烷与氧气化学反应的实际过程。国内外众多学者通过多年研究，对十分繁复的瓦斯爆炸反应机理不断进行简化，最终提出了描述瓦斯爆炸反应动力学的 79 步机理，如表 3-1 所示，整个反应的基元由 32 种物质和 79 个基元反应组成。目前较为成熟的反应机理还有 54 反应机理及 19 反应机理等。表 3-1 中主要分析了氢气与氧气之间的化学反应、水的传递反应、甲烷的氧化反应、仅含一个碳原子物质的反应、含两个碳原子物质的反应及含氮物质与含碳物质间互相反应的过程。该机理是目前公认最言简意赅的反应机理描述。在具体的分析过程中，针对不同性质的体系，可将 79 步机理进一步简化为常用的 54 反应机理和 19 反应机理，在不影响结果准确度的前提下达到简化计算的目的。同时，随着研究的继续，更多简化反应机理将被提出。

表 3-1　甲烷-空气氧化反应动力学机理

	化学反应式		化学反应式		化学反应式
1	$O+H_2 \longrightarrow OH+H^*$	28	$CH+H \longrightarrow C+H_2$	55	$CH+N_2 \longrightarrow HCN+N$
2	$O+OH \longrightarrow O_2+H^*$	29	$CH+O_2 \longrightarrow HCO+O$	56	$CN+N \longrightarrow C+N_2$
3	$OH+OH \longrightarrow O_2+H_2O^*$	30	$CH+CO_2 \longrightarrow HCO+CO$	57	$CH_3+N \longrightarrow H_2CN+H$
4	$OH+H_2 \longrightarrow H_2O+H^*$	31	$CH+H_2O \longrightarrow CH_2O+H$	58	$CN+H_2 \longrightarrow HCN+H$
5	$HO_2+OH \longrightarrow H_2O+O_2^*$	32	$CH_2O+H \longrightarrow HCO+H_2^*$	59	$H_2CN+M \longrightarrow HCN+H+M$
6	$H+O_2+M \longrightarrow HO_2+M^*$	33	$CH_2O+OH \longrightarrow HCO+H_2O^*$	60	$HCN+O \longrightarrow NCO+H$
7	$HO_2+H \longrightarrow OH+OH^*$	34	$CH_2O+O \longrightarrow HCO+OH$	61	$HCN+O \longrightarrow NH+CO$
8	$HO_2+H \longrightarrow H_2+O_2^*$	35	$HCO+M \longrightarrow CO+H+M^*$	62	$CN+O_2 \longrightarrow NCO+O$
9	$HO_2+H \longrightarrow O+H_2O$	36	$HCO+H \longrightarrow CO_2+H_2^*$	63	$CN+OH \longrightarrow NCO+H$
10	$HO_2+H \longrightarrow O+H_2O$	37	$HCO+OH \longrightarrow CO+H_2O$	64	$NCO+H \longrightarrow NH+CO$
11	$H+H+H_2O \longrightarrow H_2+H_2O$	38	$HCO+O \longrightarrow CO+OH$	65	$NH+H \longrightarrow N+H_2$
12	$H+H+M \longrightarrow H_2+M^*$	39	$HCO+O_2 \longrightarrow CO+HO_2$	66	$C+NO \longrightarrow CN+O$
13	$H+OH+M \longrightarrow H_2O+M^*$	40	$OH+CO \longrightarrow CO_2+H^*$	67	$CH_2+NO \longrightarrow HCNO+H$
14	$O+O+M \longrightarrow O_2+M$	41	$CH_3+CH_3\,(+M) \longrightarrow C_2H_6\,(+M)$	68	$CH+NO \longrightarrow HCN+O$
15	$H+O+M \longrightarrow OH+M$	42	$C_2H_6+H \longrightarrow H_2+C_2H_5$	69	$HCNO+H \longrightarrow HCN+OH$
16	$CH_3+H\,(+M) \longrightarrow CH_4\,(+M)$	43	$C_2H_6+OH \longrightarrow C_2H_5+H_2O$	70	$NH+NO \longrightarrow N_2O+H$
17	$CH_4+H \longrightarrow CH_3+H_2^*$	44	$C_2H_6+O \longrightarrow C_2H_5+OH$	71	$N_2O+M \longrightarrow N_2+O+M$
18	$CH_4+OH \longrightarrow CH_3+H_2^*$	45	$H+C_2H_4\,(+M) \longrightarrow C_2H_5\,(+M)$	72	$N_2O+H \longrightarrow N_2+OH$
19	$CH_3+O \longrightarrow CH_2O+H^*$	46	$C_2H_5+H \longrightarrow CH_3+CH_3$	73	$N_2O+O \longrightarrow NO+NO$
20	$CH_4+O \longrightarrow CH_3+OH$	47	$C_2H_5+O_2 \longrightarrow C_2H_4+HO_2$	74	$HO_2+NO \longrightarrow NO_2+OH$
21	$CH_3+H \longrightarrow CH_2+H_2$	48	$C_2H_4+H \longrightarrow C_2H_3+H_2$	75	$NO_2+O \longrightarrow NO+O_2$
22	$CH_3+OH \longrightarrow CH_2+H_2O$	49	$C_2H_4+OH \longrightarrow C_2H_3+H_2O$	76	$NO_2+H \longrightarrow NO+OH$
23	$CH_2+OH \longrightarrow CH+H_2O$	50	$H+C_2H_2\,(+M) \longrightarrow C_2H_3\,(+M)$	77	$N+O_2 \longrightarrow NO+O$
24	$CH_2+H \longrightarrow CH+H_2$	51	$C_2H_3+H \longrightarrow C_2H_2+H_2$	78	$N+OH \longrightarrow NO+H$
25	$CH_2+OH \longrightarrow CH_2O+H$	52	$C_2H_3+OH \longrightarrow C_2H_2+H_2O$	79	$N+NO \longrightarrow O+N_2$
26	$CH_2+O_2 \longrightarrow CH_2O+O$	53	$C_2H_2+O \longrightarrow CH_2+CO$		
27	$CH_2+O_2 \longrightarrow CO_2+H+H$	54	$C_2H_3+O_2 \longrightarrow CH_2O+HCO$		

煤矿井下瓦斯爆炸必须具备以下三个基本条件：一是瓦斯浓度必须超过爆炸下限且要在爆炸上限内，二是要有充足的氧气含量，三是要有点火源。

1) 瓦斯浓度。混合气体中瓦斯的含量必须在一定的范围之内才会产生爆炸现象，低于该浓度或高于该浓度都不会爆炸。该浓度临界值称为爆炸界限，在常温常压下瓦斯的爆炸浓度为 5%～16%。在瓦斯浓度低于 5%时虽然不会产生爆炸，但会出现燃烧现象；同时，前文也通过计算得出，当瓦斯浓度为 9.5%时爆炸最为剧烈，当浓度超过 16%时不会产生爆炸现象。但是，瓦斯爆炸界限也会因为其他因素而发生改变，如井下温度压力、其他可燃性气体及煤尘等的加入也会使该界限发生改变。

①压力温度。煤矿井下的温度和压力也会影响瓦斯的爆炸界限。当混合气体压力增大时，各分子间距离就会减小，从而导致彼此间碰撞概率增大；同时，当温度升高时会加速分子的运动速率，同样也会增加分子间的碰撞概率，从而扩大瓦斯爆炸界限。

②其他可燃气体。当混合气体中存在其他可燃性气体时，爆炸界限可由式(3-36)求得。表 3-2 表示存在其他可燃气体时的爆炸界限。

$$N=\frac{1}{\frac{n_1}{m_1}+\frac{n_2}{m_2}+\cdots+\frac{n_n}{m_n}}\times 100\% \tag{3-36}$$

式中，n_1、n_2、…、n_n 为各气体所占混合气体的体积分数(且 $n_1+n_2+\cdots+n_n=100\%$)，%；m_1、m_2、…、m_n 为各气体的爆炸上限或下限，%；N 为混合气体的爆炸上限或下限，%。

表 3-2　其他可燃气体爆炸界限

气体名称	化学符号	爆炸下限/%	爆炸上限/%
甲烷	CH_4	5.0	16.0
乙烷	C_2H_6	3.2	12.4
丙烷	C_3H_8	2.4	9.5
戊烷	C_5H_{12}	1.4	7.8
氢气	H_2	4.0	74.2
乙烯	C_2H_4	2.8	28.6
一氧化碳	CO	12.5	75.0
硫化氢	H_2S	4.3	45.0

③煤尘。煤尘本身就具有爆炸性，当煤矿井下温度达到 300～400℃时，煤尘

中就会挥发出多种可燃性气体，它们与矿井中的瓦斯混合在一起，降低混合气体爆炸下限，增加爆炸的可能性。

2）氧气浓度。合适的氧气浓度是井下瓦斯爆炸的必要因素之一，只有氧气浓度在一定范围内才会发生爆炸现象。混合气体中氧气的含量与瓦斯爆炸界限具有一定关系，当混合气体中氧气浓度下降时，甲烷的爆炸下限就会提高，同时爆炸上限降低。当氧气浓度降低到 12%以下时，将不会发生爆炸现象。利用氧气和甲烷在混合气体中浓度的关系可以构建出爆炸三角形，以此判断是否会发生爆炸，具体如图 3-23 所示。

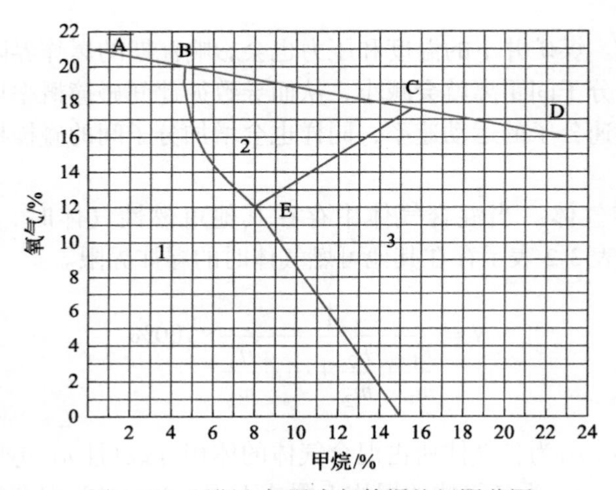

图 3-23　瓦斯空气混合气体爆炸极限范围

图 3-23 中，AD 为瓦斯空气混合气体含量，B 点表示瓦斯爆炸浓度下限 5%，C 点表示瓦斯爆炸浓度上限 16%，BE 表示瓦斯爆炸下限变化，EC 表示爆炸上限变化。图 3-23 中，1 区域表示氧气含量充足，瓦斯含量不足，不会发生爆炸；2 区域表示瓦斯空气混合爆炸区域；3 区域表示瓦斯含量充足，氧气较少，因此也不会发生爆炸。

3）点火源。实验研究发现，瓦斯爆炸的引火温度为 650～750℃，点火能量是 0.28MJ，且持续时间应大于爆炸感应期。但当受到其他因素影响时，点火源的温度和能量会产生变化。

3.6.2　煤尘爆炸机理

煤尘的爆炸过程要比瓦斯爆炸更加复杂，是一种物理化学变化的链式反应过程，煤尘颗粒与空气中的氧气在高温作用下并且有点火能量时发生剧烈的氧化反应，爆炸过程如图 3-24 所示。

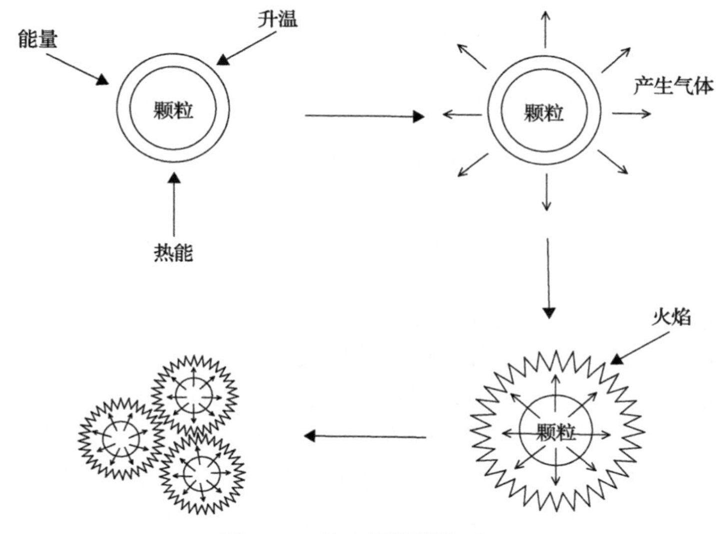

图 3-24　煤尘颗粒爆炸过程

煤尘爆炸的过程大致如下。

1）煤尘颗粒表面与氧气接触。煤自身就是可燃物质，是一种复杂的固体化合物，开采时煤被破碎后不同的场地都有煤尘的存在，与氧气接触的总表面积增加。悬浮在空气中的煤尘具有更强的氧吸收能力和被氧化的能力，更容易发生氧化反应。

2）煤尘经高温受热析出可燃性气体，吸收能量后与空气混合，开始氧化反应，从而影响煤尘爆炸。外界高温作用下，悬浮在空气中的煤尘单位时间内从外界不断吸收热量，提高自身温度，当温度达到 300～400℃时，析出的可燃性气体将煤尘包围，当浓度达到一定量并且吸收足够热量时，开始链式反应，两个或多个自由基被分离出来，以这种化学活性非常强的自由基为中心保持着化学反应的不断进行。条件适当的情况下，在自由基的反应过程中会引发多个分支反应，活化基团被消耗的同时又会产生新的自由基，如此成为一个循环过程，越来越多的自由基被分解产生更多的自由基，造成尘粒闪燃的发生。

3）反应产物转移到气相。煤尘粒被点燃和氧化后释放的大量热量以不同的方式传递给周围的尘粒，使更多的尘粒参与链反应，加快反应速度，反复循环燃烧；燃烧产生的大量气体膨胀形成压缩波，在传播过程中后波追赶前波造成波的相互叠加，结果便逐渐提高了气体的压力，加速火焰传播；当速度达到某一个值时，会在某一临界条件下突跃成爆炸。

在煤尘爆炸过程中，其氧化还原方程式可表示为

$$2CH_4 + 4O_2 = 4H_2O + 2CO_2 + 889.5 \times 10^6 \, J / kg \cdot mol \tag{3-37}$$

$$C+O_2=CO_2+393.97\times10^6 J/kg\cdot mol \tag{3-38}$$

$$2C+O_2=2CO+208.6\times10^6 J/kg\cdot mol \tag{3-39}$$

$$CO_2+C=2CO-175.35\times10^6 J/kg\cdot mol \tag{3-40}$$

$$CO+\frac{1}{2}O_2=CO_2+569.32\times10^6 J/kg\cdot mol \tag{3-41}$$

根据上述煤尘爆炸基本过程，可知影响爆炸的因素主要包括以下几个方面。

1) 煤的挥发分、灰分及水分。煤尘的挥发分主要成分是可燃性气体，所以煤的挥发分含量越多，爆炸性越强，挥发分大于15%的煤尘会发生爆炸。煤中的灰分和水分都会使煤尘爆炸性降低，因为灰分不具有可燃性，会阻挡能量传递及热辐射，阻碍链式反应，降低爆炸性；而水具有较大的吸热能力，同时由于水的表面张力，水会与煤尘吸附在一起，并且将悬浮的小颗粒煤尘聚集成较大的颗粒，使煤尘得以沉降的同时减少颗粒的总表面积。

2) 煤尘粒径。只有粒径小于1mm的煤尘才有可能参与爆炸，当煤尘粒径减小时，会增大与氧气接触的比表面积，使煤尘爆炸的可能性增大。爆炸危险性最强的煤尘粒径为30～75μm，当粒径小于10μm后，煤尘爆炸性会增加，但增强的幅度会逐渐降低。

3) 氧气含量。空气中氧气的含量也决定了煤尘爆炸的可能性，但空气中氧气含量较高时会降低煤尘爆炸的点火能量及温度，当空气中氧气含量低于17%时，煤尘将不会产生爆炸现象。

4) 煤尘质量浓度。煤尘的浓度只有在一定量时才能爆炸。当煤尘质量浓度过低时，煤尘云氧化反应后产生的能量不足以使反应继续进行，更不能发生爆炸；当煤尘质量浓度过高时，氧化反应中提供的氧化剂量不够，这样在达到爆炸情况之前，氧化反应就已经终止，300～500g/m^{3}是爆炸能力最强的煤尘质量浓度范围。

5) 点火能量。引燃煤尘的温度和能量需要达到或者超过最低点燃温度和能量才能导致煤尘云发生爆炸。引燃能量越高，引燃所需的延迟越短，则煤尘越容易被引燃，且煤尘爆炸的初始能量也越高；反之引燃能量越低，则引燃所需的延迟越高，煤尘越不容易被引燃，煤尘爆炸的初始能量也越低。

6) 瓦斯含量。根据目前的统计分析，所有爆炸事故都是瓦斯与煤尘共同作用的结果，只不过在爆炸过程中由于含量的不同导致了爆炸结果的不同定性。由于瓦斯的参与，煤尘爆炸的下限降低，并且随着瓦斯气体含量的增加，爆炸所需的煤尘质量浓度的下限将迅速降低。但是，瓦斯的参与会促使煤尘的爆炸性增强，反之亦然，在瓦斯爆炸中使煤尘参与反应也会使瓦斯的爆炸性增强。

3.6.3　沉积煤尘参与爆炸条件

煤矿井下巷道中沉积的煤尘不会发生爆炸现象，但当沉积煤尘形成煤尘云时就会产生爆炸现象。瓦斯爆炸时产生的压力冲击波会沿着巷道传播，在传播过程中波阵面的压力快速升高并且会快速流动，当爆炸产生的冲击波对沉积煤尘的作用力 P_d 大于将煤尘扬起所需的最小动力 Q_d 时，沉积在巷道地板附近或巷道表面的煤尘就会变成扬起状态，从而使煤尘颗粒具有可爆炸性。由于各个煤尘颗粒所受作用力的大小方向均不同，因此被扬起的每层颗粒在巷道中处于紊流状态。

煤尘粒子被扬起后，加之冲击波的掠过，煤尘粒子的内能增加，温度升高，受热分解出一些可燃气体，这些可燃气体被点燃氧化，致使煤尘云被点燃来参与爆炸。这样瓦斯爆炸的火焰和煤尘云爆炸的火焰就会形成混合火焰，并一起向前继续传播。

3.6.4　煤尘颗粒受力分析

被扬起的煤尘颗粒在巷道中漂浮流动，煤尘颗粒在被扬起的过程中受到多种力的作用。这些力大致分为两类，一类是致使煤尘悬浮的作用力，包括压强梯度力、附加漂移力、气动阻力、Saffman 升力等；另一类是使煤尘下降的力，包括拖曳阻力、附加质量力、Basset 力等。在这些力的共同作用下，沉积煤尘最终形成煤尘云。煤尘颗粒受力分析如图 3-25 所示。

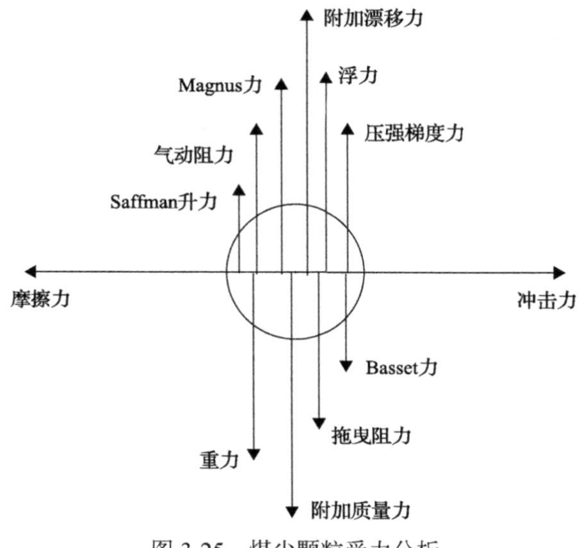

图 3-25　煤尘颗粒受力分析

摩擦力和冲击力是煤尘在与其他颗粒接触时产生的，此处不予讨论。其他各个力具体分析如下。

1）重力。重力是由于地球吸引所受的力，其计算式如下：

$$W_p = \frac{\pi}{6} d_p^3 \rho_p g \tag{3-42}$$

式中，d_p 为煤尘颗粒直径，mm；ρ_p 为煤尘颗粒密度，kg/m^3。

2）压强梯度力。巷道内存在压力梯度，会使煤尘颗粒受到压力合力的作用。压强梯度力是由于巷道内风流均匀分布而产生的，计算式如下：

$$F_p = \frac{\pi d_p^3}{6} \frac{\partial p}{\partial l} \tag{3-43}$$

式中，$\frac{\partial p}{\partial l}$ 为巷道中的压力梯度。

3）浮力。煤尘颗粒被扬起在空中之后会产生浮力，浮力方向与重力相反，其计算式如下：

$$F_g = \frac{\pi}{6} d_p^3 \rho_g g \tag{3-44}$$

式中，ρ_g 为混合气体的密度，kg/m^3。

4）附加质量力。煤尘颗粒在理想静止风流中做加速度恒定的直线运动时，由于自身运动会带动周围风流加速运动，这种带动周围风流运动的力就是附加质量力。其计算式如下：

$$F_m = \frac{1}{2} \frac{\pi d_p^3}{6} \rho_g a_p \tag{3-45}$$

式中，a_p 为煤尘颗粒加速度，m/s^2。

5）气动阻力。气动阻力的计算式如下：

$$F_x = \frac{u - u_p}{\tau_u} \tag{3-46}$$

$$F_y = \frac{v - v_p}{\tau_u} \tag{3-47}$$

式中，F_x 为气动阻力；u 为空气沿 x 轴方向的运动速度；u_p 为煤尘颗粒沿 x 轴方向的运动速度；v 为空气沿 y 轴方向的运动速度；v_p 为煤尘颗粒沿 y 轴方向的运动速度；τ_u 为煤尘颗粒的动量弛豫时间。

τ_u的计算式如下：

$$\tau_u = \frac{4d_p^2 \bar{\rho}_p}{3C_D \, \mathrm{Re}_p \, \mu} \tag{3-48}$$

式中，C_D为阻力系数；Re_p为颗粒滑移雷诺数，其计算式如下：

$$\mathrm{Re}_p = \frac{\rho d_p \Delta u}{\mu} \tag{3-49}$$

式中，Δu为相对滑动速度，其计算式如下：

$$\Delta u = \left[(u - u_p)^2 + (v - v_p)^2 \right]^{\frac{1}{2}} \tag{3-50}$$

阻力系数采用标准阻力系数，当Re_p＞2000 时，C_D=0.44；当Re_p≤2000 时，其计算式如下：

$$C_D = \frac{24}{\mathrm{Re}_p}\left(1 + \frac{1}{6}\mathrm{Re}_{p^{\frac{2}{3}}}\right) \tag{3-51}$$

6）附加漂移力。煤尘颗粒的湍流扩散会产生煤尘颗粒湍流的附加漂移力，其在 x、y 方向上被分解为 F_{d_x}、F_{d_y}，计算式如下：

$$F_{d_x} = \frac{u_{pd}}{\tau_u} \tag{3-52}$$

$$F_{d_y} = \frac{v_{pd}}{\tau_u} \tag{3-53}$$

式中，u_{pd}、v_{pd}为颗粒湍流扩散速度，m/s。

7）Saffman 升力。在近壁面处流场具有很大的速度梯度时，会对煤尘颗粒的运动产生较大的影响。Saffman 升力方向垂直于颗粒与风流相对运动的速度方向，其计算式如下：

$$F_L = \mathrm{Sgn}\left(\frac{\partial u}{\partial y}\right)\frac{3F}{2\pi d_p \rho_p}(u - u_p)\left(\rho u \left|\frac{\partial u}{\partial y}\right|\right)^{\frac{1}{2}} \tag{3-54}$$

式中，F为升力常数，理论值为 6.75。

8）Magnus 力。并不是所有煤尘颗粒均为球形，非球形的颗粒在风流中运动时，因形状的不同导致煤尘颗粒两侧的湍流度不同，就会使颗粒产生旋转，这种使颗粒上升的力称为 Magnus 力。Magnus 方向垂直于颗粒与风流运动的相对方向，其计算式如下：

$$F_{\mathrm{M}} = \frac{\pi d_{\mathrm{p}}^3}{6} \rho \left| v - v_{\mathrm{p}} \right| \left| \omega_{\mathrm{p}} - \Omega \right| \tag{3-55}$$

式中，ω_{p}为煤尘颗粒的角速度；Ω为风流涡量。

9）拖拽阻力。拖曳阻力是由于煤尘颗粒在静止的气流中运动而产生的，作用力的方向与煤尘颗粒运动的方向相反。其计算式如下：

$$F_{\mathrm{D}} = C_{\mathrm{D}} \frac{\rho_{\mathrm{g}} \left| v_{\mathrm{g}} - v_{\mathrm{d}} \right| (v_{\mathrm{g}} - v_{\mathrm{p}})}{2} \frac{\pi d_{\mathrm{p}}^2}{4} \tag{3-56}$$

式中，v_{g}为气体流动速度，m/s；v_{d}为煤尘颗粒运动速度，m/s。

10）Basset 力。煤尘颗粒在运动中由于速度的变化引起的阻力就是 Basset 力。其计算式如下：

$$F_{\mathrm{B}} = \frac{3}{2} d_{\mathrm{p}}^2 (\pi \rho_{\mathrm{g}} \mu_{\mathrm{g}})^{1/2} \int_0^t (t - t)^{-1/2} \frac{\mathrm{d}}{\mathrm{d}t} (v_{\mathrm{g}} - v_{\mathrm{p}}) \mathrm{d}t \tag{3-57}$$

3.6.5　单相爆炸与混合爆炸对比

瓦斯煤尘爆炸与单一瓦斯爆炸相比，由于煤尘的加入，降低了瓦斯的爆炸下限，改变了瓦斯爆炸极限，同时降低了爆炸所需的温度和最小点火能量，因此促进了爆炸效果的增强。实验研究发现，与简单的瓦斯爆炸相比，在瓦斯浓度相同的情况下，瓦斯爆炸超压随着煤尘的加入而增大，瓦斯爆炸的上下限也发生改变；同时，又在爆炸系统中加入相同浓度不同种类的煤样，发现煤尘挥发性物质含量越大，爆炸超压就越容易变大。

瓦斯煤尘爆炸与单一的煤尘爆炸相比，因为瓦斯的加入，降低了爆炸点火能量与温度，改变了煤尘爆炸的浓度极限，由于在瓦斯爆炸时会产生很大的爆炸压力及热量，加快煤尘之间的能量传递，因此加强了爆炸效果。实验研究发现，在煤尘爆炸系统中加入甲烷，煤尘的爆炸下限会降低，同时较单一煤尘爆炸增加了爆炸威力；另外，随着瓦斯浓度的增加，煤尘爆炸下限进一步降低。

煤矿井下巷道实际情况错综复杂，组成井下巷道的网络系统往往是多条巷道并联加串联组合而成的，很少有单一长直巷道独自存在的情况，同时也有大量的方向突变、横截面积突变及部分地点存在障碍物的巷道。因此，对单一长直管道内瓦斯煤尘爆炸冲击波、火焰波情况的研究已经无法满足实际工作情况。因此，为了更加贴合井下实际工作情况，结合前人研究总结的爆炸相关规律，根据理论知识，本章在自主设计搭建的瓦斯煤尘爆炸复杂管网系统内进行爆炸实验研究，研究出爆炸冲击波、火焰波传播的一般规律，从而为实际的事故预防调查等提供相应的参照和依据。

3.7　瓦斯煤尘在复杂管网中爆炸传播特性实验

3.7.1　实验平台搭建

为了研究瓦斯煤尘混合爆炸冲击波、火焰波传播规律，本章自主搭建了复杂管网系统进行爆炸实验。该系统主要由爆炸管道系统、动态数据收集系统及点火系统组成，如图 3-26 所示。

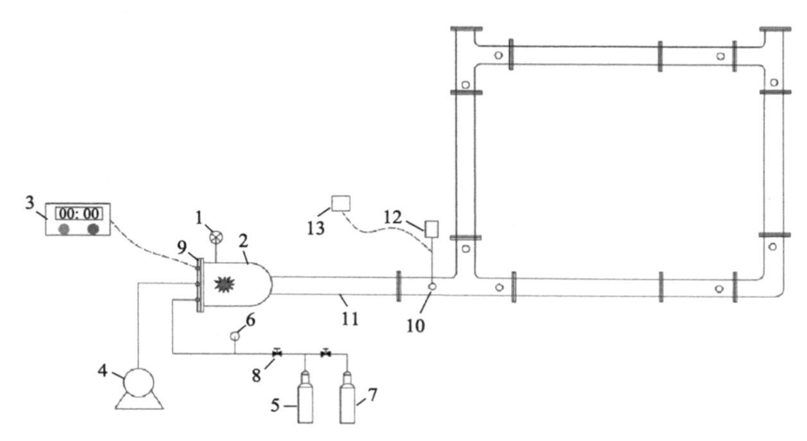

图 3-26　自主搭建的爆炸实验系统

1. 真空计；2. 爆炸腔体；3. 点火装置；4. 真空泵；5. 空气瓶；6. 流量计；7. 甲烷气瓶；8. 压力阀门；9. 可开启抗压盖板；10. 传感器插孔；11. 爆炸传播管道；12. 传感器；13. 数据终端

本次自主搭建的爆炸管网系统由 10 根长短不一的圆形管道、三通及一个爆炸腔体组成，各管道之间由螺钉连接，在管道出口处安装有法兰盘，实验时可以作为泄爆口。在各个实验管道上均设有螺纹孔，在进行实验时，可将带有小孔的螺钉拧在螺纹孔处，同时将火焰传感器、压机传感器及温度传感器插入小孔内，用来收集实验数据；同时，为了增加管道整体的密闭性，提高实验精准度，在各元器件与管道连接处均安装与螺纹孔径大小相同的硅胶垫，在爆炸腔和传播管道连接处用 PVC 薄膜隔开。该实验系统管道内径为 200mm，管壁厚为 12mm，最大耐压值为 20MPa，采用耐腐蚀抗高温高压的碳钢制成，在实验管道下方由长度为 1000mm 的角铁进行支撑加固，来增加整个爆炸系统的稳定性，具体如图 3-27 所示。

为了能够更加清楚地描述瓦斯爆炸冲击波、火焰波在管网中的传播规律，对各测点、分岔口及管道进行编号，具体布置情况如图 3-28 所示。

图 3-27　实验管网系统

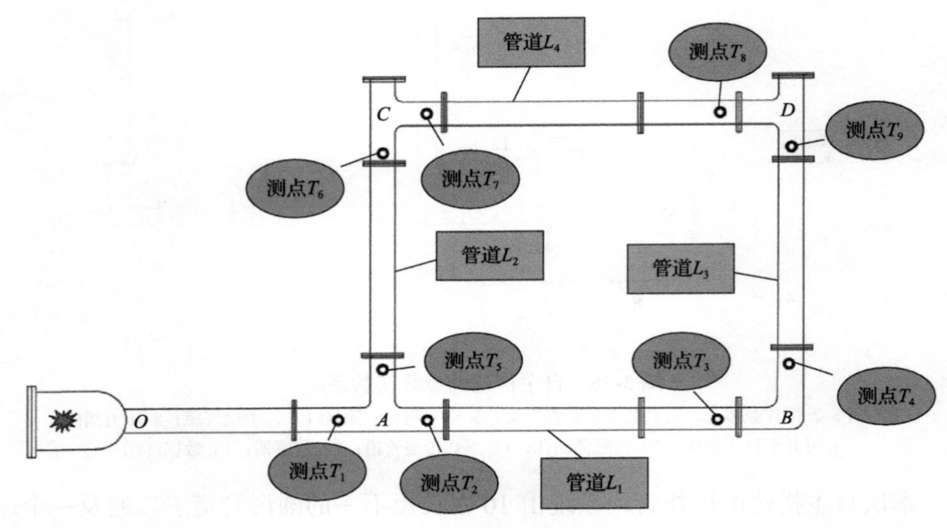

图 3-28　实验系统各管道及测点名称

以气体爆炸腔的最左端为轴心，建立以水平方向为 x 轴、竖直方向为 y 轴的坐标轴，设各测点位置依次为 T_1、T_2、T_3、T_4、T_5、T_6、T_7、T_8、T_9，则各测点与爆炸腔的等效距离参数如表 3-3 所示。

表 3-3　各测点与爆炸腔的等效距离参数

测点	T_1	T_2	T_3	T_4	T_5	T_6	T_7	T_8	T_9
坐标 L/m	2.2，0	2.8，0	6.8，0	7.4，0.6	2.3，0.6	2.3，2.8	2.8，3.3	6.8，3.3	7.4，2.8

3.7.2　瓦斯爆炸冲击波、火焰波传播规律

采用浓度为 9.5%的瓦斯气体进行瓦斯爆炸实验。考虑实验时环境温度、湿度及管道之间气密性的变化会对实验结果造成影响，因此对瓦斯爆炸进行三次重复

实验，确保数据准确合理。

在本次设计的实验管道内，爆炸冲击波有两条传播路径，第一条冲击波首先从爆炸腔内传出，进入管道 L_1，经过 T 形路口进入管道 L_2，再经过直角弯进入管道 L_4(O—A—C—D)；第二条是冲击波进入管道 L_1 后经过直角弯进入管道 L_3(O—A—B—D)。

1. 各管道压力变化规律[190]

(1)压力变化情况

表 3-4 列出了三次瓦斯爆炸实验各监测点压力峰值的原始实验数据，为确保实验数据准确，减少随机性，对每三次实验结果取平均值。下面分析压力在管网中的传播规律。

表 3-4　各监测点压力峰值的原始实验数据

管道	测点	距离爆炸源距离/m	压力峰值/MPa			均值/MPa
管道 L_1	T_1	2.2	0.596	0.602	0.589	0.599
	T_2	2.8	0.562	0.531	0.569	0.564
	T_3	6.8	0.478	0.472	0.473	0.476
管道 L_2	T_5	2.9	0.573	0.579	0.568	0.572
	T_6	5.1	0.512	0.509	0.512	0.513
管道 L_3	T_4	8.0	0.372	0.376	0.375	0.373
	T_9	10.2	0.294	0.299	0.298	0.297
管道 L_4	T_7	6.1	0.419	0.425	0.428	0.423
	T_8	10.1	0.345	0.341	0.343	0.342

对各管道上相应传感器测量数据进行收集，选取部分变化较明显的数据整理成折线图，压力随时间变化如图 3-29～图 3-32 所示。

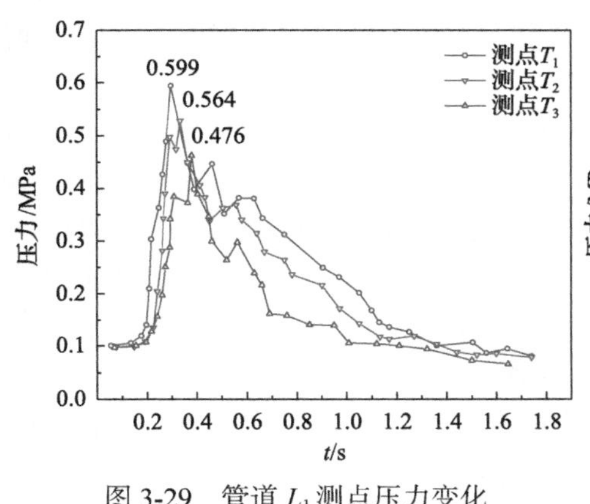

图 3-29　管道 L_1 测点压力变化

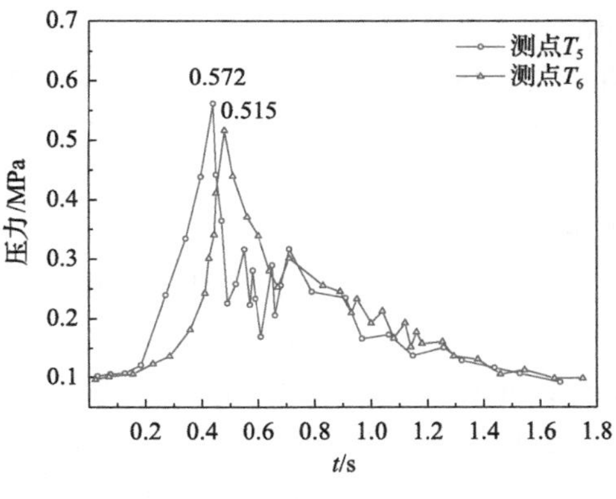

图 3-30　管道 L_2 测点压力变化

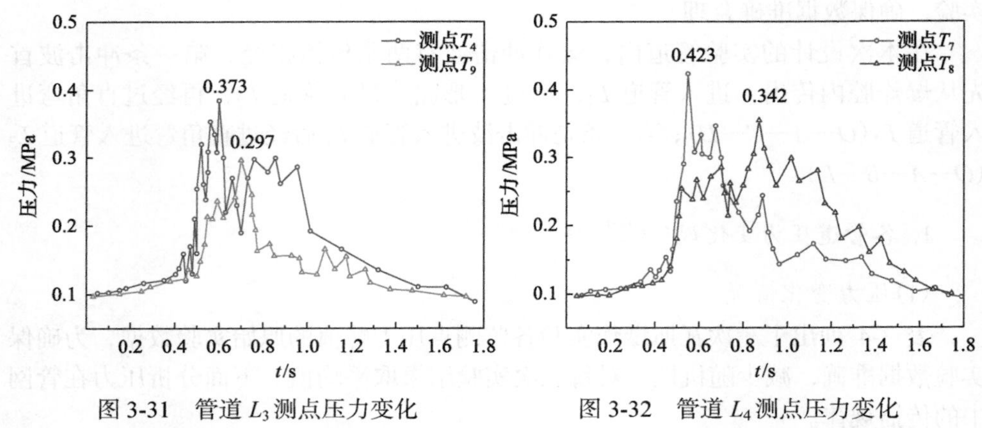

图 3-31 管道 L_3 测点压力变化　　图 3-32 管道 L_4 测点压力变化

1）根据图 3-29 所示数据分析管道 L_1 中三个测点的压力变化情况，具体如下。

在爆炸反应初期的一段时间内，三个测点处均出现多个极点压力峰值的情况，由于复杂爆炸管网的影响，压力冲击波在管网内反复叠加并且不断衰减。在爆炸 0～0.3s 时间内，各测点压力峰值均以指数形式急剧上升。

对于测点 T_1 而言，其在爆炸时间达到 0.24s 时达到压力爆炸峰值，为 0.599MPa，同时该压力峰值也是整个爆炸反应过程中的压力最大值；在 0.4～0.6s 这段时间内，压力值出现拐点并且有增大的现象，这主要是由于管道 L_2 相对于管道 L_1 出现冲击波回流现象；在 0.6～1.2s 这段时间内，压力值持续衰减，之后压力值趋于平稳，整个管道内反应结束。

对于测点 T_2 而言，在爆炸初期压力变化情况同测点 T_1 大致相同。在爆炸进行到约 0.29s 时，压力值出现短暂下降之后又上升的情况，这是由于冲击波在经过 T 形管道路口时，冲击波和爆炸管道壁面之间存在绕射、反射等作用，在局部区域内造成湍流响应，因而对冲击波有短暂的增大效果。但是，由于冲击波能量损耗、冲击波损耗及管壁散热等综合因素影响，该测点的压力峰值小于测点 T_1 的压力峰值，在 0.35s 时达到压力峰值，为 0.564MPa。

之后冲击波沿着管道 L_1 继续向前传播到达测点 T_3，由于能量损耗及管道散热等影响，测点 T_3 的压力峰值继续下降，在 0.40s 左右达到压力峰值 0.476MPa，说明压力冲击波沿着长直管道传播有明显衰减现象；同时，在爆炸反应中后期，测点 T_3 的变化浮动较小，这是由于测点 T_3 相对靠后，受其他管道影响相对较小。测点 T_3 总体压力变化情况与测点 T_2 相似，反应进行到 1.22s 时，各点压力值趋于平稳，同时爆炸冲击波沿着管道继续向前传播。

2）根据图 3-30 所示数据分析管道 L_2 中两个测点的压力变化情况，具体如下。

爆炸发生后，爆炸冲击波首先由爆炸腔内传出，经过管道 L_1 后由 T 形管道路口传到管道 L_2，依次通过测点 T_5、测点 T_6 处，测点 T_5 处到达压力峰值时间要比

测点 T_6 处提前约 0.07s。

对于测点 T_5 而言，在爆炸反应初期阶段，压力值呈指数形式上升，在 0.43s 时达到压力峰值 0.572MPa。压力冲击波经过 T 形管道路口后，冲击波压力值并没有出现衰减现象，反而有所增大，这是因为经过路口时在转弯处出现湍流等现象，拐弯后冲击波速度不断增大，导致压力峰值变大。由于冲击波在之后传播过程中的叠加作用，在 0.48～0.73s 时间段内，测点 T_5 处出现四次压力峰值，但由于在后来管道内的压力衰减作用要大于压力叠加作用，因此总体趋势逐渐减小，在 1.32s 时趋于平稳。

对于测点 T_6 而言，反应前期压力变化趋势与测点 T_5 相同，在 0.5s 时达到压力峰值 0.513MPa。随后压力冲击波出现衰减，但在 0.91～1.27s 这段时间内，测点 T_6 处又先后出现了五次较为明显的峰值现象，这是由于压力冲击波在传播到管道末端后发生较为明显的反射现象，冲击波之间相互叠加，导致压力值增大，在多次叠加过程中，冲击波的能量不断损失，压力值不断衰减。

3）根据图 3-31 所示数据分析管道 L_3 中两个测点的压力变化情况，具体如下。

爆炸产生的冲击波在经过管道 L_1 之后，要再经过一个直角转弯处才能到达管道 L_3，因此测点 T_4、测点 T_9 到达压力峰值时间要相对较晚。管道 L_3 内压力变化趋势与管道 L_2 大致相同，但由于冲击波到达两个测点之前传播了较长距离，造成压力冲击波在传播过程中不断衰减，两测点到达压力峰值的相隔时间要比管道 L_2 中两测点到达压力峰值时间间隔长，为 0.11s。

对于测点 T_4 而言，在反应初期压力峰值几乎没有变化，在 0.38s 时压力开始迅速增长。由于冲击波在拐弯处不断叠加及产生的湍流现象，致使测点 T_4 在达到压力峰值之前就出现多个压力峰值现象，在反应进行到 0.61s 时，该测点到达压力峰值 0.373MPa；之后压力值呈现衰减趋势，但在衰减阶段压力值并不是呈直线下降，而是经过数次压力升降之后逐渐衰减。

对于测点 T_9 而言，在反应初期压力变化趋势与测点 T_4 大致相同，由于距离爆炸源位置较远，因此冲击波衰减效果较明显，0.72s 时达到压力峰值 0.297MPa；之后压力值开始衰减，在爆炸后期，由于冲击波传播到管道末端，发生反射造成冲击波叠加，致使压力值又出现了数次升降。

4）根据图 3-32 所示数据分析管道 L_4 中两个测点的压力变化情况，具体如下。

爆炸产生的压力冲击波在管道内要经过两次拐弯才能到达管道 L_4，因此测点 T_7、测点 T_8 到达压力峰值时间相比其他测点要晚，在 0～0.4s 内压力值几乎无变化；同时，由于测点 T_8 处压力变化情况受两条管道压力冲击波共同影响，因此压力峰值出现在爆炸反应的中后期阶段，两测点处压力峰值出现时间相隔 0.35s，同其他在同一条管道上的两测点相比，压力峰值间隔时间最长。

对于测点 T_7 而言，由于冲击波在经过管道 L_2 之后还要经过一个拐弯处才能到达测点 T_7，因此反应前期压力值无明显波动，在 0.4s 时，爆炸冲击波到达管道 L_4，压力值开始突然增加，在反应进行到 0.57s 时，达到压力峰值 0.423MPa，管道内冲击波相互叠加并伴随能量损失，压力值经过数次上下波动后开始逐步衰减。

对于测点 T_8 而言，前期压力值波动规律同测点 T_7 大致相同，同时在反应前半段时间并没有达到压力峰值，在反应进行到 0.83s 时，管道 L_3 处的压力冲击波进入管道 L_4 中，导致该测点压力在短时间内又迅速上升，在 0.92s 时到达压力峰值 0.342MPa，之后开始衰减。但由于管道 L_3 末端反射回来的部分冲击波会进入管道 L_4 内，而方向相反的冲击波相遇时冲击波相互叠加，造成压力值上升，因此该测点在后续压力衰减过程中又出现压力波动现象。

(2) 压力衰减特征

爆炸冲击波通过管网内不同测点的衰减程度用压力衰减系数 k 表示，通过上一个测点压力峰值 p_α 与下一个测点的压力峰值 $p_{\alpha+1}$ 相比较，以此来表示压力峰值在管网内的衰减特征，计算式为

$$k = \frac{p_\alpha}{p_{\alpha+1}} \tag{3-58}$$

根据式 (3-58) 计算得出爆炸压力冲击波在管网内经过各个测点的压力衰减系数，如表 3-5 所示。根据压力衰减系数计算式可以看出，在某测点处的压力衰减系数越大，说明在该测点的压力衰减越明显。

表 3-5　冲击波在管网内各测点的压力衰减系数

冲击波路线	测点	距离爆炸源距离/m	压力峰值/MPa	衰减系数 k_1
$O—A—C—D$	T_1	2.2	0.599	—
	T_5	2.9	0.572	1.058
	T_6	5.1	0.513	1.115
	T_7	6.1	0.423	1.214
	T_8	10.1	0.342	1.237
$O—A—B—D$	T_1	2.2	0.599	—
	T_2	2.8	0.564	1.063
	T_3	6.8	0.476	1.196
	T_4	8.0	0.373	1.287
	T_9	10.2	0.297	1.266

分析表 3-5 中的各数据可以看出，在图 3-33(a)的 T 形管道分叉口处，测点 T_2 和测点 T_5 相对于测点 T_1 的压力衰减系数分别为 1.058、1.063，说明压力冲击波在该位置的衰减不大。在图 3-33(b)的直角拐弯处，测点 T_4 相对于测点 T_3 的衰减系数达到了 1.287，在所有测点处衰减系数最大，说明冲击波在该处的衰减现象最明显。这是因为在管道内正常情况下冲击波的传播是向前不断的，但到了直角拐弯处传播方向突然发生改变，导致冲击波在一定范围内接连发生反射叠加等现象，造成了能量的大量损失，因此在该处冲击波产生明显的衰减现象。

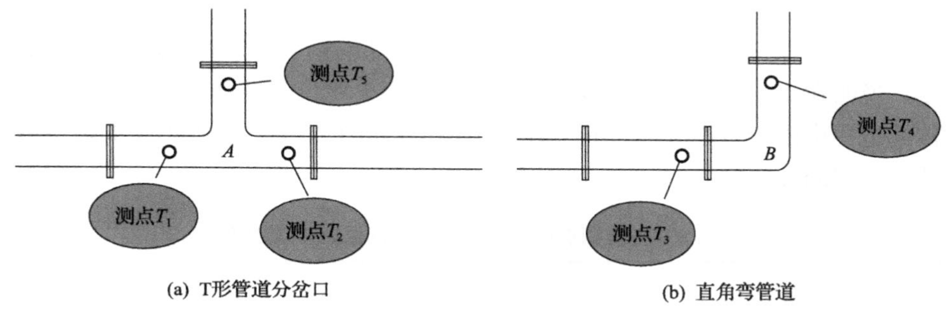

图 3-33　管道岔口类型

2. 各管道火焰变化规律[190]

(1)速度变化情况

火焰传播速度是研究瓦斯爆炸火焰波的另一个重要参数，本实验采用传统的测量火焰传播速度方法，即通过在实验管网的各支管中安装两个火焰传感器记录火焰波的到达时间，在已知相邻两个火焰传感器距离的条件下可以计算出火焰传播的平均速度。其计算式为

$$v=\frac{\Delta l}{\Delta t} \tag{3-59}$$

式中，Δl 为相邻两测点距离，m；Δt 为火焰经过两测点所用的时间，s；v 为火焰平均传播速度，m/s。

各监测点火焰锋面到达时间原始实验数据如表 3-6 所示。根据式(3-59)及表 3-6 中各实验结果数据，可以计算得出火焰波传播速度，如表 3-7 所示。各测点火焰速度变化情况如图 3-34 所示。分析表 3-7 中的数据及图 3-34 中的速度变化规律可知，火焰波在爆炸腔传出进入传播管道内，速度呈逐渐衰减趋势。爆炸初期，火焰波的速度最大值达到了 214.04m/s，这是由于在爆炸初始阶段，瓦斯在被点燃后，在管道内不断向前传播，形成爆燃现象，随着可燃气体越来越多地加入燃烧反应，爆燃逐渐形成了冲击波，在高温高压气流的作用下，火焰波产生了明显加速。分析火焰波传播的 *O—A—C—D* 路线可知，在火焰波进入管网系统后，火焰传播速度出现了明显下降，火焰传播速度降低为 94.86m/s，降幅达到了 46.3%。这是由于在 T 形分岔口处火焰波的面积突然增大，导致传播面的速度造成了损失，同时火焰波的气流与管道内壁产生了剧烈的碰撞，造成了能量的大量损失。但火焰在 *C* 点处经过直角弯路口时，速度降到了 23.37m/s，在测点 T_8 处没有监测到火焰信号，说明在 10.1m 处之前火焰的传播速度已经降低为 0m/s。分析火焰波传播的 *O—A—B—D* 路线，火焰在进入管网后传播速度同样出现了大幅下降，速度降为 123.03m/s，降幅为 42.5%。管道 L_1 中速度降低的幅度小于在管道 L_2 中降低的幅度，说明在 T 形分岔口处速度沿直线方向的损失要少于沿垂直方向的损失。之后传播过程中由于可燃气体不断消耗及管网散热等的作用，速度不断下降，最后降低为 18.26m/s。

表 3-6　各监测点火焰锋面到达时间原始实验数据

管道	测点	距离爆炸源距离/m	火焰到达时间/ms			均值/ms
管道 L_1	T_1	2.2	174.45	179.31	175.94	175.32
	T_2	2.8	179.13	176.12	179.11	178.12
	T_3	6.8	208.06	213.32	210.51	210.63
管道 L_2	T_5	2.9	178.82	177.67	120.21	179.03
	T_6	5.1	198.88	202.19	203.49	202.01
管道 L_3	T_4	8.0	247.86	249.73	247.97	248.52
	T_9	10.2	367.47	368.12	371.41	369.00
管道 L_4	T_7	6.1	247.07	241.20	247.48	245.25
	T_8	10.1	—	—	—	—

表 3-7　各测点火焰波传播速度

路线	距离爆炸源距离/m			
	2.55	4.0	5.6	8.1
O—A—C—D	175.42	94.86	23.37	0

路线	距离爆炸源距离/m			
	2.5	4.8	7.4	9.1
O—A—B—D	214.04	123.04	47.5	18.26

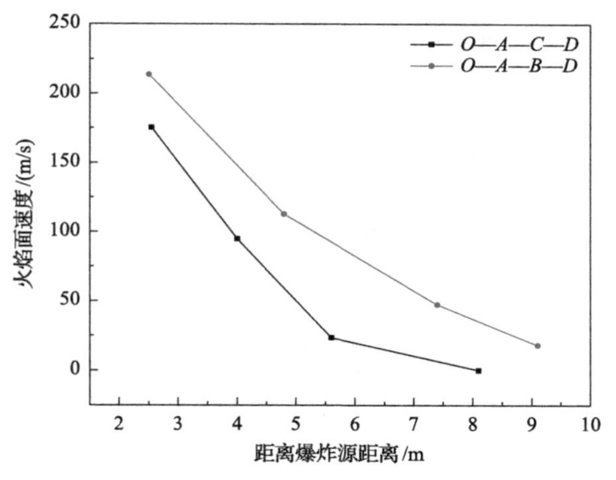

图 3-34　各测点火焰速度变化情况

(2) 火焰突变特征

火焰波在复杂管网中的速度突变系数用 γ 表示，用前两测点间的火焰波速度与后两测点间的速度之差比上前两测点间的火焰波速度来代表速度突变特征，其计算式为

$$\gamma_1 = \frac{v_x - v_{x+1}}{v_x} \tag{3-60}$$

根据式(3-60)及表 3-7 中的火焰波速度，计算火焰波速度突变系数，如表 3-8 所示。

表 3-8　火焰波速度突变系数

火焰波路线	距离爆炸源距离/m	速度/(m/s)	衰减系数 γ_1
O—A—C—D	2.55	175.42	—
	4.0	94.86	0.463
	5.6	23.37	0.755
	8.1	0	1
O—A—B—D	2.5	214.04	—
	4.8	123.04	0.425
	7.4	47.5	0.613
	9.1	18.26	0.618

分析表 3-8 中数据可知，在火焰波刚进入管网中时，火焰波突变系数较小，而随着火焰波不断传播，速度突变率迅速上升，说明火焰波速度的突变特征与火焰

波的传播距离有很大的关系。

(3) 火焰温度变化情况

将实验过程中各测点测得的火焰波温度数据进行收集整理，得到各测点的火焰波温度峰值，如图 3-35 所示。从图 3-35 中可以看出：

1) 在各测点中，测点 T_1 温度最高，达到了 1837K；测点 T_9 温度最低，为 1521K；其他测点温度从高到低依次为测点 T_5 > 测点 T_6 > 测点 T_2 > 测点 T_7 > 测点 T_8 > 测点 T_3 > 测点 T_4。

2) 分析各测点所在管道发现，火焰波速度大的位置温度不一定高。例如，测点 T_5 处火焰的传播速度要小于测点 T_2 处，但测点 T_5 处的温度反而要高于测点 T_2 处，这是因为火焰波的温度相对于火焰波的速度有一定的滞后性；另外，该实验管道并非长直管道，存在多处弯道路口，导致这种滞后性更加明显。

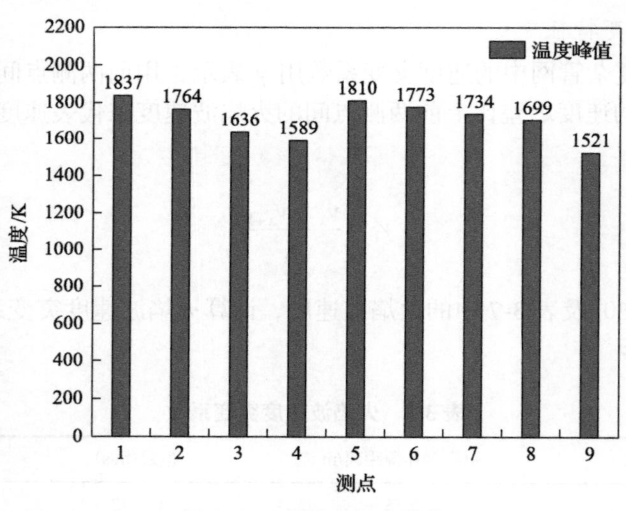

图 3-35　各测点温度峰值

3.7.3　瓦斯煤尘混合爆炸冲击波、火焰波传播规律

与单一的瓦斯爆炸相比，瓦斯煤尘混合爆炸过程更加复杂，产生的爆炸压力更大，火焰波的速度更快，温度更高。实验时煤尘放在图 3-36 所示位置，确保瓦斯爆炸产生的冲击波能够将沉积在管道中的煤尘扬起并使其参与爆炸。本次混合爆炸实验瓦斯浓度设定为 9.5%，选取质量浓度分别为 50g/m^3、75g/m^3、150g/m^3，粒径分别为 30μm、50μm、100μm 的煤尘进行正交实验。

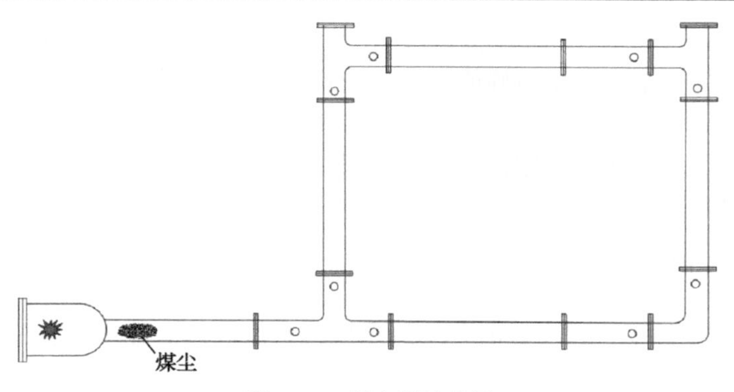

图 3-36　煤尘所放位置

1) 冲击波传播规律。以测点 T_1 处压力值为例，爆炸煤尘质量浓度选择 75g/m^3，粒径选择 50μm，压力传感器测得的冲击波压力随时间的变化规律如图 3-37 所示。由图 3-37 可知：

①该测点的压力变化值大致可分为三个阶段：第一阶段与单一瓦斯爆炸趋势类似，在反应初期压力值迅速上升，这时达到压力的第一个峰值；在反应的第二阶段，爆炸压力值有一定的下降后又迅速上升，这次压力相比于第一次达到压力峰值时速度更快，压力值更大；随后压力值逐步下降，虽然有小幅波动，但波动幅度不明显。

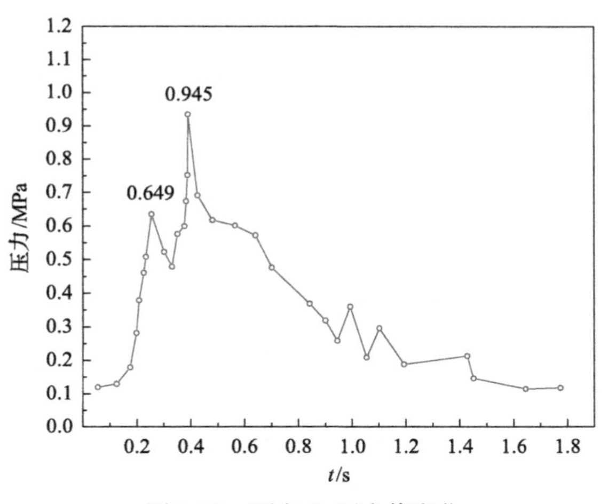

图 3-37　测点 T_1 压力值变化

②在爆炸反应初期，爆炸腔内的瓦斯逐渐发生燃烧反应并且开始爆炸，爆炸产生的冲击波沿着管道不断向前传播。在 0.27s 时，压力达到第一个峰值 0.649MPa，与单纯的瓦斯爆炸相比压力变化并不大，同时处于峰值的时间也比较短，此时爆炸扬起的沉积煤尘已经在管道内形成煤尘气团，这些被扬起的煤尘在

高温高压作用下分解出大量的可燃气体并且参与爆炸，使得爆炸压力迅速升高，在 0.43s 时到达了第二个压力峰值 0.945MPa。从图 3-37 中可以看出，到达第二个压力峰值的斜率要大于第一个压力峰值的斜率，说明到达第二个压力峰值所用时间更短。出现这种现象的原因是在反应初期，煤尘气团密度较大，大量未燃煤尘仍处于预热期，将吸收部分热量，因此第一次的压力峰值相对较小。悬浮的煤尘在形成可爆炸的浓度过程中存在一个持续时间，这期间管道内热量逐渐积累，反应加剧，使得压力峰值出现明显跃升，达到第二次压力峰值。

在此工况条件下，将实验时各个测点压力峰值进行汇总，如表 3-9 所示。

表 3-9　各测点压力峰值

管道	测点	距离爆炸源距离/m	压力峰值/MPa
管道 L_1	T_1	2.2	0.945
	T_2	2.8	0.913
	T_3	6.8	0.824
管道 L_2	T_5	2.9	0.918
	T_6	5.1	0.824
管道 L_3	T_4	8.0	0.604
	T_9	10.2	0.563
管道 L_4	T_7	6.1	0.645
	T_8	10.1	0.563

分析表 3-9 中数据可知，加入煤尘进行爆炸后，各测点压力峰值明显增加，爆炸冲击波进入管网后，压力最大值在测点 T_1 处测得，为 0.945MPa；之后压力值在各管道中开始衰减，最终在测点 T_9 处降为 0.563MPa，降幅达到了 40.4%。

2) 火焰波传播规律。将混合爆炸测得的火焰波速度值进行汇总，如表 3-10 所示。

表 3-10　火焰波速度值

路线	距离爆炸源距离/m			
	2.55	4.0	5.6	8.1
O—A—C—D	426.42	251.84	135.52	85.61
路线	距离爆炸源距离/m			
	2.5	4.8	7.4	9.1
O—A—B—D	539.13	296.83	175.31	98.63

根据表 3-10 中各数据可知，在管道爆炸中加入煤尘后，瓦斯煤尘混合爆炸的火焰波速度明显增大，这是因为爆炸产生的冲击波进入管道后扬起沉积煤尘，在高温高压气流的作用下，煤尘挥发出可燃气体，与氧气充分发生反应，造成火焰

传播加速。其中，速度最快处在测点 T_1 到测点 T_2 之间，达到了 539.13m/s；速度最小处在管道 L_4 上的测点 T_7 和测点 T_8 之间，为 85.61m/s。根据测点距离爆炸源距离及各处速度值可知，随着与爆炸点距离的增大，火焰波速度出现衰减趋势，并且在爆炸火焰波传播的初始阶段火焰波衰减的幅度较大。

1. 煤尘质量浓度对爆炸传播特性影响

(1) 冲击波压力变化情况

表 3-11～表 3-13 为瓦斯浓度为 9.5%时，瓦斯煤尘混合爆炸各测点压力峰值原始实验数据。

表 3-11　煤尘质量浓度为 50g/m³ 时各测点压力峰值原始实验数据

管道	测点	距爆炸源距离/m	煤尘粒径/μm		
			30	50	100
L_1	T_1	2.2	0.826	0.860	0.833
			0.824	0.863	0.835
			0.825	0.866	0.836
	T_2	2.8	0.764	0.821	0.763
			0.763	0.823	0.764
			0.765	0.818	0.762
	T_3	6.8	0.696	0.759	0.704
			0.697	0.757	0.703
			0.699	0.755	0.706
L_2	T_5	2.9	0.781	0.831	0.785
			0.782	0.833	0.787
			0.779	0.829	0.789
	T_6	5.1	0.674	0.725	0.678
			0.671	0.734	0.674
			0.673	0.728	0.676
L_3	T_4	8.0	0.478	0.529	0.485
			0.479	0.528	0.486
			0.476	0.529	0.489
	T_9	10.2	0.394	0.448	0.399
			0.398	0.451	0.402
			0.397	0.446	0.401
L_4	T_7	6.1	0.508	0.565	0.513
			0.505	0.573	0.515
			0.507	0.571	0.516
	T_8	10.1	0.429	0.483	0.436
			0.428	0.482	0.434
			0.426	0.484	0.437

表 3-12　煤尘质量浓度为 75g/m³ 时各测点压力峰值原始实验数据

管道	测点	距爆炸源距离/m	煤尘粒径/μm		
			30	50	100
L_1	T_1	2.2	0.868	0.944	0.928
			0.867	0.945	0.926
			0.865	0.946	0.929
	T_2	2.8	0.828	0.916	0.881
			0.827	0.909	0.879
			0.821	0.914	0.882
	T_3	6.8	0.752	0.821	0.794
			0.752	0.826	0.793
			0.754	0.825	0.795
L_2	T_5	2.9	0.834	0.915	0.894
			0.835	0.917	0.895
			0.836	0.921	0.892
	T_6	5.1	0.734	0.825	0.775
			0.735	0.821	0.774
			0.736	0.826	0.772
L_3	T_4	8.0	0.533	0.608	0.558
			0.535	0.601	0.557
			0.531	0.604	0.556
	T_9	10.2	0.451	0.513	0.472
			0.453	0.515	0.471
			0.449	0.511	0.473
L_4	T_7	6.1	0.532	0.645	0.575
			0.533	0.647	0.576
			0.529	0.643	0.573
	T_8	10.1	0.458	0.562	0.479
			0.454	0.563	0.478
			0.457	0.565	0.476

表 3-13　煤尘质量浓度为 150g/m³ 时各测点压力峰值原始实验数据

管道	测点	距爆炸源距离/m	煤尘粒径/μm		
			30	50	100
L_1	T_1	2.2	0.612	0.651	0.561
			0.611	0.652	0.562
			0.609	0.653	0.564
	T_2	2.8	0.574	0.585	0.531
			0.571	0.584	0.533
			0.573	0.586	0.535
	T_3	6.8	0.481	0.513	0.456
			0.482	0.517	0.452
			0.486	0.519	0.457

续表

管道	测点	距爆炸源距离/m	煤尘粒径/μm		
			30	50	100
L_2	T_5	2.9	0.583	0.594	0.556
			0.584	0.598	0.554
			0.587	0.602	0.557
	T_6	5.1	0.521	0.526	0.476
			0.522	0.528	0.473
			0.520	0.527	0.479
L_3	T_4	8.0	0.378	0.394	0.326
			0.379	0.395	0.325
			0.377	0.397	0.324
	T_9	10.2	0.304	0.315	0.272
			0.305	0.318	0.271
			0.308	0.317	0.273
L_4	T_7	6.1	0.432	0.435	0.374
			0.431	0.437	0.371
			0.435	0.439	0.376
	T_8	10.1	0.351	0.353	0.295
			0.353	0.357	0.301
			0.354	0.359	0.299

为比较煤尘质量浓度对瓦斯爆炸冲击波压力值的影响，在不同煤尘粒径时，对不同浓度下的爆炸效果进行分析。以压力值最为明显的测点 T_1 为例，不同煤尘质量浓度下的爆炸压力值如图 3-38 所示。

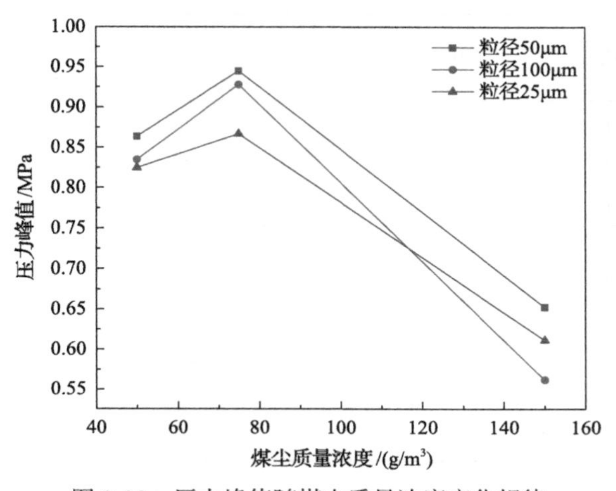

图 3-38　压力峰值随煤尘质量浓度变化规律

由实验数据及图 3-38 可以看出，随着管道内煤尘质量浓度不断增加，各测点处的压力峰值开始逐渐增高；同时，随着传播距离的增加，爆炸产生的最大压力呈逐渐减小趋势。当煤尘粒径为 50μm，煤尘质量浓度为 50g/m³ 时，爆炸产生的压力峰值为 0.863MPa；当煤尘质量浓度为 75g/m³ 时，压力峰值达到最大，为 0.945MPa，相比质量浓度为 50g/m³ 时增加了 9.5%；之后随着煤尘质量浓度的继续增加，爆炸的压力峰值开始减小，当质量浓度增加到 150g/m³ 时，此时的爆炸压力峰值为 0.652MPa，相比质量浓度为 50g/m³ 时下降了 24.4%，同时压力峰值减小的速度要大于前面压力峰值增加的速度。经过以上分析可知，煤尘质量浓度对混合爆炸的压力峰值有显著影响。

由图 3-38 所示的压力峰值走向可知，压力峰值随着煤尘质量浓度的增加呈现出先增大后减小的趋势。当管道内的煤尘质量浓度较低时，爆炸冲击波扬起沉积煤尘形成的煤尘云团浓度较低，这就造成了管道中氧气有剩余，处于富氧状态，使煤尘云团完全发生燃烧爆炸反应。随着煤尘质量浓度的不断增大，煤尘云团的浓度不断增大，与氧气的反应更加剧烈，释放出来的热量不断增加，导致压力峰值不断增大。当质量浓度达到 75g/m³ 时，管道内的煤尘云团与氧气刚好完全发生反应，此时反应释放的热量最多，产生的爆炸压力也最大。当煤尘质量浓度继续增加后，由于氧气含量一定，导致管网内处于贫氧状态，反应释放的能量不会继续增加；同时，由于未燃烧的煤尘会吸收爆炸产生的热量及阻碍爆炸冲击波的传播，导致压力峰值不断下降。

根据式(3-58)及实验测得的各测点压力峰值，比较当煤尘粒径为 50μm 时不同浓度的煤尘爆炸冲击波压力衰减系数 k_2，如表 3-14 所示。

表 3-14　不同煤尘质量浓度下压力衰减系数

管道	测点	距爆炸源距离/m	煤尘质量浓度		
			50g/m³	75g/m³	150g/m³
L_1	T_1	2.2	—	—	—
	T_2	2.8	1.052	1.036	1.114
	T_3	6.8	1.084	1.078	1.133
L_2	T_5	2.9	1.039	1.031	1.090
	T_6	5.1	1.140	1.114	1.134
L_3	T_4	8.0	1.391	1.364	1.406
	T_9	10.2	1.181	1.177	1.246
L_4	T_7	6.1	1.279	1.277	1.306
	T_8	10.1	1.181	1.145	1.227

根据表 3-14 中数据可知，压力衰减系数变化趋势同瓦斯单一爆炸时基本相同，随着距离爆炸源距离增大，压力衰减系数也逐渐变大。当煤尘质量浓度为 75g/m³，

使管道内各测点的压力峰值最大时，各测点压力的衰减系数相比于其他煤尘质量浓度下的衰减系数要小；而当煤尘质量浓度为 150g/m^3 时，各测点的压力衰减系数大于其他煤尘质量浓度的衰减系数。这说明在瓦斯煤尘的混合爆炸实验中，压力的衰减系数也受煤尘质量浓度的影响。

(2) 火焰波速度变化情况

下面研究不同煤尘质量浓度下火焰波传播速度情况。根据火焰波到达各测点处的时间及管道长度，计算各测点的速度，其传播规律如图 3-39～图 3-41 所示。根据图 3-39～图 3-41 中数据可以看出，随着与爆炸源的距离逐渐增大，爆炸火焰波的传播速度逐渐减小。沉积煤尘被瓦斯爆炸冲击波扬起后在管道内形成煤尘云团，在吸收大量热量后被点燃，导致再次发生爆炸，因此在距离爆炸源最近处火焰波速度最大。管道内煤尘质量浓度不同，火焰波的速度也大不相同。当管道内

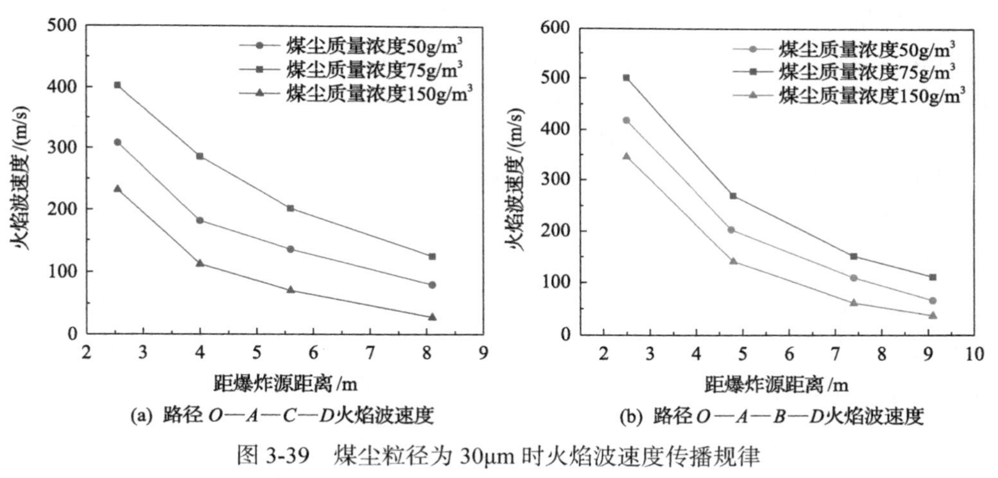

图 3-39　煤尘粒径为 30μm 时火焰波速度传播规律

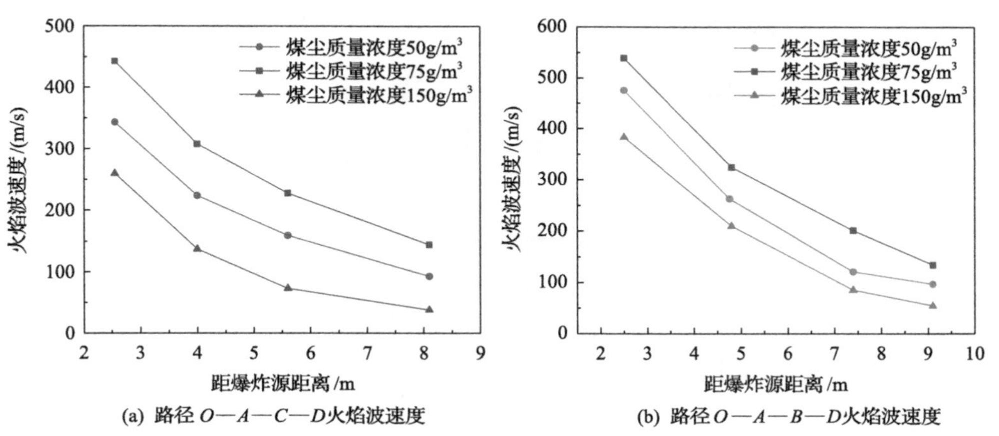

图 3-40　煤尘粒径为 50μm 时火焰波速度传播规律

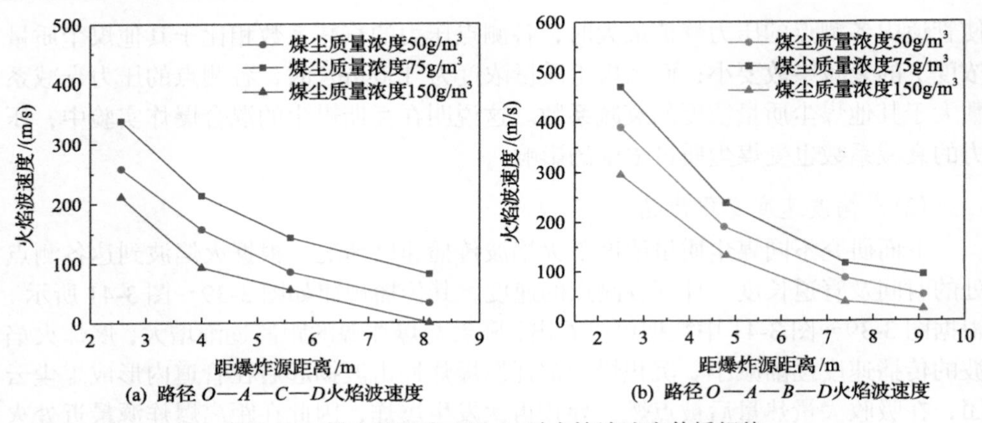

图 3-41　煤尘粒径为 100μm 时火焰波速度传播规律

的煤尘质量为 75g/m³ 时，在测点 T_1 附近火焰波速度达到最大值，为 539.13m/s，此时煤尘与管道内的氧气完全发生反应；当煤尘质量浓度继续增加时，由于管道内的氧气量一定而导致部分煤尘没有参与反应且吸收部分热量，因此管道内的火焰波速度峰值开始下降；当煤尘质量浓度达到 150g/m³ 时，火焰波速度峰值下降较明显，而且在部分管道出现了火焰波速度为 0 的情况，说明此浓度下煤尘对爆炸效果有一定的抑制作用。

(3) 火焰波温度变化情况

比较当煤尘粒径为 50μm 时，在三种不同质量浓度的煤尘条件下爆炸产生的火焰波在各个测点的温度变化规律，如图 3-42 所示。由图 3-42 可知，在不同煤尘质量浓度下，各测点的温度变化趋势相同，均在测点 T_1 处测得温度最大值。当

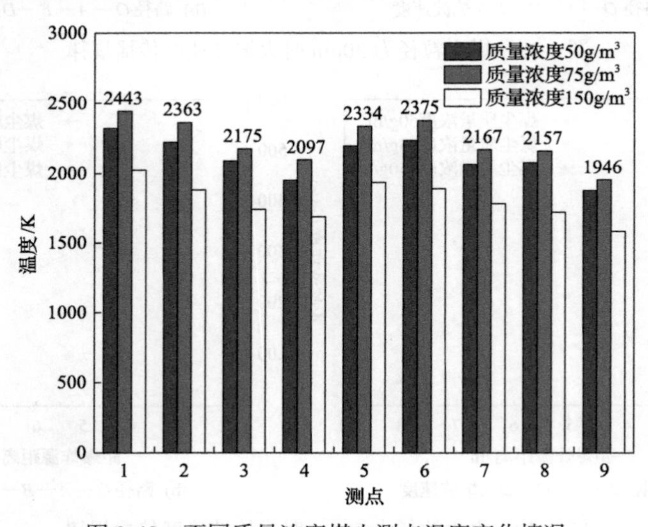

图 3-42　不同质量浓度煤尘测点温度变化情况

煤尘质量浓度为 50g/m^3 时，管道内的最大温度为 2321K；随着煤尘质量浓度的增大，由于此时管道内有足够多的氧气供煤尘参与爆炸反应，因此反应温度继续升高，当煤尘质量浓度为 75g/m^3 时，此时煤尘刚好完全反应，释放的热量最多，管道内的最大温度为 2443K；之后随着煤尘质量浓度继续增加，管道内的氧气不足以让全部煤尘参与反应，同时未反应的煤尘还要继续吸收部分热量，因此火焰波温度峰值开始下降，在煤尘质量浓度增大至 150g/m^3 时，对火焰波温度已经产生了明显影响，此时管道内火焰波的温度峰值下降到 2026K，比煤尘质量浓度为 75g/m^3 时的火焰波温度降低了 17.1%，说明煤尘质量浓度对混合爆炸火焰波温度有明显的影响。

2. 煤尘粒径对爆炸传播特性影响

(1) 冲击波压力变化情况

表 3-15 为瓦斯浓度为 9.5%时，不同粒径煤尘与瓦斯混合爆炸各测点压力值。

表 3-15　不同粒径煤尘与瓦斯混合爆炸各测点压力值

管道	测点	距爆炸源距离/m	粒径 30μm 浓度/(g/m^3)			粒径 50μm 浓度/(g/m^3)			粒径 100μm 浓度/(g/m^3)		
			50	75	150	50	75	150	50	75	150
L_1	T_1	2.2	0.825	0.867	0.611	0.864	0.945	0.652	0.835	0.928	0.562
	T_2	2.8	0.764	0.825	0.573	0.821	0.913	0.585	0.763	0.881	0.533
	T_3	6.8	0.697	0.753	0.483	0.757	0.824	0.516	0.704	0.794	0.455
L_2	T_5	2.9	0.781	0.835	0.585	0.831	0.918	0.598	0.787	0.894	0.556
	T_6	5.1	0.673	0.735	0.521	0.729	0.824	0.527	0.676	0.774	0.476
L_3	T_4	8.0	0.478	0.533	0.378	0.529	0.604	0.395	0.487	0.557	0.325
	T_9	10.2	0.396	0.451	0.306	0.448	0.513	0.317	0.401	0.472	0.272
L_4	T_7	6.1	0.507	0.531	0.433	0.570	0.645	0.437	0.515	0.575	0.374
	T_8	10.1	0.428	0.456	0.353	0.483	0.563	0.356	0.436	0.478	0.298

由表 3-15 可知，随着爆炸距离的逐渐增大，爆炸的压力峰值呈逐渐减小趋势。当煤尘质量浓度均为 50g/m^3，煤尘粒径为 30μm 时，混合爆炸后管道内产生的压力峰值最小，为 0.825MPa；当煤尘粒径为 50μm 时，混合爆炸后管道内的压力峰值为 0.864MPa，为三种不同粒径情况下的最大值，较煤尘粒径为 30μm 时提高了 4.7%；当煤尘粒径为 100μm 时，混合爆炸后管道内的压力峰值为 0.835MPa，相比粒径为 50μm 时下降了 3.4%，但相比粒径为 30μm 时提高了 1.2%。

同样以测点 T_1 为例，分析在相同的煤尘质量浓度条件下不同粒径的煤尘爆炸压力值变化趋势，如图 3-43 所示。由图 3-43 可知，随着煤尘粒径的不断增大，混合爆炸产生的压力峰值呈现先增大后减小的趋势，可见煤尘粒径的大小对混合爆炸后管道内的压力峰值有明显的影响。分析煤尘爆炸的理论可知，当煤尘发生混合爆炸时，粒径越小的煤尘需要的点火能量越低，更容易发生燃烧爆炸现象，之后将热量传递给粒径较大的粉尘使其发生反应，粒径越小，比表面积越大，越容易发生燃烧爆炸，同时爆炸产生的压力值也越大。但在进行瓦斯煤尘混合爆炸实验时发现，煤尘粒径为 50μm 时爆炸产生的压力峰值要高于粒径为 30μm 时产生的压力峰值，分析其原因，瓦斯煤尘爆炸属于气固两相反应，反应机理及过程远比瓦斯单一爆炸要复杂，爆炸产生的冲击波扬起沉积煤尘时，由于煤尘表面的不规则形状，造成了大量正负电荷聚集在煤层表面，导致煤层颗粒产生聚集现象。同时，在制备煤尘及将其放入管道时，煤尘表面所带的水分、电荷及范德华力等因素之间会相互产生作用，煤尘粒径越小，比表面积越大，因此煤尘之间产生的表面能就越大，不同的煤尘之间越容易发生聚集现象；另外，当冲击波扬起沉积煤尘时，受管道内壁摩擦力等因素影响，煤尘以湍流的形式传播，不同位置的煤尘云沉积及传播的速率都不同，同样会对爆炸的压力值造成一定的影响。

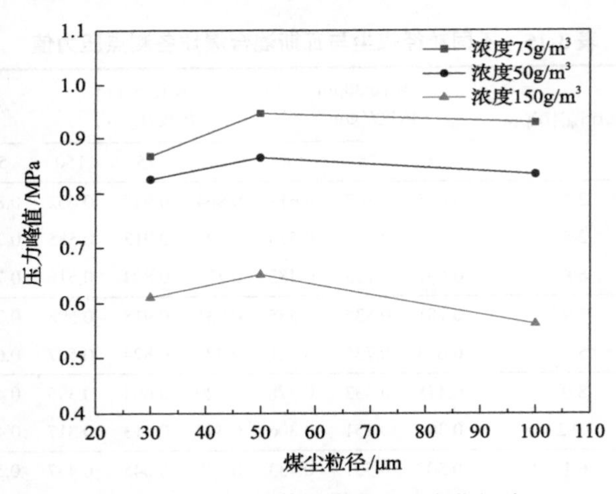

图 3-43 压力峰值随煤尘粒径变化规律

根据式(3-58)及各测点压力峰值，计算煤尘质量浓度为 75g/m^3 时不同煤尘粒径爆炸后的压力衰减系数 k_3，如表 3-16 所示。

表 3-16 不同煤尘粒径压力衰减系数

管道	测点	距爆炸源距离/m	煤尘粒径		
			30μm	50μm	100μm
	T_1	2.2	—	—	—
L_1	T_2	2.8	1.051	1.036	1.053
	T_3	6.8	1.096	1.081	1.110

续表

管道	测点	距爆炸源距离/m	煤尘粒径		
			30μm	50μm	100μm
L_2	T_5	2.9	1.038	1.030	1.038
	T_6	5.1	1.136	1.114	1.155
L_3	T_4	8.0	1.413	1.364	1.425
	T_9	10.2	1.180	1.177	1.181
L_4	T_7	6.1	1.384	1.277	1.346
	T_8	10.1	1.165	1.146	1.203

由表 3-16 可知，在不同的煤尘粒径下，压力在管道内的衰减趋势基本相同，但在各测点处的压力衰减系数均不相同，说明煤尘的粒径对压力衰减系数也有一定的影响。其中，当煤尘粒径为 50μm 时各测点处的压力衰减系数最小，说明在该煤尘粒径下，混合爆炸的压力值在管道内衰减得最缓慢。

(2) 火焰波速度变化情况

根据火焰波到达各测点的时间及管道长度，计算在不同煤尘粒径下火焰波的传播速度，如图 3-44～图 3-46 所示。

分析图 3-44～图 3-46 可知，混合爆炸产生的火焰波在管道内传播过程中，随着传播距离的增大，火焰波速度呈逐渐减小趋势。同时，随着煤尘粒径的增大，火焰波速度呈先增大后减小的趋势。当管道内煤尘质量浓度为 75g/m^3 时，管道内火焰波的传播速度要高于其他两种煤尘质量浓度下的火焰波传播速度。在该煤尘质量浓度条件下，当煤尘粒径为 30μm 时，管道内火焰波最快传播速度为 501.53m/s；当煤尘粒径增大时，火焰波传播速度也随之增大，煤尘粒径增加到 50μm 时，火焰波传播速度峰值达到了 539.13m/s，此时煤尘刚好完全发生反应，

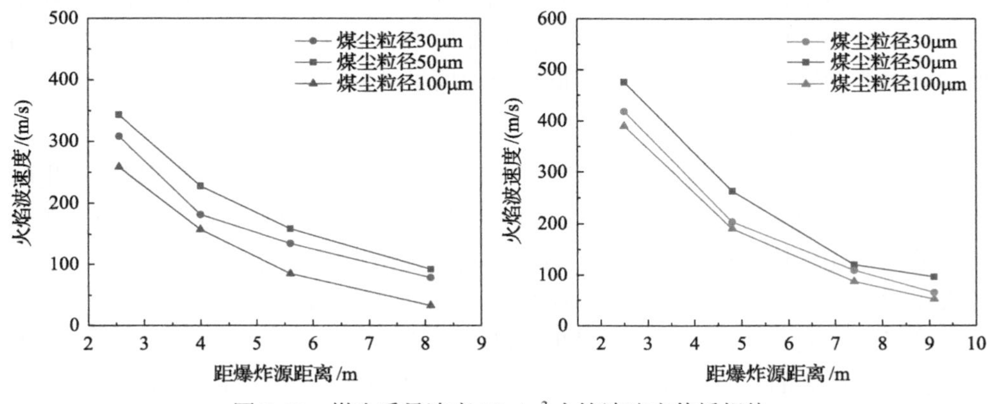

图 3-44　煤尘质量浓度 50g/m^3 火焰波速度传播规律

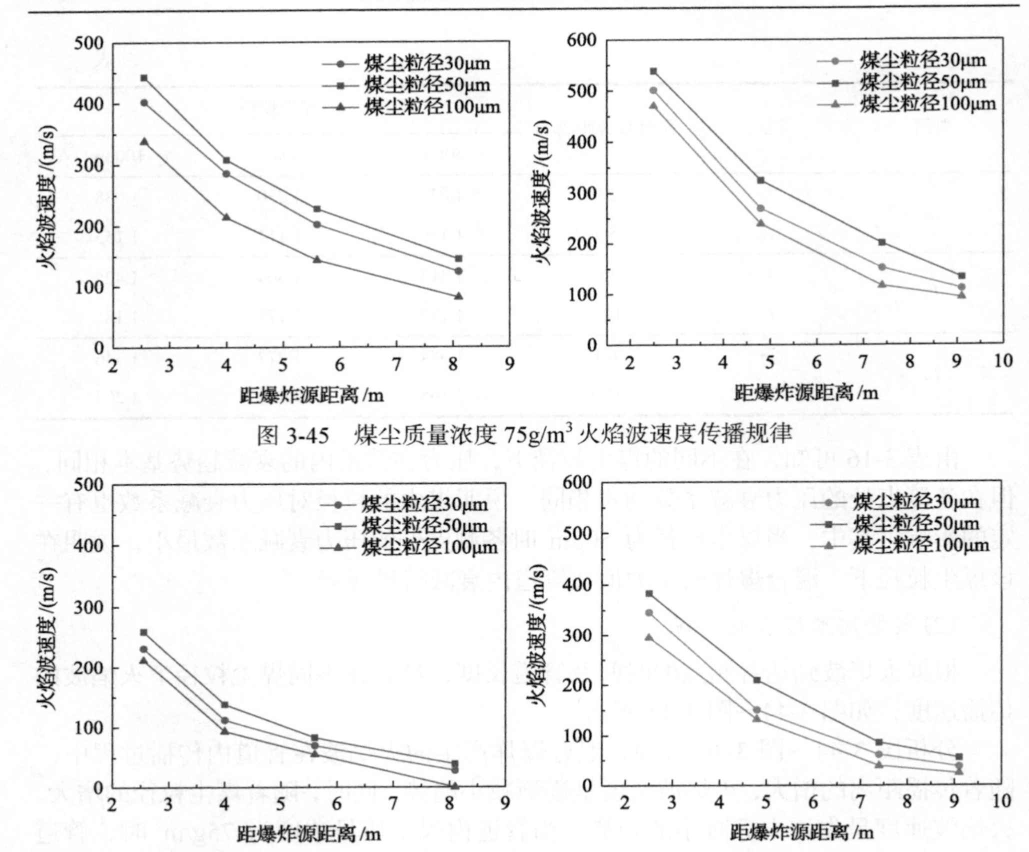

图 3-45　煤尘质量浓度 75g/m³ 火焰波速度传播规律

图 3-46　煤尘质量浓度 150g/m³ 火焰波速度传播规律

较煤尘粒径为 30μm 时增大了 7.6%；当煤尘粒径继续增加时，火焰波的最快传播速度开始呈下降趋势。分析其原因，当煤尘粒径较小时，其比表面积较大，能够更快地吸收热量，从而发生爆炸反应；而当煤尘粒径超过最佳反应粒径时，煤尘比表面积变小，煤尘内部与外部热交换速率降低，导致燃烧热释放速率变低，因此混合爆炸产生的火焰波在管道内的传播速度呈降低趋势。

(3) 火焰波温度变化情况

比较当煤尘质量浓度为 75g/m³ 时，在三种不同粒径的煤尘条件下爆炸产生的火焰波在各个测点的温度变化规律，如图 3-47 所示。在不同的煤尘粒径下，各个测点的温度变化趋势相同，在测点 T_1 处测得管道内的温度最大值。在三种不同粒径大小的煤尘发生混合爆炸时，当粒径为 30μm 时管道内的温度峰值最低。随着煤尘粒径的加大，管道内的温度峰值也随之升高，因为当煤尘粒径较小时，煤尘表面会附着更多的正负电荷及受到范德华力等的影响，当煤尘粒径增大时，煤尘受到这些因素的影响减弱，能够更快地与外界发生能量传递，发生燃烧爆炸反应，因此火焰波温度升高。当煤尘粒径超过最佳爆炸粒径 50μm 时，爆炸产生的温度出现降低现象，这是因为随着煤尘粒径的不断增大，煤尘的比表面积变小，与外界热交换效率降低，导致爆炸效果减弱，因此火焰波温度出现下降现象。

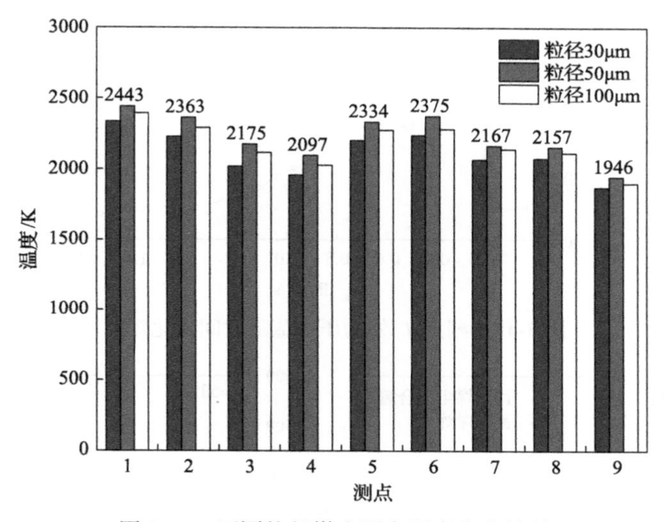

图 3-47　不同粒径煤尘测点温度变化情况

3.7.4　瓦斯及瓦斯煤尘混合爆炸对比分析

在瓦斯爆炸及瓦斯煤尘混合爆炸过程中，管道内各个测定的冲击波压力峰值、火焰波速度及火焰波的温度变化规律均类似，因此在对瓦斯及瓦斯煤尘混合爆炸效果进行对比分析时，以初始测点 T_1 为例。经前文分析可知，质量浓度 $75g/m^3$、粒径为 50μm 的煤尘与瓦斯进行混合爆炸时的爆炸效果最为显著，因此以该工况下的混合爆炸结果与瓦斯单一爆炸结果进行对比。

测点 T_1 处的压力值随时间变化规律如图 3-48 所示。由图 3-48 可知，混合爆炸出现第一个压力峰值时间要早于单一瓦斯爆炸出现压力峰值时间，这是由于在煤尘参与混合爆炸之后使爆炸反应速率加快，混合爆炸在出现第一个压力峰值之后又出现了第二个压力峰值，这是由于大量煤尘参与爆炸反应，造成了爆炸反应压力峰值继续提高。瓦斯单一爆炸压力峰值为 0.599MPa，而瓦斯煤尘混合爆炸的压力峰值达到了 0.945MPa，相比于单一瓦斯爆炸的情况提高了 57.8%。

瓦斯爆炸及瓦斯煤尘混合爆炸火焰波在管道内的传播速度如图 3-49 所示。

由图 3-49 可知，随着传播距离的增大，瓦斯爆炸与瓦斯煤尘混合爆炸火焰波速度在管道内变化趋势相同；同时，加入煤尘后，管道内各处火焰波速度值明显增大。在 $O—A—C—D$ 路线中，在单一的瓦斯爆炸时，火焰波最快的传播速度值

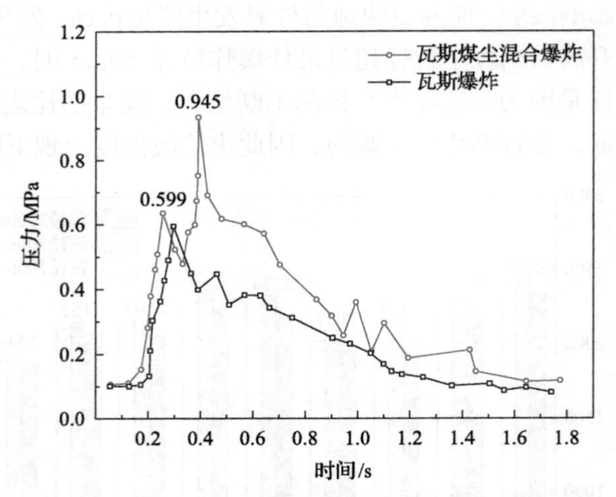

图 3-48　测点 T_1 处的压力值随时间变化规律

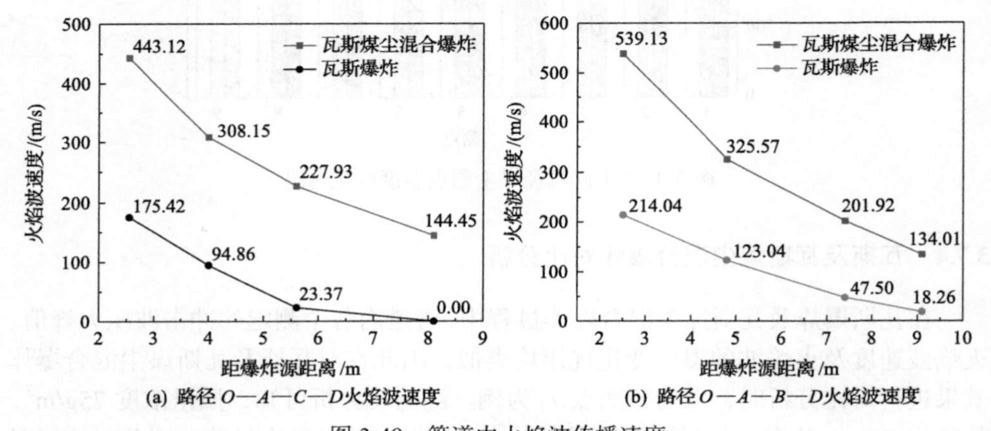

图 3-49　管道内火焰波传播速度

为 175.43m/s；另外，在距爆炸源 8.1m 处，火焰波的速度值已经降低为 0。在加入煤尘爆炸后，火焰波的最快传播速度达到了 443.12m/s，提升了 153.1%；另外，在距离爆炸源的最远处，火焰波的速度依然达到了 144.45m/s。在 *O—A—B—D* 路线中，在瓦斯爆炸时火焰波的最快传播速度为 214.04m/s，在距离爆炸源的最远处速度仅为 18.26m/s。在加入煤尘后，管道内的最快传播速度达到了 539.13m/s，较单一瓦斯爆炸时提高了 151.9%；同时，管道末端速度值提升到了 134.01m/s，说明煤尘的加入使爆炸火焰波的传播速度有了明显的提高。

瓦斯爆炸及瓦斯煤尘混合爆炸火焰波温度对比如图 3-50 所示。由图 3-50 中各数据可知，在瓦斯爆炸中加入煤尘后，各测点温度值均有所提高，并在各点处温度变化规律相同。在瓦斯爆炸时，管道内的最大温度值为 1837K；在加入煤尘

后，混合爆炸达到的最大温度值为 2443K，相比单一瓦斯爆炸时提高了 33%。

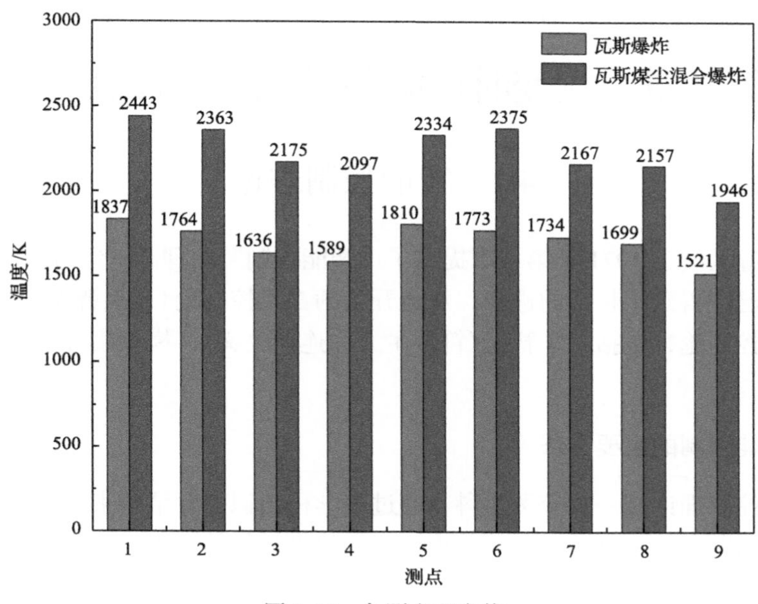

图 3-50　各测点温度值

综上所述，在复杂管道中，相比于单一的瓦斯爆炸，瓦斯煤尘混合爆炸产生的冲击波压力值、火焰波速度值及火焰波温度值均有明显提升。

本 章 小 结

1) 基于“有源风网”理论，提出了实时网络解算理论系统，并基于“有源风网”理论和实时网络解算理论对矿井火灾的烟流温度和传播特性进行了理论分析，建立了火灾时期通风仿真的计算模型。

2) 建立了通风动力与瓦斯爆炸冲击波耦合的数学模型，数值模拟结果表明，通风动力与瓦斯爆炸冲击波耦合的情况下，冲击波在通过障碍物后都会形成一定的涡团，加大湍流强度，并与火焰波形成正反馈机制，增加冲击波能量补充，使其在开放式通风管网内的传播更加复杂。

3) 为了研究瓦斯煤尘混合爆炸冲击波、火焰波传播规律，自主搭建了实验平台，进行爆炸实验。从冲击波压力变化情况和火焰波速度、温度变化情况分析了煤尘质量浓度、煤尘粒径对爆炸传播特性的影响。对瓦斯及瓦斯煤尘混合爆炸进行了对比分析，得出结论：在瓦斯爆炸中加入煤尘后，各测点温度值均有所提高，并在各点处温度变化规律相同。

第4章　灾变时期矿井通风智能控制理论

4.1　智能控制理论

傅京逊教授于1971年第一次提出了“智能控制”的理念，经过多年的发展，智能控制已经得到了长足的进步，从最开始的二元控制论(人工智能和控制论)扩展为四元控制论，包括人工智能(符号主义和连接主义)、模糊集理论、运筹学和控制论。

4.1.1　智能控制的主要方法

智能控制理论是一个交叉学科，通过多学科知识相互结合来解决复杂控制系统的操作问题。基于这种统一的共识，人们将多学科的知识引入智能控制中，得到了许多新的理论和方法。

1. 专家系统和专家控制

专家系统是斯坦福大学的Feigenban教授于1965年提出的，开创了人工智能研究的新领域。

专家控制，就是将专家系统与控制理论的技术和方法进行有机结合，可以在未知的环境通过模仿专家的智能对系统进行快速判断，得出最优的控制方法。这种方法的本质是通过专家构建的知识和结果的规则库实现模拟人工操作，其最简单的实现方式为IF-THEN结构。

普通的专家控制系统通常包括控制机制、推理机制和知识库。控制机制可以决定控制过程的策略，包括决定哪个规则被激活和需要激活的时间；推理机制将现实接收的信息进行逻辑推理，并可以与知识库的内容进行快速匹配；知识库则主要存储经验、规则、数学模型、判断等内容。

2. 模糊控制

在现实生活中存在着大量的定性的、模糊的、非精确的模糊信息系统。为了解决这样的问题，人们提出了模糊控制的方法。模糊控制的基础为扎德的模糊集理论，该理论主要是利用规则进行大量的逻辑推理，将定性的参数变为取值为0～1的数值，使原先的模糊性描述变为精确的数值。

模糊控制是给予模糊集理论的一种新的方法，其构成主要有模糊化、模糊决策及精确化计算三个方面。

3. 神经元网络控制

神经元网络控制指的是通过一种模拟人脑中枢神经的方法进行智能控制。这种方法具有很强的学习与适应能力，可以更好地进行智能控制。神经网络与其他算法相比，其最大的优点是对数学模型的依赖很小，对于数据具有自适应性。另外，在样本出现明显变化时，神经网络也可以通过调整给出合适的输出结果，即神经网络具有泛化能力。

神经元网络在控制系统中主要有四种作用，即充当对象的模型；充当控制器；优化计算；与其他智能控制相结合，为其提供非参数化对象模型、推理模型等。

4. 学习控制

学习系统是一种自动控制系统，它在运行过程中通过对非预知信息(如环境信息、机械变化等)进行不断获取来提高自己的控制经验，根据获得的信息进行估值、分类、决策和不断改善系统。

学习控制主要以系统工作对象进行分类，目前的学习控制系统分为两类：一类是对于可重复性的控制对象，通过原始积累的经验，寻找到最优的控制方式。为了寻找到这个最优方式，系统不断地进行训练，因此该学习控制又被称为迭代学习控制。另一类是自学习控制系统，它不需要进行重复性的训练过程，通过线上学习不断获取知识，并且通过学习的知识使被控对象的性能提高。但是，由于目前技术所限，学习控制的学习能力较差，实时控制能力不能满足现场需要，所以学习控制还需要进一步地研究发展。

目前智能优化方法包括遗传学习算法、蚁群算法、粒子群算法、模拟退火算法、免疫学习算法等。

4.1.2 智能控制系统的结构

智能控制系统指的是一种具有一定独立判断能力，实现某种控制的智能系统。根据外界条件及内部变化的反馈，通过数学模型计算得出合理的解，这种系统统称为智能系统。

根据智能系统的定义，可以将其分为六个部分，包括执行器、传感器、感知信息处理、规划与控制、认知和通信接口。

智能控制系统主要通过传感器进行信息的输入，通过关节位置的传感器、视觉传感器、距离传感器等监控自身和周围的变化，并及时反馈给上层感知器。

智能控制系统通过执行器输出内容，并对外界对象产生作用。在一个智能系统中会存在多个执行器，通过多个执行器协调共同完成给定的目标和任务。常见的执行器有电动机、定位器、阀门、电磁线圈、变送器等。

传感器将外界环境和自身系统的变化传递给感知信息处理单元，感知信息处理单元得到传递来的原始信号后，对原始信号进行处理，并与内部输入好的数学模型所构建的期望值进行比较。因此，感知信息处理单元可以在时间和空间上详细分析反馈的信息与期望之间的区别，检测出发生的事件，并进一步调控系统。

认知是智能系统中用来接收和存储信息、知识和数据的部分，它还可以对信息进行分析整理，并将结果输出到执行器。

通信接口的主要作用是将系统的各个模块紧密地联系在一起，也可以进一步建立人机之间的关系。

规划与控制根据给定的最终目标、接收到的信息及获得到的经验进行自动检索、推理判断，以达到控制机器运行的目的。

随着智能控制理论的发展，Saridis 从智能控制系统的结构模块理论出发，提出分层递阶的智能系统。该理论将智能控制系统分为三层，分别是执行级、协调级、组织级。其中，执行级主要通过数学模型进行大量运算，得出最佳的控制方式，并可以识别不准确的参数及监督系统的变化；协调级对执行级的动作进行调整，因此对数学模型的要求较低，但其学习能力较为重要，可以通过学习适应外界环境的变化保证系统可以继续运行，其主要能力在于对接收的数据进行适当的调节；组织级主要将外界的自然语言进行收集整理，做出预测、规划和决定，可以直接干预最底层的工作。这种分层递阶的智能控制系统具有两个明显的特点：

1）对于控制，自上而下的精度越来越高。

2）对于识别，自下而上的信息反馈越来越粗略，相应的智能程度也越来越高。

4.1.3 智能控制系统的特征

智能控制系统具有以下特征：

1）通常，智能控制系统为一个混合控制过程，包括非数学广义模型和数学模型，适用于具有模糊性、不完整性等已知算法的生产过程。

2）智能控制器是对人的神经结构和专家决策机构的模仿，具有决策机构和分层信息处理机制。

3）智能控制器具有变结构和非线性的特点。

4）智能控制器具有多目标优化能力。

5）智能控制器能够在复杂环境下学习。

4.1.4　智能控制系统的功能

根据目前智能控制系统理论的发展，智能控制系统在性能和行为上应该具备以下功能：

1) 自适应 (self-adaptation) 功能：智能控制系统具有更好的适应能力。这种适应能力与传统的自适应控制不同，它是一种可以不依赖于模型的自适应能力，通过系统本身的学习能力，更为完善地完成输入到输出的过程。即使系统中的某个部分出现了不可控现象，其也可以保证其他部分正常运行。

2) 自学习 (self-recognition) 功能：智能控制系统中的一个重要功能就是学习，系统通过对环境未知特征所固有的信息进行学习，可以进行下一步的判断、分类、控制，逐渐完善系统。

3) 自组织 (self-organization) 功能：智能控制系统在进行复杂的任务时，可以与多种传感器进行自主协调组织工作。另外，必须保证系统具有相应的自主灵活功能，保证系统在要求范围内可以自行判断任务，采取相应行动；当出现不可控因素时，可以自主解决问题。

4) 自诊断 (self-diagnosis) 功能：智能控制系统出现系统故障时，可以快速诊断故障。

5) 自修复 (self-repairing) 功能：当智能控制系统由于外界环境的影响或自身出现故障时，系统将启动配套的备用系统代替故障部分，甚至可以通过自身的学习系统对系统进行修复，保证在无人状态下可以自动修复系统。

4.1.5　矿井通风的智能控制理论

当前矿井通风的智能化水平还比较低，只有局部系统或单个设备在一定程度上实现了智能控制。刘志忠等[191]利用光电传感器发射不同宽度的脉冲，使自动风门控制系统对人员和矿车加以区分，可实现智能化控制风门。梁涛等[192]提出了掘进面智能通风控制系统，综合脉动技术与变频调速技术，可分析判定瓦斯浓度。马小平等[193]将人工免疫、神经网络理论相结合，研究面向现场应用的“主通风机故障模式自动识别和预警”技术，为主通风机在运行异常情况下应采取的智能控制提供决策依据，增强通风系统的安全可靠性。张国军等[194]利用模糊控制算法和变频调速设计了矿井局部通风智能控制系统，可根据工作面的温度、瓦斯浓度等参数使局部通风机工作效率最大化。姬程鹏[195]结合单片机 CAN 总线提出了掘进面通风智能控制系统，可以提高生产安全性。孟令聪[35]针对地下铀矿山的特性，结合多智能体技术和系统可靠性，提出了以两者结合的方式监测和控制通风系统的智能体系。李阿蒙等[196]开发了一种能够根据隧道中的大气环境以及隧道进尺计算风量的风机控制系统。

1. 模糊控制系统

模糊控制系统主要包括五个组成部分：模糊控制器、输入/输出接口、测量装置、被控对象和执行机构。

模糊 PID 控制器是为了改善静态性能而提出的，其语言变量分档越细，性能就越好，但也增大了计算量。为克服这一矛盾，可在误差大时用纯比例控制，误差小时用模糊控制的方法。

模糊 PID 控制器可分为四类。

1) 当 K_{p} 可以测量时，用下述方程描述模糊 PID 控制器的输出(图 4-1)：

$$U_1 = U_{\mathrm{PD}} + U_i = U_{\mathrm{PD}} + x / K_{\mathrm{p}}$$

式中，U_{PD} 为模糊控制器输出；x 为闭环系统的期望输出值。

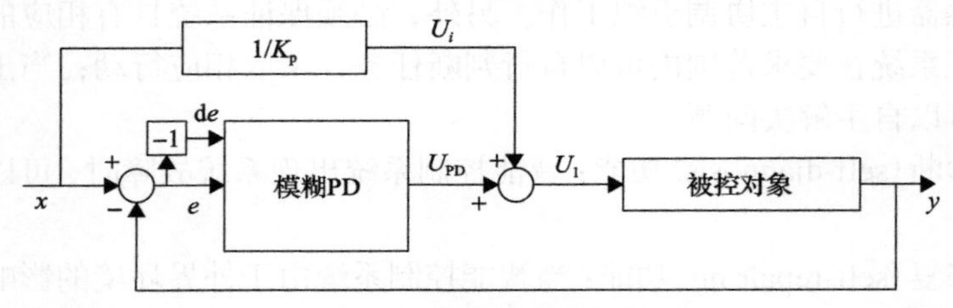

图 4-1　模糊 PID 控制器

2) 如果 K_{p} 未知，可将传统的积分控制器与模糊 PD 控制器并联，此时 $u_i=K_i\sum e$，K_i 为积分增益，如图 4-2 所示。

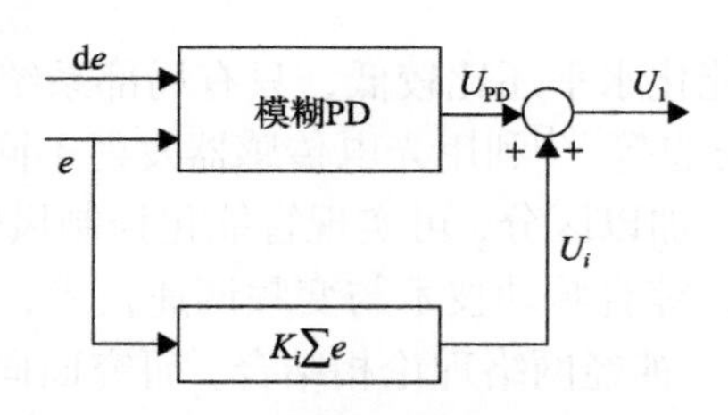

图 4-2　模糊 PID+精确积分

3) 由于 1) 和 2) 包含积分环节和确定性环节，不是纯粹的模糊 PID 控制器，因此可将 2) 中的积分增益 K_i 模糊化，则变成模糊 PID 控制器。

4) 并联模糊 PD 控制器与模糊 PI 控制器，从而构成模糊 PID 控制器，其结构如图 4-3 所示。

2. 神经网络控制系统

随着对神经网络理论的深入研究，其控制研究也迅速发展。根据神经网络在控制系统中的不同功能，神经网络可以分为两类：神经控制和混合神经网络控制，其中前者是基于神经网络的独立智能控制系统，后者代表使用神经网络学习和优化能力来改进传统控制的现代控制方法。

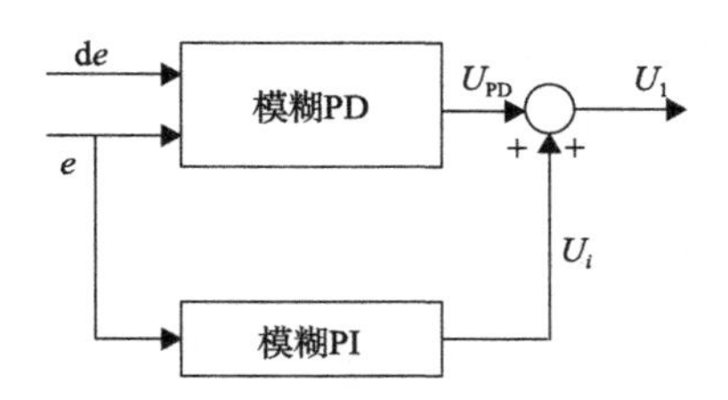

图 4-3　模糊 PD 和模糊 PI 合成控制结构

目前，神经网络控制器的分类没有统一，存在较大争议。结合各国对神经网络控制结构和学习方法的分类，可将神经网络控制器归纳为七类。

(1) 导师指导下的控制器

在许多情况下，通过神经网络训练控制器来模拟人为执行相同任务的操纵，可实现特定的控制功能。这种控制结构假定人们可以直接控制这种任务，但是考虑到价格、速度、兼容性和安全性，需要一种自动控制方法。该神经网络控制结构的训练样本直接来自专家控制经验。传感器信息和命令信号是神经网络的输入信号，控制信号则为神经网络的输出，如图 4-4 所示。

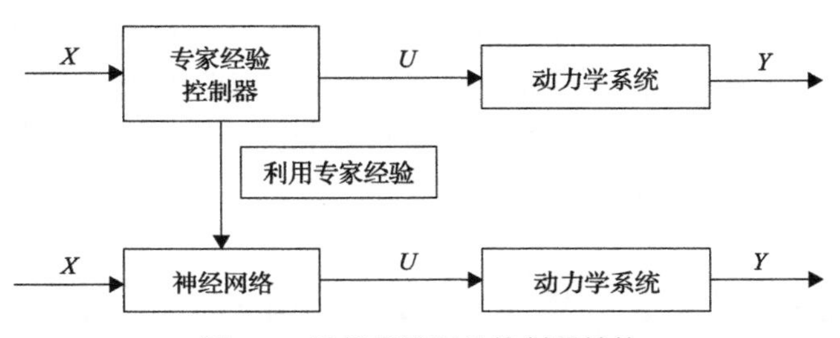

图 4-4　导师指导下的控制器结构

(2) 逆控制器

如果动力学系统可以用逆动态函数表示，则可以采用简单的控制结构和方法。图 4-5 所示为逆控制器结构。神经网络训练的目的是逼近该系统的逆动力学模型，训练成功后，将控制器与动态系统的控制端直接相连，就可以实现无差跟踪控制。

(3) 自适应网络控制器

通过使用神经网络，已经证明将常规线性系统的自适应控制设计理论和思维方法直接引入非线性系统的自适应控制系统是可行的。该控制器与线性系统中的自适应控制器的结构完全相同，但其使用非线性神经网络代替线性系统中的线性处理单元。自适应控制系统要求控制器能够响应系统环境或参数的变化来调整控制器，以实现最佳控制的目标。图 4-6 所示为模型参考的自适应网络控制器结构。

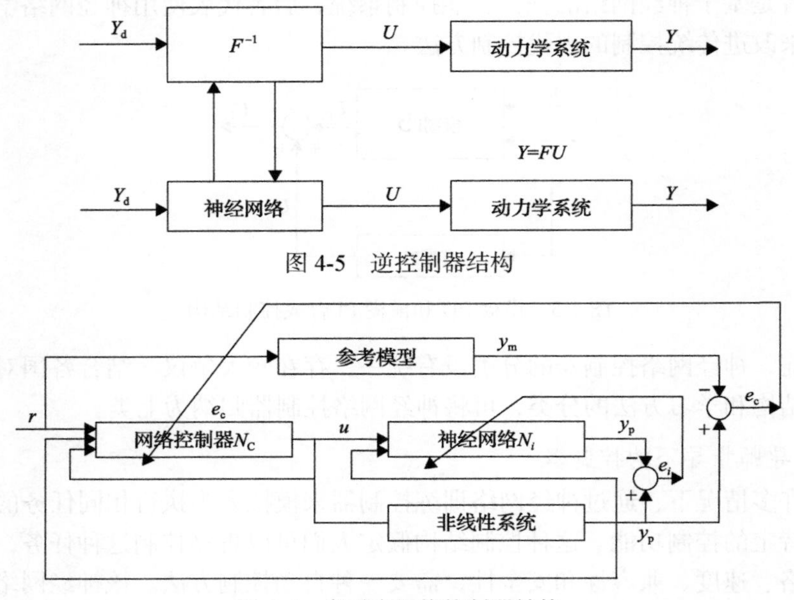

图 4-5　逆控制器结构

图 4-6　自适应网络控制器结构

(4) 神经网络内模控制结构

内模控制被广泛用于过程控制的原因主要是其强大的鲁棒性和稳定性。在这种控制结构中，系统的正向和反向模型直接在反向回路中使用。如图 4-7 所示，内模控制结构建立了网络模型，并使用实际输出与模型 M 的输出值之间的差进行反馈，其中滤波器 G 可提高系统的鲁棒性。

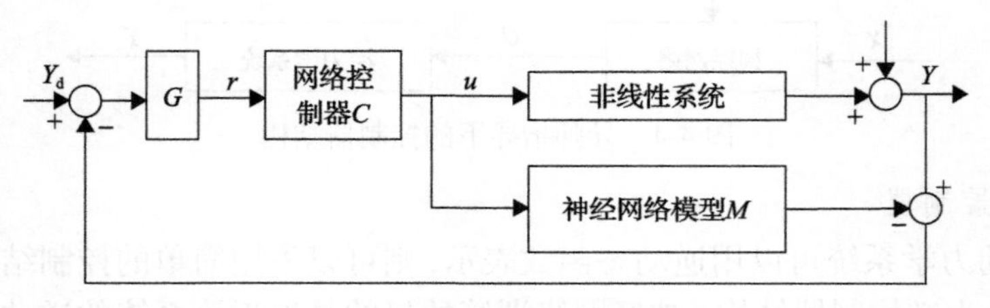

图 4-7　神经网络内模控制结构

(5) 前馈补偿控制结构

一般而言，单纯的求逆控制结构抗干扰性能差，故常将反馈控制与求逆控制结合，从而形成前馈补偿器的网络控制结构，如图 4-8 所示。

(6) 自适应评价网络结构

有的系统缺乏中间信息。例如，两人下棋，除了最后一步外，无法在下棋过程中根据每一步的走法得出胜负的结论。但是，对有经验的棋手来说，其能够在每一步做出准确判断，直至最后胜利。自适应评价网络是在 1983 年由 Barto、Sutten 和 Anderson 提出来的，结构如图 4-9 所示。

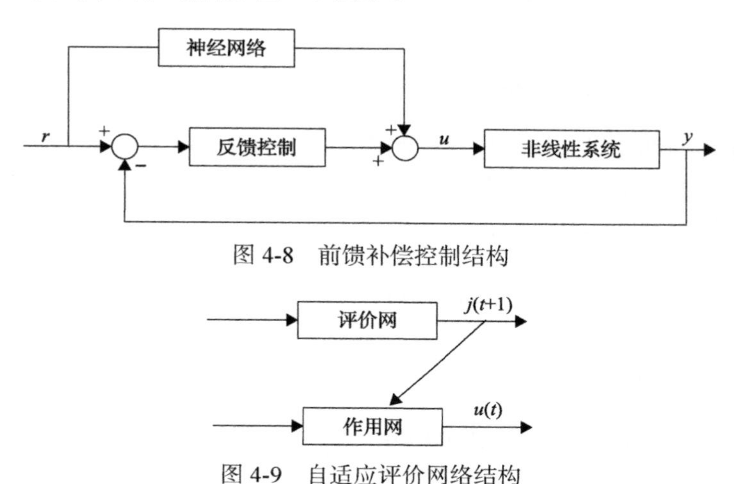

图 4-8　前馈补偿控制结构

图 4-9　自适应评价网络结构

(7) 混合控制系统

结合神经网络技术、模糊控制和专家系统，可形成具有强大学习能力的混合控制系统。结合人工智能在不同领域的优势，该系统可以同时学习、推理和决策，使其成为智能控制的最新发展方向。

4.2　风机变频控风理论

矿井在正常生产过程中，工作面及巷道会涌出有毒有害气体，且在掘进及回采工作面会产生岩尘或煤尘，造成机械设备磨损及威胁作业人员身体健康。自然通风无法有效降低有毒有害气体浓度及排除矿尘，所以矿井通风都借助机械来进行通风。现有矿井普遍采用风机进行通风，降低或排除有毒有害气体及粉尘等，保障生产安全。

传统通风方式下，风机转速一般不随需风量不同而改变，而是一直以最高的转速运行，系统所需的风量通常通过调节风门面积或改变电动机台数来完成。变频风机采用变频控制技术来控制风机根据条件变速运行，改变风机电动机的输入频率，从而改变电动机、风机转速，使之达到调节风量的目的，满足生产工艺变化的要求。

矿井通风机的变频控制系统是在对通风参数进行实时监控的基础上，通过数据分析来调节风机频率。该系统主要由中央控制单元、监测模块、显示控制模块和风机组成。风机变频运行要求传感器实时监测各通风参数，将监测值与设定范围进行对比。若监测值处于区间范围，则风机正常运转；若风量风压低于设定值，则可以通过改变频率提高通风机的转速；若监测值高于设定值，则可降低通风机转速。如果电动机的温度或者风机轴承的温度高于设定值，则切换至备用风机并发出警报。

4.2.1 智能变频局部通风系统

智能变频局部通风系统由风量监测系统、瓦斯监测系统、风机智能控制系统组成，其中风机智能控制系统包括变频器、接触器、消音器、高强风筒、主通风机、备用风机，如图 4-10 所示。

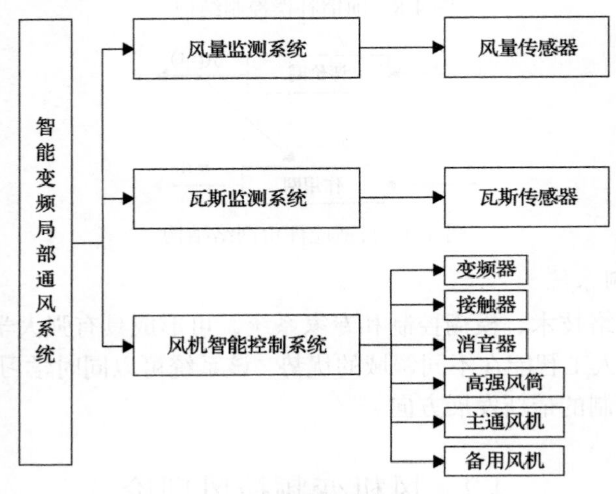

图 4-10　智能变频局部通风系统结构

对于多级(隔爆)对旋轴流式通风机，其专用开关可以接入双电源并可以给双风机供电，从而保证掘进工作面连续供风。在变频器和对旋局部通风机的两端各装有一个高中压消音器，即使在风机高频运转下，噪声也较低，保证了井下的作业环境。

智能变频局部通风系统工作时，与安全监测系统相结合，传感器将监测数据实时传输到 PLC 中进行比较。若其符合 PLC 中设定的范围，则风机转速保持不变；若其大于或小于设定范围，则可根据实际情况对风机频率做出适当调整，从而改变风速。现场工作环境中检测到的瓦斯浓度会送入智能开关中的 PLC 进行比较，并及时调整通风量，促进工作环境中的瓦斯浓度下降到设定值以下。

在正常生产过程中，通风应该以风速控制为辅，瓦斯浓度控制为主。当掘进工作面瓦斯浓度高于 0.7%或低于 0.5%时，应该调节风机频率，增大风量或者减小风量；当瓦斯浓度超过 1.0%时，系统报警并开始稀释瓦斯。其调节原理如图 4-11 所示。

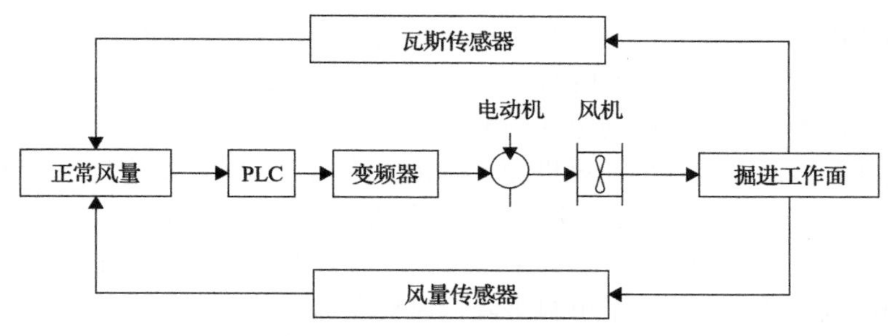

图 4-11　变频风机调节原理

正常生产时，该系统可根据瓦斯涌出量和风速自动调节风量，既可避免瓦斯超限，又可避免扬尘。

4.2.2　局部通风机变频调速的节能原理

正常工作时，局部通风机通风阻力与风量的关系为

$$H = RQ^2 \tag{4-1}$$

式中，H 为局部通风机工作时管网内的阻力，Pa；R 为局部通风机的管网风阻，$N·s^2/m^8$；Q 为局部通风机风量，m^3/s。

局部通风机 H-Q 曲线如图 4-12 所示。

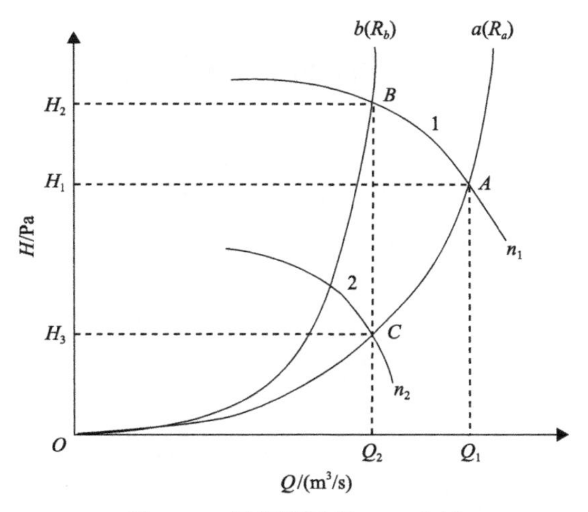

图 4-12　局部通风机 H-Q 曲线

在图 4-12 中，曲线 1、2 是风机特性曲线，对应转速分别为 n_1、n_2；曲线 $a(R_a)$、$b(R_b)$ 分别为风阻为 R_a、R_b 时的特性曲线。调节前，在特性曲线 a 上，局部通风机的工况点为 A，风量为 Q_1，对应风压为 H_1，则局部通风机的功率与其构成的面 OQ_1AH_1 的大小成正比；调节控制板后，巷道风量从 Q_1 减小到 Q_2，由于风阻增加，

相应地风压由 H_1 增加到了 H_2，局部通风机的功率与其构成的面 OQ_2BH_2 的大小成正比。分析图 4-12 可知，前后面积变化并不明显，局部通风机功率变化不明显，调节前后局部通风机运行时对电能的消耗基本不变。

采用变频控制器将局部通风机的工作转速从 n_1 降到 n_2，对应的运行工况将从 A 变到 C，虽然风量还是 Q_2，但其风压将由 H_2 降低到 H_3，此时局部通风机的功率依旧与其构成的面 OQ_2CH_3 的大小成正比。从图 4-12 中可以明显地看出，采用变频控制器调节风量的方式能够显著降低风机在运行过程中的电能消耗。

当局部通风机工况稳定时，其风量、转速和功率具有以下关系：

$$Q_1 / Q_2 = n_1 / n_2 \tag{4-2}$$

$$H_1 / H_2 = (n_1 / n_2)^2 \tag{4-3}$$

$$N_1 / N_2 = (n_1 / n_2)^3 \tag{4-4}$$

式中，N_1、N_2 为风机不同状态功率，kW。

分析式(4-2)～式(4-4)可知，局部通风机运行时的风量与风机的转速成正比，风压与转速的二次方成正比，功率与转速的三次方成正比。当风机的工作转速降低为原来的 1/2 时，其风量降为原来的 1/2，功率降为原来的 1/8。经过分析可知，采用降低风机工作转速的方式能够降低风机工作时的输入功率，节约大量电能。

4.3 灾变时期应急控灾理论

1992 年，西安矿业学院吴勇华[197]研究灵敏度的计算方法，根据通风系统的风量调控方法，简化了风量对风阻变化的灵敏度模型，降低了计算难度。分析灵敏度方法在实际通风系统中的应用，为矿井通风管理及灾变处理提供了行之有效的方法。

2002 年，辽宁工程技术大学贾进章[198]进一步对通风网络分支的灵敏度性质进行研究，建立了通风网络稳定性比较的判别式。

2011 年，辽宁工程技术大学赵丹[103]使用灵敏度理论建立了分支灵敏度矩阵，结合通风网络故障巷道范围库，可以确定故障巷道的范围。

2016 年，安徽理工大学韩靖等[199]以灵敏度为基础，提出了变频灵敏度，其可以动态地、定量地反映通风网络分支的敏感度。

2019 年，中国矿业大学王凯等[200]分析了火灾前后通风网络结构的变化，构建了火灾风流智能调控模型，并通过算法实现了灾变通风的可视化。

矿井通风参数是了解煤矿井下情况的基础数据，一旦发生灾害，这些参数的精确获取与分析就显得更为重要。灾害状态的分析与动态避灾路线的确定，可以有效降低灾害的损失。

4.3.1　避灾路线的确定

当矿井发生重大灾害时，会严重伤害井下工作人员，甚至威胁其生命安全。另外，灾害发生后，会产生大量的毒害气体，同时受到火风压的影响，会加速气体的扩散，这使得工人必须快速从灾害区域撤离到安全地点。但煤矿井下情况较为复杂，而且逃生通道有限，这大大提高了逃生的难度。为了降低事故的死亡率，保证工人的生命健康，一条可以保证工人逃生的避灾路线是非常重要的。但由于井下复杂情况的限制，人力不可能在灾害初期快速制定出一条安全的避灾路线。随着计算机技术的进步，煤矿技术的发展，开发一套适合现场应用的避灾路线选择系统的难度大大降低。

救灾路线是指救援人员从安全区域进入受灾地点的最优路线，避灾路线指井下人员从危险区域撤离的路线。尽管救灾路线与避灾路线在功能上有所区别，但本质上都是在网络中寻找路径最短、最安全可靠的路线。

1. 灾变时期避灾路线选择的基本原则

1) 快速定位灾变地点，分析可能影响区域，组织人员快速撤离到安全位置。

2) 快速准确地定位井下人员位置，选择正确的撤离地点；如不能撤离到地面，则应该提供好必要的救援物资并积极组织抢救。

3) 应针对不同的区域设置专属的避灾路线，该路线应选择最安全、距离最短的。另外，对于可能灾变的场所应明确提供救灾路线，并保证该区域的工作人员可以准确地记忆该路线。

4) 确定避灾路线后，该路线应保证可以随时畅通无阻地通过，且不可随便更改。

5) 提高员工安全意识，培训自救及避灾知识，熟悉工作区域。

2. 避灾路线的选择方法

选择避灾路线前，先明确此巷道在灾变时能否通过行人；在能通过的基础上，根据人员通过巷道所需时间进行避灾路线的选择，并通过优化算法选择最佳的逃生路线。

(1) 井巷的可通行性分析

火灾时期巷道内部是否安全主要受风流温度、氧气浓度及毒害气体浓度、人员身体变化和防护措施是否完善等因素影响，这些因素的量化难度较大，因此将所有烟流可能经过的巷道都设定为不能通行巷道。

为了进一步细化避灾路线选择过程中的巷道，对相关巷道的通行性进行验证，将灾变时期的巷道分为理想型、可行型和逃生型三大类。

1) 理想型：在火灾过程中，巷道没有受到或只受到较少烟流的影响。理想型巷道对应的路线称为理想避灾路线。

2) 可行性：无法选择理想救灾路线时，可考虑通过自救器进行自我保护，这使得人员可以在受到污染的巷道中通行。当通过巷道的时间在可以接受的范围内时，将此巷道视为可通行巷道。该避灾路线称为可行性救灾路线。

3) 逃生型：当以上两种形态的避灾路线均不存在时，将人员对高温的最大忍受时间与人员通行该巷道时间共同作为判别巷道是否可通行的条件。在避灾救援中只要含有逃生型巷道，就将其路线定义为逃生型救灾路线。

(2) 井巷通行时间估算

为计算通行井巷所需时间，需先计算人员的平均行走速度。某时刻 t 人员的行走速度为

$$v(t) = v_0 \frac{k_t}{k_1 k_2 k_3} \tag{4-5}$$

式中，$v(t)$ 为人员在时刻 t 的行走速度，m/s；v_0 为人员正常行走速度，m/s；k_t 为人员行走速度随时间的变化规律；k_1 为巷道坡度的影响系数，且满足巷道坡度 $J>0$ 时，$0<k_1<1$；$J=0$ 时，$k_1=1$；$J<0$ 时，$k_1>1$；k_2 为巷道障碍物的影响系数，巷道内无障碍物或有障碍物但不影响人员通行时，$k_2=1$；巷道内有障碍物且影响人员通行时，$0<k_2<1$；k_3 为巷道形状影响系数，巷道形状不利于人员行走时，$0<k_3<1$；否则，$k_3=1$。

人员通过巷道 i 所用时间为

$$t(i) = \frac{l(i)}{\overline{v}(i)} \tag{4-6}$$

式中，$l(i)$ 为巷道 i 的长度，m；$\overline{v}(i)$ 为人员通过巷道 i 的平均速度，m/s。

烟流锋面通过巷道 i 所用时间为

$$t_{\mathrm{f}}(i) = \frac{l(i)}{\overline{v}_{\mathrm{f}}(i)} \tag{4-7}$$

式中，$\overline{v}_{\mathrm{f}}(i)$ 为烟流锋面通过巷道 i 的平均速度，m/s。

4.3.2 最佳避灾路线数学模型及程序

1. 最佳避灾路线数学模型

设有向图 $G=(V,E)$，V 为节点的集合，$V=\{v_1,v_2,\cdots,v_m\}$，m 为节点数，

$m=|V|$；E为分支集合，$E=\{e_1,e_2,\cdots,e_n\}$，n为分支数，$n=|E|$。在图G中，除去污染范围G_w，其他子图统称为安全范围，用G_s表示，则：

$$G_s = G - G_w \tag{4-8}$$

在逃生时，人员可能顺风流也可能逆风流，所以应使用无向图的DFS算法确定避灾路线。从当前分支的末节点到安全范围通路集合可记为P_s，即

$$P_s=\{P_i \mid V^-(P_i)=v_t,(v_j,v_t)=e_f;V^+(P_i)=v_k,v_k\in V(G_s)\} \tag{4-9}$$

发生火灾后，火灾烟流的锋面可能会通过不同的通路传播到分支e_k上的某点ξ，这些通路集合可记为$P_f(e_k,\xi)$：

$$P_f(e_k,\xi)=\{P_i \mid V^-(P_i)=v_t,V^+(P_i)=\xi,(v_f,v_t)=e_f\} \tag{4-10}$$

最先传播到分支e_k上ξ点的烟流锋面对应的通路$P_{fq}(e_k,\xi)$及时间$t_{fq}(e_k,\xi)$为

$$P_{fq}(e_k,\xi)=\{P_i \mid t_f(P_i)<t_f(P_k),P_i\in P_f(\xi),P_k\in P_f(e_k,\xi)\} \tag{4-11}$$

$$t_f(e_k,\xi)=\frac{x_f}{\overline{v}_f(k,x_f)}+\sum_{j=0}^{f}t_f(j) \tag{4-12}$$

$$t_{fq}(e_k,\xi)=t[P_{fq}(e_k,\xi)] \tag{4-13}$$

式中，$t_f(e_k,\xi)$为烟流锋面传播到ξ所用时间，s；x_f为烟流过余距离(烟流锋面位置ξ距所在分支始节点的距离)，m；$\overline{v}_f(k,x_f)$为烟流锋面在当前分支e_k的过余距离x_f内的平均传播速度，m/s；f为烟流传播通路P_i（$P_i\in P_f$）中e_k分支前的分支数；$t_f(j)$为烟流锋面通过巷道j所用时间，s。

避灾路线的确定，就是在确定了分支到安全范围通路集合P_s之后，在P_s中选择逃生通路集合P_{esc}，即

$$P_{esc}=\{P_i \mid t_r(e_k,\xi)<t_{fq}(e_k,\xi),e_k\in P_s\} \tag{4-14}$$

$$t_r(e_k,\xi)=\frac{x}{\overline{v}(k,x)}+\sum_{j=0}^{r}t(j) \tag{4-15}$$

式中，$t_r(e_k,\xi)$为人员经过e_k中ξ时所用时间，s；$t_{fq}(e_k,\xi)$为烟流传播到e_k上点ξ的最短时间，s；e_k为P_s及$P_f(e_k,\xi)$中的分支；x为人员逃生过余距离，m；$\overline{v}(k,x)$为人员在当前分支e_k的过余距离x内的平均步行速度，m/s；r为当前逃生通路P_i（$P_i\in P_{esc}$）中e_k分支以前的分支数；$t(j)$为人员通过巷道j所用时间，s。

最佳避灾路线，就是从发火地点到安全范围 G_s 每一节点的可行逃生通路集合 P_{esc} 中用时最短的通路，即

$$P_{opt} = \{P_i \mid t(P_i) < t(P_k), P_i \in P_{esc}, P_k \in P_{esc}\} \tag{4-16}$$

$$t(P_i) = \sum_{j}^{|P_i|} t(e_j) \quad (e_j \in P_i) \tag{4-17}$$

式中，$t(P_i)$ 为人员通过 P_i 所用时间，s；$|P_i|$ 为 P_i 的规模，即 P_i 包含的分支数。

2. 最佳避灾路线确定

最佳避灾路线建模流程如图 4-13 所示。

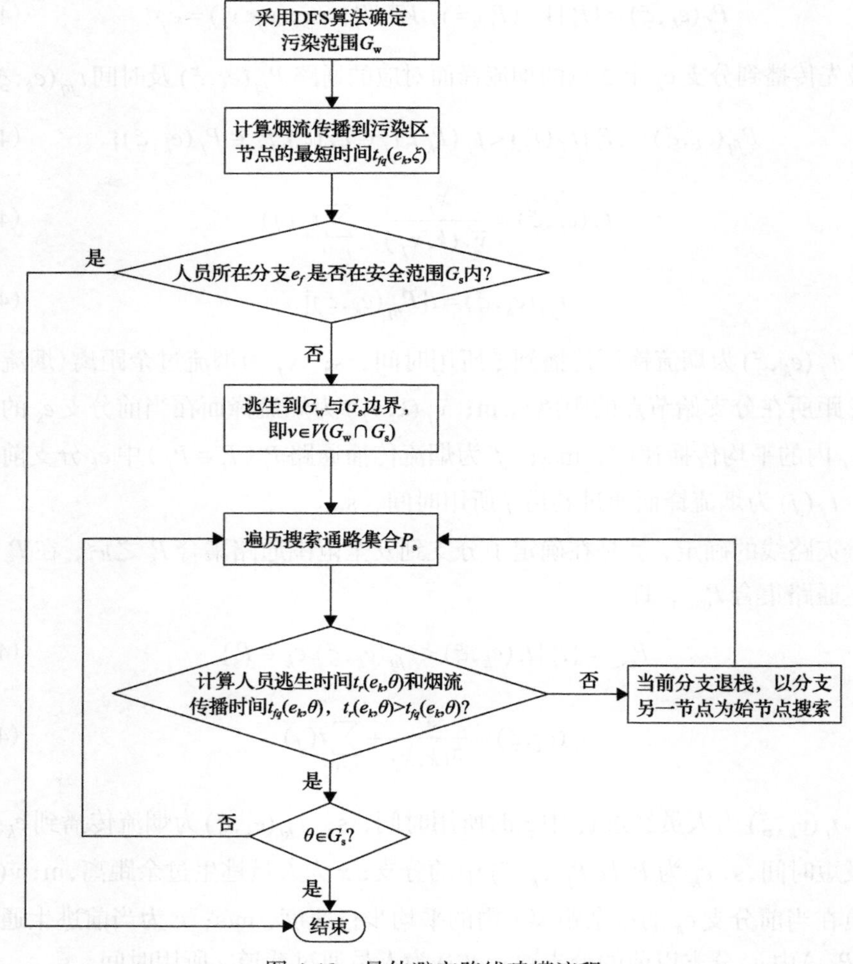

图 4-13 最佳避灾路线建模流程

本 章 小 结

1) 论述了智能控制系统的方法、结构、特点和功能，分析了模糊控制系统和神经网络控制系统的特点。

2) 基于模糊控制理论提出了局部通风机变频控风的结构体系，并详细阐明了局部通风机变频调速节能的原理。

3) 论述了避灾路线选择的原则、方法，建立了火灾时期确定避灾路线的数学模型，提出了确定最佳动态避灾路线程序设计流程。

第 5 章　矿井通风参数快速调节理论

矿井通风系统智能化是通风系统的必然发展趋势。快速、精准、按需调节风量是矿井智能通风需要解决的主要问题之一。

5.1　矿井通风系统中风量变化影响因素分析

在矿井通风系统中，由于巷道冒落变形、风门开关或者破损、风机性能下降、巷道延伸及报废、矿车运行、罐笼提升、煤仓放空等原因，经常会导致巷道分支甚至是全矿井风量的变化。这些变化归根到底都是由于巷道中风阻的变化影响了附近分支的风量，最终导致矿井风量的变化。

5.2　风量灵敏度与灵敏度衰减率

如图 5-1(a)所示，假设分支 e_2 的风量需增大，在分支 e_3 中加设风窗进行增阻调节时，分支 e_2 的风量会增大。但是，在实际调节过程中发现，分支 e_3 减少的风量在数值上并不等于分支 e_2 增加的风量，这是因为在调节过程中通风系统的风阻发生了变化。如图 5-1(b)所示，在调节过程中，整个网络的风阻会由 R 增加到 R'，在风机特性不变的情况下，工况点由 M 变为 M'，通风系统的总风量由 Q 变为 Q'，通风阻力由 H 增大到 H'。

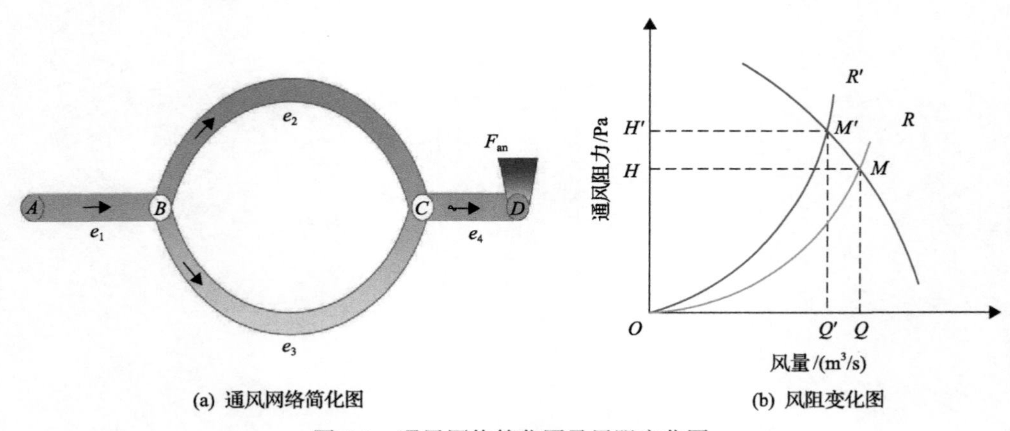

图 5-1　通风网络简化图及风阻变化图

通风系统是一个整体，所以通风系统中某分支风阻的变化会引起本分支风量及其他分支或所有分支风量的变化，此时某条(些)分支的风量将可能不再满足要求而需要进行调节。所以，在分支风阻发生变化时，分析通风网络中各分支的风量稳定性及确定调节支路就显得尤为重要。灵敏度及灵敏度矩阵可用来讨论此类问题。

5.2.1　风量灵敏度

作为一个有机联系的整体，通风网络系统中的任意分支风阻 r_j 的变化都会造成极大的影响。它不仅会影响自身的风量，还会对其他关联分支造成影响，甚至会影响整个矿井的风量。

当 j 支路的风阻 r_j 发生 Δr_j 的变化时，网络中某分支 i 的风量 q_i 也随之发生 $\pm\Delta q_i$ 的变化。当 $|\Delta r_j|\to 0$ 时，有

$$d_{ij}=\lim_{|\Delta r_j|\to 0}\frac{\Delta q_i}{\Delta r_j}=\frac{\partial q_i}{\partial r_j} \tag{5-1}$$

将 d_{ij} 定义为 i 分支的风量 q_i 相对于 j 分支风阻 r_j 变化的灵敏度[198]。

5.2.2　风量灵敏度矩阵

根据风量守恒定律，通风网络中的所有节点都应满足任意节点流入的风量等于流出的风量，方程为

$$\sum_{i=1}^{n}a_{ki}\,|\,q_i\,|=0 \tag{5-2}$$

式中，i 为分支编号，$i=1,2,\cdots,n$；k 为网络节点数，$k=1,2,\cdots,m$；q_i 为 i 分支的风量，m^3/s；a_{ki} 为风流系数，其取值如下：

$$a_{ki}=\begin{cases}1 & (\text{第}\ i\ \text{条分支风流流入节点}\ k)\\ 0 & (\text{第}\ i\ \text{条分支不与节点}\ k\ \text{相连})\\ -1 & (\text{第}\ i\ \text{条分支风流流出节点}\ k)\end{cases}$$

通风网络中的回路满足阻力平衡定律，即在任一回路中，不同方向的风流其总阻力值相等。其方程为

$$\sum_{i=1}^{n}b_{li}r_iq_i\,|\,q_i\,|-b_{li}h_{ai}=0 \tag{5-3}$$

式中，r_i 为 i 分支的风阻，$N\cdot s^2/m^8$；h_{ai} 为 i 分支上的附加阻力，Pa；b_{li} 为独立回

路 l 中 i 分支的流向系数。

以余支的方向为基准，b_{li} 取值为

$$b_{li}=\begin{cases}1 & (\text{独立回路}\,l\,\text{中}\,i\,\text{分支的流向为正时})\\ 0 & (\text{独立回路}\,l\,\text{中不包含}\,i\,\text{分支时})\\ -1 & (\text{独立回路}\,l\,\text{中}\,i\,\text{分支的流向为负时})\end{cases}$$

为求得 d_{ij}，将式(5-2)和式(5-3)对 r_j 求偏导数，得

$$\begin{cases}\sum\limits_{i=1}^{n}a_{ki}\dfrac{\partial q_i}{\partial r_j}=0\\ \sum\limits_{i=1}^{n}2b_{li}r_i\,|\,q_i\,|\dfrac{\partial q_i}{\partial r_j}-\sum\limits_{i=1}^{n}b_{li}\dfrac{\partial h_{ai}}{\partial r_j}=0(\text{设}r_j\neq r_i)\\ \sum\limits_{i=1}^{n}2b_{li}r_i\,|\,q_i\,|\dfrac{\partial q_i}{\partial r_j}-\sum\limits_{i=1}^{n}b_{li}q_i\,|\,q_i\,|-\sum\limits_{i=1}^{n}b_{li}\dfrac{\partial h_{ai}}{\partial r_j}=0(\text{设}r_j=r_i)\end{cases}\tag{5-4}$$

方程(5-4)即为灵敏度的数学模型。

设某通风网络有 n 条分支，则所有分支的灵敏度总数为 $n\times n$，写成矩阵形式可构成 n 维方阵，称为灵敏度矩阵，即

$$\boldsymbol{D}=\begin{bmatrix}d_{11} & d_{12} & \dots & d_{1n}\\ d_{21} & d_{22} & \dots & d_{2n}\\ \vdots & \vdots & & \vdots\\ d_{n1} & d_{n2} & \dots & d_{nn}\end{bmatrix}$$

5.2.3 风量灵敏度矩阵特性

如果系统处于某个稳定状态下，此时的灵敏度是唯一的。因此，灵敏度的变化与独立回路并没有关系，并且灵敏度有定解，只有在系统出现波动时才会影响灵敏值。

灵敏度矩阵 $\boldsymbol{D}$ 中的第 i 行元素表示网络中 i 分支风量对所有分支风阻变化的灵敏度，第 j 列元素表示 j 分支风阻变化引起其他分支风量变化的灵敏度。此外，灵敏度矩阵还有如下性质：

1) 在 $S(0)$ 状态下，灵敏度通过矩阵中各元素的正负来反映通风网络结构。$d_{ij}>0$，表明对应的 i 分支与 j 分支是并联关系，不在同一流动路线上；$d_{ij}<0$，表明 i 分支与 j 分支是串联关系，存在于同一流动路线上。

2）在灵敏度矩阵中，令

$$U_j = \sum_{i=1}^{n} | d_{ij} | \qquad (j = 1,2,\cdots,n) \tag{5-5}$$

式中，U_j 为 j 分支风阻变化对网络各分支风量影响的总和，称 U_j 为 j 分支的影响度。

分支影响度的大小表明分支在网络中的主导性。

3）在灵敏度矩阵中，令

$$V_i = \sum_{j=1}^{n} | d_{ij} | \qquad (i = 1,2,\cdots,n) \tag{5-6}$$

式中，V_i 为网络中各分支风阻变化对 i 分支风量影响的总和，称为 i 分支的被影响度。

被影响度表明了 i 分支在网络中的敏感性。

5.2.4　风量灵敏度衰减率

在图 5-1 中，分支 e_2 的风量会随分支 e_3 的风阻增大而增大，但是其增幅会逐渐减小，即随着分支 e_3 的风阻持续增加，分支 e_2 的风量增加量在减小。这一现象表述的是分支风量对风阻的灵敏度随风阻的不同而发生变化，可用灵敏度衰减率表示，即

$$t_{ij} = \lim_{|\Delta r_j| \to 0} \frac{d_{ij}(r_j + \Delta r_j) - d_{ij}(r_j)}{\Delta r_j} = \frac{\partial d_{ij}}{\partial r_j} = \frac{\partial^2 q_i}{\partial^2 r_j} \tag{5-7}$$

5.3　风量灵敏度与灵敏度衰减率算法

5.3.1　风量灵敏度算法

目前主流的灵敏度算法为 Barczyk 法或 Cross 法。Barczyk 法中对矩阵的计算需要使用 Jacobi 矩阵，计算比 Cross 法更为复杂，因此在实际应用中 Cross 法使用得更为广泛。

Cross 迭代法以灵敏度的定义为基础，结合 Cross 网络解算算法进行不断迭代，构造出迭代序列 $\{d_{ij}^{(k)}\}$，k=0,1,2,⋯（k 为迭代次数）。当迭代进行到第 k 次时，如果给 r_j 一个小的扰动 $\mathrm{d}r_j^{(k)}$，假设会引起 i 分支的风量由 $q_i^{(k-1)}$ 变化为 $q_i^{(k)}$，$q_i^{(k)}$ 可根据网络解算计算得出。根据式（5-1），灵敏度 d_{ij} 的第 k 次迭代 $d_{ij}^{(k)}$ 为

$$d_{ij}^{(k)}=\frac{q_i^{(k)}-q_i^{(k-1)}}{r_j^{(k)}-r_j^{(k-1)}}=\frac{q_i^{(k)}-q_i^{(k-1)}}{\mathrm{d}r_j^{(k)}} \tag{5-8}$$

在计算 $d_{ij}^{(k)}$ 时，逐次减小扰动值 $\mathrm{d}r_j^{(k)}$，为加速收敛，令 $\mathrm{d}r_j^{(k)}=\mathrm{d}r_j^{(k-1)}/\omega$（$\omega$ 为加速因子，$1<\omega<+\infty$），当 $|\mathrm{d}r_j^{(k)}-\mathrm{d}r_j^{(k-1)}|\leqslant\varepsilon$ 时计算终止（ε 为计算精度）。

灵敏度迭代计算步骤如下：

1）已知 r_j, j=1,2,⋯,n 为分支号。用 Cross 法进行网络解算，求得各分支风量 q_i。

2）令 $d_{ij}^{(k)}$=0，i=1,2,⋯,n；j=1；k=1；$\mathrm{d}r_j^{(k)}=r_j/\xi$，$r_j^{(k)}=r_j+\mathrm{d}r_j^{(k)}$，$\xi>1$。

3）用 cross 法进行网络解算，可得 r_j 变为 $r_j+\mathrm{d}r_j^{(k)}$ 后 i 分支的风量 $q_i^{(k)}$，i=1,2,⋯,n。

4）计算第 k 步的灵敏度，$d_{ij}^{(k)}=\dfrac{q_i^{(k)}-q_i^{(k-1)}}{r_j^{(k)}-r_j^{(k-1)}}=\dfrac{q_i^{(k)}-q_i^{(k-1)}}{\mathrm{d}r_j^{(k)}}$，$i$=1,2,⋯,$n$。

5）如果 $\max\{|d_{ij}^{(k)}-d_{ij}^{(k-1)}|\}<\varepsilon$，则计算结果符合标准，此时 $d_{ij}=d_{ij}^{(k)}$，计算结果记录到灵敏度矩阵中的第 j 列并转到 6）；否则，令 $\mathrm{d}r_j^{(k+1)}=\mathrm{d}r_j^{(k)}/\omega$, $k\to k+1$，转到 3）。

6）令 j→j+1，如果 j+1>n，转到 7）；否则，转到 2）。

7）结束。

灵敏度具体计算过程如图 5-2 所示。

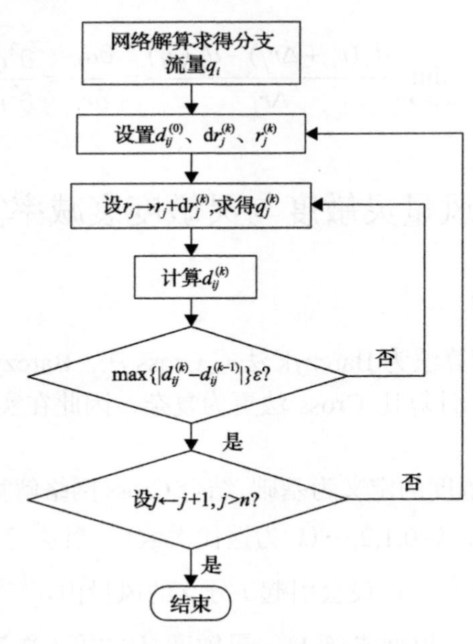

图 5-2 灵敏度算法流程

5.3.2 风量灵敏度衰减率计算

以风阻为横轴，灵敏度为纵轴绘制二者变化关系曲线，大概趋势为对数函数，根据大量实验数据分析得知二者关系满足：

$$d_{ij} = aR_j^b + c \qquad (b<0,\ |b|>1) \tag{5-9}$$

等号两边对 r_j 求导，即

$$\frac{\partial d_{ij}}{\partial r_j} = ab\frac{1}{R_j^{|b-1|}} \tag{5-10}$$

由式(5-9)和式(5-10)得灵敏度衰减率的表达式：

$$t_{ij} = ab\frac{1}{R_j^{|b-1|}} \tag{5-11}$$

在式(5-11)中，由于 $b<0$，因此当 $d_{ij}>0$ 时，$t_{ij}<0$，即随着分支 j 的风阻 r_j 增大，分支 i 的风量增大，但其增大幅度在减小。随着分支 j 的风阻增加到 $r_{ij}^{(c)}$，此时分支 i 风量的几乎没有增幅，因此将 $r_{ij}^{(c)}$的值认定为 j 分支风阻对 i 分支风量调节的临界值。为了进一步验证临界值的准确性，进行了大量模拟计算，得出 i 分支风量增幅为 5%时所对应的 j 分支风阻为临界值，此时灵敏度值为临界灵敏度 $d_{ij}^{(c)}$，得其关系式为

$$\frac{\Delta q^{(c)}}{\Delta q} = 5\%$$

即

$$\frac{d_{ij}^{(c)}\cdot r_{ij}^{(c)}}{d_{ij}^{(0)}\cdot r_{ij}^{(0)}} = 5\%$$

$r_{ij}^{(c)} = r_{ij}^{(0)}$，所以 $\dfrac{d_{ij}^{(c)}}{d_{ij}^{(0)}} = 5\%$。又因为 $d_{ij}^{(c)} = a[R_{ij}^{(c)}]^b$，$d_{ij}^{(0)} = a[R_{ij}^{(0)}]^b$，于是 $\dfrac{a[R_{ij}^{(c)}]^b}{a[R_{ij}^{(0)}]^b} = 5\%$，所以可求得：

$$R_{ij}^{(c)} = R_{ij}^{(0)}[0.05]^{\frac{1}{b}} \tag{5-12}$$

此即风阻调控的临界值。

5.4 风压灵敏度

假设通风网络有 n 条分支，m 个节点，当分支 j 的风阻 r_j 产生 Δr_j 的变化时，

通风网络中任意节点 i 的压力 p_i 也相应地发生一个 $\pm\Delta p_i$ 的变化。当 $|\Delta r_j|\to 0$ 时，$g_{ij}=\lim\limits_{|\Delta r_j|\to 0}\dfrac{\Delta p_i}{\Delta r_j}=\dfrac{\partial p_i}{\partial r_j}$ 即为节点 i 的风压灵敏度。求出各节点的风压灵敏度，则可组成风压灵敏度矩阵，即 $\boldsymbol{G}=(g_{ij})_{n\times m}$。

采用解析解计算风压灵敏度矩阵，即通过节点压力列向量 $\boldsymbol{P}$ 对分支的风阻列向量 $\boldsymbol{R}$ 求偏导，计算灵敏度矩阵 $\boldsymbol{G}$：

$$\boldsymbol{G}=\frac{\partial \boldsymbol{P}}{\partial \boldsymbol{R}} \tag{5-13}$$

风压灵敏度矩阵 $\boldsymbol{G}$ 中，元素 g_{ij} 数值越大，表示第 i 个节点风压对分支 j 风阻的变化灵敏度越高，该节点是布置压力测点的较好位置。

5.5　矿井通风参数快速精准调节

5.5.1　矿井通风参数快速调节的意义

矿井通风参数快速调节的实现具有重要的意义，主要体现在安全、经济和技术三个方面。

1. 安全观

稳定可靠的矿井通风是井下工作人员和物资财产的安全保障。矿井智能通风可在正常时期保证工作人员拥有新鲜的风流和足够的氧气，灾变时期实现控灾、减灾、治灾，最大程度地保障工作人员生命安全和国家财产安全。

2. 经济观

煤炭开采是一项经济活动，在国家能源战略和国民经济中发挥巨大作用。矿井通风的投资和花费在矿井总投资中占有很大比例，所以矿井通风在满足要求的前提下，应使能耗降到最低，避免资源浪费。

3. 技术观

随着科技的进步，煤炭开采经历着人工化—自动化—智能化—智慧化的转变。目前通风系统的自动化水平较低，正成为煤炭高效开采的制约因素。因此，需实现矿井智能通风，以最大限度匹配煤炭开采整体系统。此外，先进的技术也是实现经济观和安全观的有力保证。

5.5.2　风量快速精准按需调节

矿井智能通风是实现安全、高效、节能开采的重要途径，而风量快速精准按需调节是矿井智能通风的重要研究内容之一。无论是通风机工况点的变化还是井下发生灾变，都需根据实时监测结果对通风系统做出快速精准的调节。矿井风量快速精准按需调节的支撑理论有通风网络解算、灵敏度理论、灵敏度衰减率理论、最小风量原则等。

1. 通风网络解算

通风网络解算不仅是矿井风量调节的基础，也是风量调节的依据。通风网络解算的理论依据是通风阻力定律、节点风量平衡定律和回路阻力平衡定律。设通风网络有 m 个节点，n 条分支，则该通风网络满足如下关系式：

$$\begin{cases} \sum_{j=1}^{n} h_j = \sum_{j=1}^{n} R_j Q_j^2 \\ \sum_{j=1}^{n} R_j Q_j^2 - h_{if} \pm h_{iN} = 0 \\ \sum_{j=1}^{n} a_{ij} Q_j = 0 \end{cases} \tag{5-14}$$

式中，i 为通风网络中的节点编号，$1 \leqslant i \leqslant m$；$j$ 为通风网络中的分支编号，$1 \leqslant j \leqslant n$；$h_j$ 为分支 j 的通风阻力，Pa；R_j 为分支 j 的风阻，$N \cdot s^2/m^8$；Q_j 为 j 分支的风量，m^3/s；h_{if} 为 i 回路中通风机的工作风压，Pa；h_{iN} 为 i 回路中的自然风压，Pa；当 h_{if} 与 h_{iN} 方向一致时，h_{iN} 取“−”号；否则，取“+”号。a_{ij} 为风流系数，且其取值满足：

$$a_{ij} = \begin{cases} 1 & (\text{第 } j \text{ 条分支风流流入节点} i) \\ 0 & (\text{第 } j \text{ 条分支不与节点 } i \text{ 相连}) \\ -1 & (\text{第 } j \text{ 条分支风流流出节点} i) \end{cases}$$

2. 调节分支及调节量

(1) 主动分支、被动分支

根据灵敏度理论，可确定通风系统中的调节分支和调节量。

在图 5-3 所示的通风网络中，假设分支 e_2 需要增加风量，可以通过调节分支 e_3、e_4 的风阻实现。将需要增风(或减风)的分支定义为目标分支，如分支 e_2；将调节的分支定义为主动分支，如分支 e_3、e_4；将风量随主动分支风阻调节而发生变化的分支称为被动分支，如 e_2。目标分支是特殊的被动分支。主动分支和被动分支是相对其他分支而言的，当某一分支增阻时，其本身的风量也会下降，此类分支称为综合分支(或集成分支)。

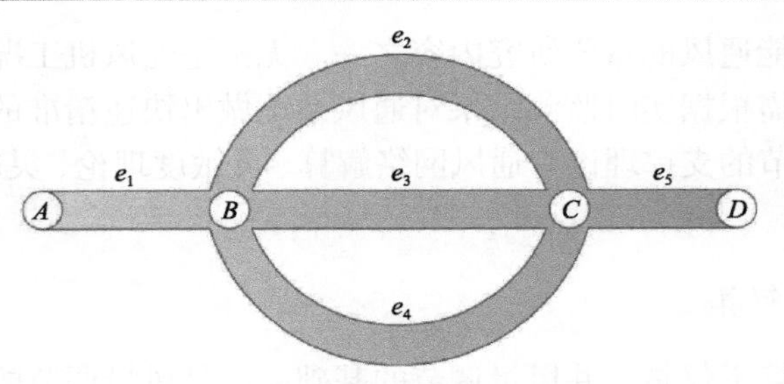

图 5-3　通风网络

(2) 主动分支排序筛选

当矿井通风系统智能监测到某一分支需进行风量调节时，满足条件的调节分支通常会有多条，此时就需对主动分支进行排序和筛选。排序和筛选的主要依据就是灵敏度理论。首先根据灵敏度理论计算灵敏度矩阵，按灵敏度值对主动分支进行降序排列，同时要筛选不能安装风窗的分支。

在选择主动分支时，应选择灵敏度值大且影响度小的主动分支，即

$$\max d_{ij} = \lim_{|\Delta R_j| \to 0} \frac{\Delta Q_i}{\Delta R_j} = \frac{\partial Q_i}{\partial R_j} \tag{5-15}$$

$$\min U_j = \sum_{i=1}^{n} |d_{ij}| \quad (j = 1, 2, \cdots, m) \tag{5-16}$$

式中，d_{ij} 为分支 i 风量变化相对于分支 j 风阻变化的灵敏度；U_j 为分支 j 对通风系统的影响度。

(3) 主动分支调节范围

主动分支调节范围可根据灵敏度衰减率理论[201]和最小风量原则来确定。

3. 灵敏度衰减率理论

在通风系统中，分支风量对风阻的灵敏度会随风阻值的不同而发生变化，即被动分支风量的增幅会随主动分支风阻的增大而逐渐减小，这一变化情况可用灵敏度衰减率 t_{ij} 来表示，即

$$t_{ij} = \lim_{|\Delta R_j| \to 0} \frac{d_{ij}(R_j + \Delta R_j) - d_{ij} R_j}{\Delta R_j} = \frac{\partial d_{ij}}{\partial R_j} = \frac{\partial^2 Q_i}{\partial^2 R_j} \tag{5-17}$$

式中，i 为通风网络中的节点编号，$1 \leqslant i \leqslant m$；$j$ 为通风网络中的分支编号，$1 \leqslant j \leqslant n$；$R_j$ 为分支 j 的风阻，$N \cdot s^2/m^8$；ΔR_j 为分支 j 的风阻变化量，$N \cdot s^2/m^8$；Q_i 为 i 分支的风量，m^3/s。

通过大量通风网络的模拟实验，建议取 i 分支风量增幅为 5%时对应的 j 分支风阻值 $R_{ij}^{(c)}$为临界值，其关系式为

$$R_{ij}^{(c)} = R_{ij}^{(0)}(0.05)^{\frac{1}{b}} \tag{5-18}$$

式中，$R_{ij}^{(c)}$ 为分支 j 风阻调节的临界值，$N{\cdot}s^2/m^8$；$R_{ij}^{(0)}$ 为分支调节前的风阻值，$N{\cdot}s^2/m^8$；b 为指数，$b<0$。

4. 最小风量原则

在灵敏度矩阵中，如被动分支的风量随主动分支的风阻增大而增大，则取值为正数；如被动分支的风量随主动分支的风阻增大而减小，则取值为负数。

进行风量调节时，要关注被动分支的增风量，也要注意随主动分支风阻增大而减小风量的其他被动分支。对于风量减小的分支，其最小风量值应不小于《煤矿安全规程》规定的最小风量值。所以，这些分支的最低风量值限制了主动分支的调节范围。其数学关系推导如下。

设分支 i 的风量随分支 j 的风阻增大而减小，由灵敏度关系可知：

$$d_{ij} = \frac{\Delta Q_i}{\Delta R_j} \tag{5-19}$$

所以

$$\Delta Q_i = d_{ij} \cdot \Delta R_j \tag{5-20}$$

调节前分支 i 的风量为 Q_i，分支 i 的最小允许风量为 $Q_{\min}$，则

$$\Delta Q_i = Q_i - Q_{\min} \tag{5-21}$$

由式(5-19)和式(5-20)可得

$$d_{ij} \cdot \Delta R_j = Q_i - Q_{\min} \tag{5-22}$$

即

$$\Delta R_j = \frac{Q_i - Q_{\min}}{d_{ij}} \tag{5-23}$$

设主动分支 j 调节前的风阻为 $R_j^{(0)}$，可调节的最大风阻值为 $R_{\rm p}$，则

$$\Delta R_j = R_j^{(\rm p)} - R_j^{(0)} \tag{5-24}$$

于是，由式(5-22)和式(5-23)可得

$$R_j^{(\mathrm{p})} - R_j^{(0)} = \frac{Q_i - Q_{\min}}{d_{ij}} \tag{5-25}$$

即

$$R_j^{(\mathrm{p})} = \frac{Q_i - Q_{\min}}{d_{ij}} + R_j^{(0)} \tag{5-26}$$

此即为由其他被动分支所决定的该主动分支可调节的最大值。

与根据灵敏度衰减率计算出的主动分支调节的极限值相比，其中较小者为该主动分支可调节的最大值，即

$$R_{\max} = \min\left\{R_{ij}^{(c)}, R_j^{(\mathrm{p})}\right\} \tag{5-27}$$

在实际调节过程中，调节一条主动分支可能无法满足被动分支的需风量，此时需对其他主动分支进行再次排序和调节。根据被动分支的需风量可以计算出各主动分支的调节范围，其具体调节过程如下。

设实时监控系统监测到 i 分支有瓦斯涌出，需增风 ΔQ_i 来稀释该瓦斯量，主动分支 j 风阻的调节范围是 $\Delta R_j \in [0, R_{j\max} - R_j^{(0)}]$。调节主动分支 j 时，分支 i 的增风量为

$$\Delta Q = d_{ij} \cdot \Delta R_j \tag{5-28}$$

若 $\Delta Q_i < \Delta Q$，则只需调节分支 j 即可；若 $\Delta Q_i > \Delta Q$，则需继续调节分支 k，依此类推。

5. 风量快速精准按需调节算法

基于以上分析，智能通风系统中，风量快速精准按需调节的流程如下(图 5-4)：

1) 对通风参数进行实时监控，确定分支 i 的增风量(或减风量) ΔQ_i。

2) 计算灵敏度矩阵，并对主动分支进行降序排列。

3) 根据分支是否有调节风窗对主动分支进行筛选。

4) 按主动分支影响度值升序排列。

5) 确定主动分支的调节范围 ΔQ，若 $\Delta Q > \Delta Q_i$，则转到 6)；否则，转到 2)。

6) 使用通路法分析通风网络中需要进行调节的通路。

7) 计算主动分支风窗的调节面积。

8) 进行调节。

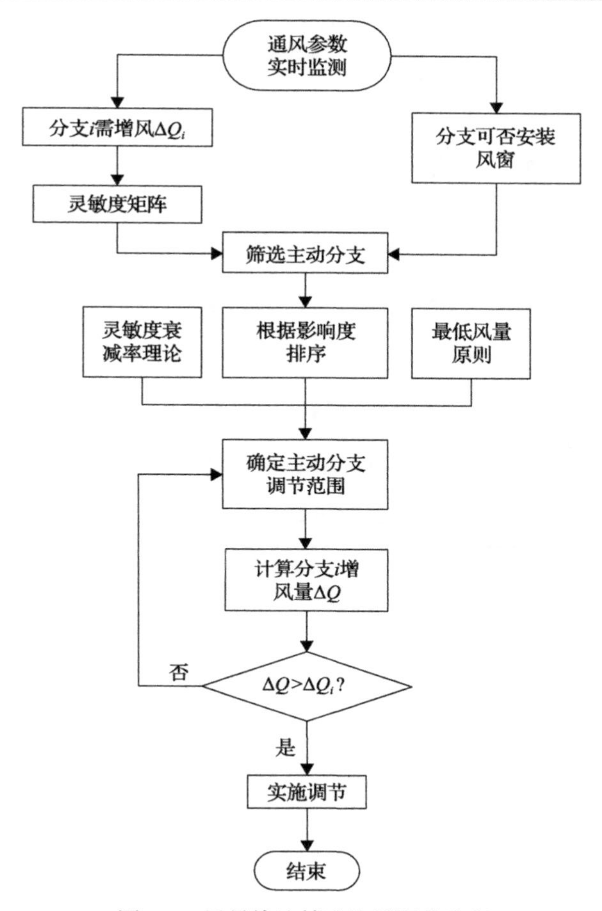

图 5-4　风量快速精准按需调节流程

6. 算法验证

(1)通风网络模型及参数

图 5-5 为山西省五阳煤矿局部通风系统简化图,各分支风量参数如表 5-1 所示。

根据实时监测系统的监测结果,e_{12} 支路风量不能满足要求,需要从 8.3084m^3/s 增加到 11.3084m^3/s。

(2)具体调节流程

1)计算局部通风网络的灵敏度矩阵 $\boldsymbol{D}$。

2)对 e_{12} 支路灵敏度值进行排序，可以增加 e_{12} 支路风量的有效支路如下：$d_{1211}>d_{129}>d_{126}>d1_{22}>d_{125}$。

因此，e_{12} 支路风量对 e_{11} 支路风阻的变化最为敏感。增加 e_{12} 支路风量，首先调整 e_{11} 支路风阻，根据灵敏度衰减率和最小风量原则确定其调节范围。

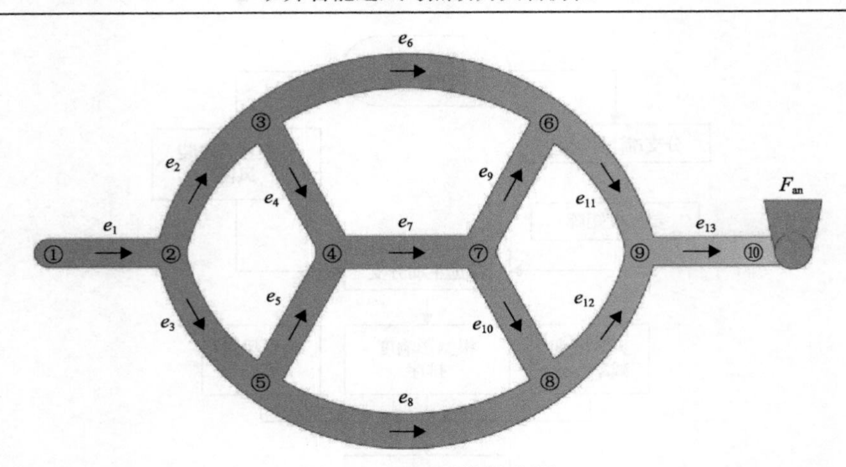

图 5-5　通风系统简化图

表 5-1　分支风量参数

分支号	分支风量/(m³/s)	分支风阻/(N · s²/m⁸)	最低保证风量/(m³/s)
e_1	22	1.1235	18.12
e_2	11.0091	1.0093	9.26
e_3	10.9909	1.0213	8.32
e_4	4.2994	1.0307	2.24
e_5	4.1660	1.0383	1.84
e_6	6.7097	2.9813	4.18
e_7	8.4654	1.0423	6.62
e_8	6.8249	2.0386	4.47
e_9	6.9819	0.8301	3.16
e_{10}	1.4835	1.0250	1.04
e_{11}	13.6916	0.5400	8.96
e_{12}	8.3084	2.02	6.11
e_{13}	22	1.1091	18.12

3）根据灵敏度衰减率，可以得到分支 e_{11} 风阻调节的临界值：

$$\begin{aligned}R_{11}^{(c)} &= R_{11}^{(0)}(0.05)^{\frac{1}{b}} \\ &= 0.540\cdot(0.05)^{\frac{1}{-0.6836}} \\ &= 43.2133\,(\mathrm{N\cdot s^2/m^8})\end{aligned} \tag{5-29}$$

4）根据最小风量原理，随着 e_{11} 支路风阻增大，风量减小的支路顺序为$|d_{1111}|>|d_{911}|>|d_{611}|>|d_{511}|>|d_{211}|$。

那么

$$
\begin{aligned}
R_{11}{}^{(\mathrm{p})} &= \frac{Q_{11}-Q_{11\min}}{d_{ij}}+R_{11}{}^{(0)} \\
&= \frac{13.6916-8.96}{|-3.0156|}+0.5400 \\
&= 2.1090\,(\mathrm{N}\cdot\mathrm{s}^2/\mathrm{m}^8)
\end{aligned}
\tag{5-30}
$$

5) 根据 $R_{j\max}=\min\{R_j{}^{(c)}, R_j{}^{(\mathrm{p})}\}$，取 $R_{11\max}=2.1090\mathrm{N\cdot s^2/m^8}$。

6) 将上述结果代入通风系统并进行网络解算，可得 $Q_{12}=11.1428\mathrm{m^3/s}<11.3084\mathrm{m^3/s}$，风量不能满足最小风量的要求，所以排序第二的主动分支也需进行调节。

7) 排序第二的主动分支为 e_9，首先需对其调节范围进行确定。随 e_9 分支风阻的增大，分支风量降低的顺序为$|d_{99}|>|d_{119}|>|d_{49}|>|d_{79}|>|d_{89}|>|d_{39}|$。

8) 根据灵敏度衰减率理论可得

$$
\begin{aligned}
R_9^{(c)} &= R_9^{(0)}(0.05)^{\frac{1}{b}} \\
&= 0.8301\cdot(0.05)^{\frac{1}{-0.4390}} \\
&= 763.4002\,(\mathrm{N}\cdot\mathrm{s}^2/\mathrm{m}^8)
\end{aligned}
\tag{5-31}
$$

9) 根据最小风量原则可得

$$
\begin{aligned}
R_9{}^{(\mathrm{p})} &= \frac{Q_9-Q_{9\min}}{d_{ij}}+R_9{}^{(0)} \\
&= \frac{6.9819-3.16}{|-1.2016|}+0.8301 \\
&= 4.0108\,(\mathrm{N}\cdot\mathrm{s}^2/\mathrm{m}^8)
\end{aligned}
\tag{5-32}
$$

10) 根据 $R_{j\max}=\min\{R_j{}^{(c)}, R_j{}^{(\mathrm{p})}\}$，$R_{9\max}=4.0108\mathrm{N\cdot s^2/m^8}$。

当 $R_9=4.0108\mathrm{N\cdot s^2/m^8}$ 时，$Q_{12}=11.4960\mathrm{m^3/s}>11.3084\mathrm{m^3/s}$，分支 e_{12} 的风量 Q_{12} 可以满足要求，并且分支 e_9 的风阻也在调节范围之内。

通过大量的数值模拟实验，可以得到 Q_{12} 和 R_9 之间的关系，如下：

$$
\begin{aligned}
Q_{12} &= a\cdot R_9{}^b+c \\
&= 0.2878\cdot R_9{}^{0.5764}+10.8802
\end{aligned}
$$

当 $Q_{12}=11.3084\mathrm{m^3/s}$ 时，可得 $R_9=1.9920\mathrm{N\cdot s^2/m^8}$。

将 R_9=1.9920N·s^2/m^8 代入通风系统中，通过网络解算可得各分支的风量，如表 5-2 所示。

表 5-2　调节前后各分支风量

分支号	最低保证风量/(m^3/s)	分支风量值/(m^3/s)		分支风阻/(N·s^2/m^8)	
		调节前	调节后	调节前	调节后
e_1	18.12	22	22	1.1235	1.1235
e_2	9.26	11.0091	10.9336	1.0093	1.0093
e_3	8.32	10.9909	11.0664	1.0213	1.0213
e_4	2.24	4.2994	4.415	1.0307	1.0307
e_5	1.84	4.166	3.889	1.0383	1.0383
e_6	4.18	6.7097	6.5186	2.9813	2.9813
e_7	6.62	8.4654	8.304	1.0423	1.0423
e_8	4.47	6.8249	7.1774	2.0386	2.0386
e_9	3.16	6.9819	4.1729	0.8301	1.9920
e_{10}	1.04	1.4835	4.1311	1.0250	1.0250
e_{11}	8.96	13.6916	10.6915	0.5400	2.1090
e_{12}	6.11	8.3084	11.3084	2.02	2.02
e_{13}	18.12	22	22	1.1091	1.1091

本 章 小 结

1) 分析了矿井通风系统中风量变化的影响因素，提出了风量灵敏度、风量灵敏度衰减率算法及特性。

2) 基于风量灵敏度、风量灵敏度衰减率理论和最小风量原则，提出了风量快速精准按需调节的数学模型和算法。

3) 通过实例验证，提出的风量快速精准按需调节算法可以快速精准地计算出矿井巷道各分支风量的调节值，为矿井智能通风的实现奠定了基础。

第 6 章　矿井通风系统可靠性理论

6.1　矿井通风系统可靠性算法

6.1.1　可靠性计算与可靠性评价

在通风系统可靠性研究方面，比较流行的方法是可靠性计算和可靠性评价。可靠性计算旨在精确确定通风系统可靠度，其数据测试量及运算量都非常大；可靠性评价通过制定评价指标体系，进而确定通风系统可靠性的等级，其数据测试量及运算量都要小许多。本书主要从可靠性定量分析角度进行可靠性计算研究。

6.1.2　可靠性计算算法

目前，大型、特大型系统可靠度计算存在运算量过大的问题。国内外学者已经对此问题做了大量的研究，并且提出了许多算法，如真值表法、卡诺图法、最小路集(割集)法、全概率分解法[202]和 Monte-Carlo 法[203,204]等。其中，真值表法和卡诺图法仅适用于规模较小的网络，对于规模较大的网络，其运算量太大，容易出现“组合爆炸”现象。对于比较复杂的网络，用最小路集(割集)法会遇到许多困难。解决系统可靠度计算运算量大的问题，目前应用较多的是基于最小路集的各种算法。这种方法的一般求解过程如下：首先求出网络系统的最小路集，然后利用容斥定理或各种不交化方法计算网络系统的可靠度[205]。网络系统不交化最小路集的求解是进行网络系统可靠性分析的重要途径。对于大型网络系统，由于最小路数量很多，不交化计算量仍很大，使得网络可靠度的计算较为困难[206]，因此国内外学者目前研究的重点是求解不交化最小路集，减少不交化项。

1973 年，Fratta 和 Montanari 提出了关于不交化项数的算法[207]。1979 年，Abraham 提出了不交和二元决策图(binary decision diagram，BDD)的有效算法[208]。以上是两个很典型的算法。在此基础上，人们又发展了许多比原来更有效的算法。1982 年，Ahmad 提出了一种直接生成网络系统不交化最小路集的算法[209]，首次比较完整地利用不交和的方法建立了二元相关系统可靠性公式。该算法通过逐步构造树支，沿树支直接求得网络系统的不交化最小路集，具有较高的计算效率；但是对大规模网络系统，该算法构造的树也会迅速增大，在 Ahmad 的论文中对该算法的原理没有做明确的介绍。1987 年，文献[210]提出 Locks 算法。该算法基于

Abraham 算法而得出，首先寻找出网络两点间的所有通路，并按字母长短和字母顺序进行排列。由不交和的基本公式可知 $F = A_1 + A_2 + \cdots + A_n = A_1 + \overline{A}_1 A_2 + \cdots + \overline{A}_1 \overline{A}_2 \cdots \overline{A}_{n-1} A_n$，$F$ 为系统成功事件，A_i 为第 i 条通路可靠事件。每一项的布尔表达式 $\overline{A}_1 \overline{A}_2 \cdots \overline{A}_{i-1} A_i$ 不是互不相交的，故需再进行不交运算，从而得到若干不交项。1996 年，文献[211]提出了网络可靠度一种新的不交和算法。对两终端可靠度而言，当给出两终端间通路或割集集合后，提出一种排列通路顺序的新原则。利用不交和算法，在计算中借助布尔代数定理进行简化，使得算法步骤较少而可靠度的符号表达式更加紧凑。1996 年，文献[212]利用基于基本互补划分求复杂网络的树的原理发展了一种新的求不交化树的方法，从而能有效地计算一个复杂网络的安全可靠度。1997 年，文献[213]在亚伯拉罕-洛克修正(Abrahan-Locks-Revised，ALR)算法[210]和亚伯拉罕-洛克-刘(Abraham-Locks-Liu，ALL)算法[214]的基础上给出了一种新算法[MI(mixture improved)算法]。该算法的主要特点是用一种新方法代替 ALR 算法中的取补运算和不交化过程，同时又采纳了 ALL 算法中的外循环排序法。因此，MI 算法比 ALR 及 ALL 算法直观、简便，且容易在计算机上实现。1998 年，文献[215]提出了一种进行布尔函数不交化的立方体算法。该算法基于布尔函数的立方体表示法及不交代数，文中定义了立方体的有关运算法则，建立了立方体矩阵不交化算法。

1999 年，文献[216]通过对亚伯拉罕-洛克-威尔逊(Abrahan-Locks-Willson，ALW)算法[217]进行改进，得到了一个十分有效的计算网络可靠度的方法。利用该算法产生的相关系统可靠性公式中的项数一般要比 ALR 和 ALW 算法产生的项数少。该算法主要包括两部分，即外循环和内循环。在外循环采用一种新的规则对路径进行排序，内循环的不交和运算采用单个变量取逆的形式。2000 年，文献[218]以网络计算为基础，根据不交化代数及不交化最小路集的树生成算法提出了一种新的直接求解网络系统不交化最小路集的算法。该算法简便易行，具有分布计算的特点，为大型网络系统的可靠性分析提供了一种新的途径。但对于特大型通风网络(分支数大于 400)来说，该方法的运算量依然比较大。2011 年，Gong 和 Yi[219]在 HL-RF 迭代算法中引入一个新的步长，使算法的鲁棒性更强。2015 年，Yeh[220]提出了一种基于 DFs 的新算法，该算法在多状态流网络中搜索最快路径效率更高。2016 年，Keshtegar[221]使用稳定性条件建立混沌控制因子，可以提高一阶可靠度法(First Order Reliability Method，FORM)对凹凸非线性问题的收敛速度。2017 年，Keshtegar 和 Meng[222]提出了一种混合松弛 HL-RF(HRHL-RF)方法，该方法通过使用角度准则自适应地实现 HL-RF 和 RHL-RF，以提高 FORM 公式的鲁棒性和效率。2018 年，Keshtegar 和 Chakraborty[223]又使用了自适应共轭(Self-Adaptive Conjugate，SAC)和混合自适应共轭(Hybrid Self-Adaptive Conjugate，HSAC)方法，以提高非线性性能函数的可靠性分析的效率。同年，Cai 等[224]研究了基于 BN

的可靠性评估的一般程序步骤，包括 BN 结构建模、BN 参数建模、BN 推理及模型验证，并探讨了使用 BN 进行可靠性评估的当前差距和挑战。2019 年，Huang 等[225]引入有限步长的灵敏度因子，提出了一种基于有限步长和 Armijo 线搜索的结构可靠性分析新算法，以防止算法的迭代过程进入周期循环。2021 年，Yeh 等[226]提出了一种改进和增强的二进制加法树算法（binary addition tree，BAT），以有效评估和分析非循环多态信息网络（acyclic multistate information network，AMIN）的可靠性。此外，Yeh[227]提出了一种新的二进制加法树算法，采用二进制加法查找所有可能的状态向量，并使用基于路径的分层搜索算法过滤所有连接向量，用于计算二进制状态网络的可靠性。

6.2　通风系统可靠度

通风系统包括通风网络、通风动力设施和通风构筑物，这三个组成部分是相互关联、相互影响的。要研究通风系统可靠性，应对通风系统的三个组成部分分别进行研究，然后分析其相互关系，最终确定通风系统的整体可靠性。

6.2.1　风路可靠度计算

可靠度是可靠性的度量指标之一。以前人们研究矿井通风系统可靠性时，主要的研究参数是风量。本书认为，如果仅仅某条风路的风量在合理范围内并不能说明该条风路就是可靠的，还应同时考虑该风路的粉尘浓度、温度、有毒有害气体浓度等指标是否在合理范围内。也就是说，该风路的所有指标都应在规定的范围内，即只有该风路风量的数量和质量同时在规定范围内时，才能说该风路是可靠的。风路的破坏、断面变化、堆积杂物等表现为风路风阻的变化，最终会导致该风路或其他风路风量值的变化。

根据上述分析，从通风的角度来看，风路的可靠度可定义如下：在某一稳定状态 $S(t)$ 下，在规定的时间内，第 i 条风路的风量值 q_i 能够保持在一个合理区间范围之内（$q_{i1} \leqslant q_i \leqslant q_{i2}$）且风流的质量满足《煤矿安全规程》[228]要求的概率，称为这一风路的可靠度，记为 $R_i(t)$。其中，q_{i1}、q_{i2} 的值和风流质量相关参数由约束条件 A 确定。

约束条件就是风路风流失效的边界条件，约束条件完全按照《煤矿安全规程》确定。只要风流的数量和质量符合规程的规定，那么从通风的角度来说该风路就是可靠的。其具体包括以下四方面：风速，有毒有害气体浓度（一氧化碳、氧化氮、二氧化硫、硫化氢、氨），温度，煤尘、粉尘浓度。这四方面只要有一方面不满足《煤矿安全规程》规定，风路就会失效；只有这四方面同时满足《煤矿安全规程》规定，风路才是可靠的。

根据上述分析，i 风路可靠度 R_i 可表述为

$$R_i = P_r\left\{q_{i1} \leqslant q_i \leqslant q_{i2}\right\} \cdot \prod_{k=1}^{n_C} P_r\left\{C_i^k \leqslant C_{i2}^k\right\} \cdot P_r\left\{T_{i1} \leqslant T_i \leqslant T_{i2}\right\} \cdot \prod_{k=1}^{n_D} P_r\left\{D_i^k \leqslant D_{i2}^k\right\} \tag{6-1}$$

式中，P_r 表示概率；q_i 为 i 风路的风量，m^3/s；q_{i1} 为 i 风路所需最低风量，m^3/s；q_{i2} 为 i 风路允许通过的最大风量，m^3/s；C_i^k 为 i 风路中第 k 类有毒有害气体浓度，%；C_{i2}^k 为 i 风路中允许的第 k 类有毒有害气体最高浓度，%；n_C 为可能的有毒有害气体种类（根据《煤矿安全规程》，有毒有害气体包括一氧化碳、氧化氮、二氧化硫、硫化氢和氨，故 $n_C = 5$）；T_i 为 i 风路的温度，℃；T_{i1} 为 i 风路允许的最低温度，℃；T_{i2} 为 i 风路允许的最高温度，℃；D_i^k 为 i 风路中第 k 类粉尘（煤尘）浓度，mg/m^3；D_{i2}^k 为 i 风路中第 k 类粉尘最高允许浓度，mg/m^3；n_D 为粉尘种类（根据《煤矿安全规程》，粉尘类型包括含游离二氧化硅含量大于 10%的粉尘、含游离二氧化硅含量小于 10%的水泥粉尘和含游离二氧化硅含量小于 10%的粉尘，故 $n_D = 3$）。

风路风流不满足约束条件称为该风路风流失效，引起风路风流失效的原因多种多样，有可能是自身风阻变化引起的，有可能是其他风路风阻变化引起的，有可能是瓦斯涌出引起的，有可能是自然风压、火风压引起的，有可能是风机工况变化引起的，也有可能是上述原因综合变化引起的。具体分析起来比较复杂，必须结合通风系统仿真[229]进行。

还存在另一类失效——风阻失效，如巷道冒顶、片帮、底鼓、断面缩小、堆积杂物、过车、行人、通风构筑物破坏等都具体体现在其所在巷道的风阻变化上，即其所在巷道风阻发生失效（以无杂物时风阻值为标准，可规定偏离 10%为失效）。巷道风阻失效会导致自身甚至其他风路风量的变化乃至风流失效。

在风路可靠度定义中应注意以下两点：

1）对于工作地点，风量不应小于额定值 q_e。若该风路风量在区间 $[v_{i1} \cdot S_i, v_{i2} \cdot S_i] \cap [q_e, +\infty)$ 内且风质满足《煤矿安全规程》要求，则其是可靠的。其中，v_{i1}、v_{i2} 分别为 i 风路的下限和上限风速，m/s；S_i 为 i 风路的断面面积，m^2。若 $[v_{i1} \cdot S_i, v_{i2} \cdot S_i] \cap [q_e, +\infty] = \varnothing$，则说明该风路严重不可靠，应采取相应措施减小 q_e 或增大 S_i，视具体情况而定。

2）对于一些非关键风路，如某些联络巷，其流向甚至可以允许反向，即该风路风量在区间 $[v_{i1} \cdot S_i, v_{i2} \cdot S_i] \cup [-v_{i2} \cdot S_i, -v_{i1} \cdot S_i]$ 内是可靠的，此时该风路风量失效约束条件为 $[-\infty, -v_{i2} \cdot S_i] \cup [-v_{i1} \cdot S_i, v_{i1} \cdot S_i] \cup [v_{i2} \cdot S_i, +\infty)$，其中 v_{i1}、v_{i2} 都取正值。

按照上述通风系统可靠性的定义，即通风系统在生产期间保持必需风量分配

参数的能力，则通风系统丧失其工作能力就可称为通风系统失效。通风系统的工作能力是指通风系统的风量分配符合规程要求(井巷中风速、有害物质的含量、温度、粉尘浓度在允许范围内)的能力。

1. 风路风量分布

为了求出风量分布，采用对风量动态实时监测、分析的方法，对集宁二号矿井四采回风下山风速进行了监测，每2min得出1个风速值，全天24h共得到720个监测数据。按照公式 $q = v \cdot S$ 将风速值转化为风量值，其中 S 为集宁二号矿井四采回风下山的断面面积，S=10m^2。

在实验数据的基础上，利用概率论[230]、数理统计[231]、可靠性原理[232,233]的知识，采用分布函数的拟合来求所需的分布函数 $f(x)$ 。

根据表6-1绘制频数分布直方图和频率组距分布直方图，分别如图6-1和图6-2所示。

表6-1 风量数据处理

组号	组距下界/(m^3/s)	组距上界/(m^3/s)	组距中位数 $\bar{x}$ /(m^3/s)	频数 M_i /次	频率 ω_i
1	22	23	22.5	1	1.388889×10^{-3}
2	23	24	23.5	3	4.166667×10^{-3}
3	24	25	24.5	11	1.527778×10^{-2}
4	25	26	25.5	18	0.025
5	26	27	26.5	24	3.333334×10^{-2}
6	27	28	27.5	46	6.388889×10^{-2}
7	28	29	28.5	49	6.805556×10^{-2}
8	29	30	29.5	47	6.527778×10^{-2}
9	30	31	30.5	78	0.1083333
10	31	32	31.5	130	0.1805556
11	32	33	32.5	183	0.2541667
12	33	34	33.5	84	0.1166667
13	34	35	34.5	34	4.722222×10^{-2}
14	35	36	35.5	9	0.0125
15	36	37	36.5	1	1.388889×10^{-3}

形如图6-2所示的曲线为正态分布，即曲线呈钟形，有一个最高点，以最高点的横坐标为中心向两边对称下降，由此可见风量近似服从正态分布。

正态分布曲线方程由下式给出：

$$f(x) = \frac{1}{\sigma\sqrt{2\pi}} \mathrm{e}^{-\frac{(x-\mu)^2}{2\sigma^2}} \tag{6-2}$$

式中，x为随机样本值（在本章中为风路风量值）；μ为正态分布的均值，即图6-2中曲线最高值的横坐标。

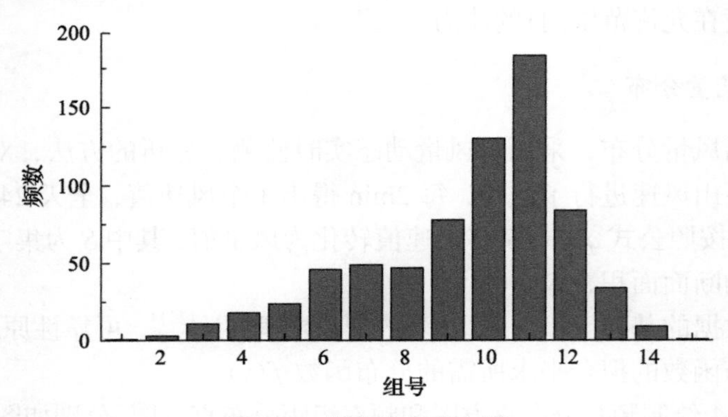

图6-1　频数分布直方图

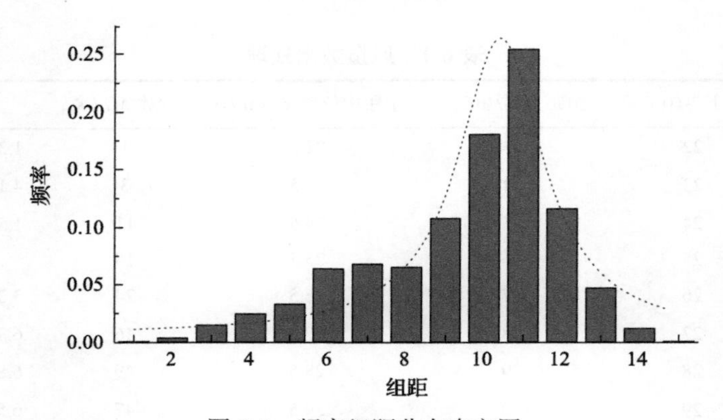

图6-2　频率组距分布直方图

整个曲线关于μ对称，σ^2为正态分布的方差。σ越大，曲线越胖，即数据越分散；σ越小，曲线越瘦，即数据越集中。

均值由下式求得：

$$\mu = \sum_{i=1}^{15} \overline{x}_i \cdot \omega_i \tag{6-3}$$

对于此例，有

$$\begin{aligned}\mu &= 22.5 \times 0.001388889 + 23.5 \times 0.004166667 + \cdots + 36 \times 0.001388889 \\ &= 31.01671\end{aligned}$$

方差由下式求出：

$$\sigma^2 = \sum_{i=1}^{15} (\overline{x}_i - \mu)^2 \cdot \omega_i \tag{6-4}$$

对于此例，有

$$\begin{aligned}
\sigma^2 &= \sum_{i=1}^{15} (\overline{x}_i - \mu)^2 \cdot \omega_i \\
&= (22.5 - 31.01671)^2 \times 0.001388889 + (23.5 - 31.01671)^2 \\
&\quad \times 0.004166667 + \cdots + (36.5 - 31.01671)^2 \times 0.001388889 \\
&= 6.029665 \\
\sigma &= 2.455538
\end{aligned}$$

于是图 6-2 中的正态分布曲线为

$$f(x) = \frac{1}{\sqrt{2\pi}} \cdot \frac{1}{2.455538} \cdot \mathrm{e}^{-\frac{(x-31.01671)^2}{2\times 6.029665}}$$

综上可得，通风系统风路风量正态分布曲线为

$$f(q_i) = \frac{1}{\sqrt{2\pi}\sigma_i} \exp\left(-\frac{[q(i,t) - \mu_i]^2}{2{\sigma_i}^2}\right) \tag{6-5}$$

式中，σ_i 为第 i 条风路在 t 时刻风量分布的方差的二次方根；μ_i 为 i 条风路在 t 时刻风量分布的均值。

2. 可靠度函数

如图 6-3 所示，阴影部分的面积 $\Phi(x_0)$ 即为风路风量小于 x_0 的概率。因此，风路风量大于 x_0 的概率如下：

$$R(x_0) = 1 - \Phi(x_0) \tag{6-6}$$

由数学分析可知，图 6-3 中阴影部分的面积 $\Phi(x_0)$ 为

$$\Phi(x_0) = \int_{-\infty}^{x_0} f(x)\mathrm{d}x \tag{6-7}$$

3. 风路可靠度计算

由约束条件 A 确定的 i 风路风量在规定范围内的概率记为 $P_r\{q_{i1} < q_i < q_{i2}\}$，则由上述分析可知：

$$P_r\left\{q_{i1} < q_i < q_{i2}\right\} = \Phi(q_{i2}) - \Phi(q_{i1}) \tag{6-8}$$

将式(6-5)代入式(6-8)，可得

$$\begin{aligned} P_r\left\{q_{i1} < q_i < q_{i2}\right\} &= \int_{q_{i1}(t)}^{q_{i2}(t)} f(q_i)\mathrm{d}q(i,t) \\ &= \int_{q_{i1}(t)}^{q_{i2}(t)} \frac{1}{\sqrt{2\pi}\sigma_i}\exp\left(-\frac{[q(i,t)-\mu_i]^2}{2{\sigma_i}^2}\right)\mathrm{d}q(i,t) \end{aligned} \tag{6-9}$$

式中，$q_{i1}(t)$、$q_{i2}(t)$为第i条风路在t时刻允许风量的下限和上限，m^3/s；$q(i,t)$为第i条风路在t时刻的风量值，m^3/s。

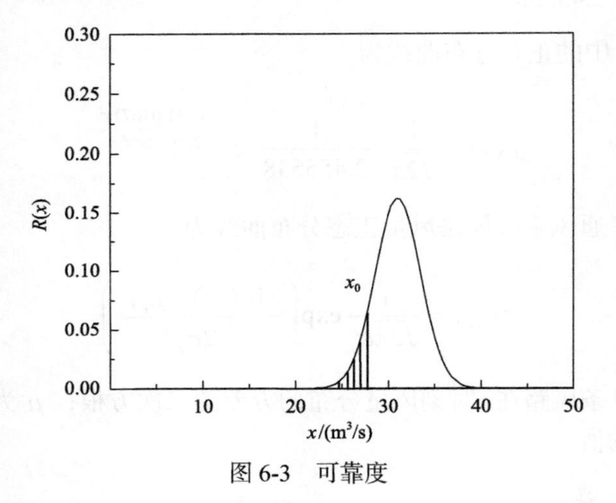

图 6-3　可靠度

同理可得约束条件A中有关有毒有害气体、温度、粉尘浓度在规定范围内的概率依次为

$$\begin{aligned} P_r\left\{C_i^k \leqslant C_{i2}^k\right\} &= \int_0^{C_{i2}^k} f\left(C_i\right)\mathrm{d}C(i,k,t) \\ &= \int_0^{C_{i2}^k} \frac{1}{\sqrt{2\pi}\sigma_i}\exp\left(-\frac{[C(i,k,t)-\mu_i]^2}{2{\sigma_i}^2}\right)\mathrm{d}C(i,k,t) \end{aligned} \tag{6-10}$$

$$\begin{aligned} P_r\left\{T_{i1} \leqslant T_i \leqslant T_{i2}\right\} &= \int_{T_{i1}}^{T_{i2}} f\left(T_i\right)\mathrm{d}T(i,t) \\ &= \int_{T_{i2}(t)}^{T_{i2}(t)} \frac{1}{\sqrt{2\pi}\sigma_i}\exp\left(-\frac{[T(i,t)-\mu_i]^2}{2{\sigma_i}^2}\right)\mathrm{d}T(i,t) \end{aligned} \tag{6-11}$$

$$
\begin{aligned}
P_r\left\{D_i^k \leqslant D_{i2}^k\right\} &= \int_0^{D_{i2}^k} f\left(D_i\right) \mathrm{d}D(i,k,t) \\
&= \int_0^{D_{i2}^k} \frac{1}{\sqrt{2\pi}\sigma_i} \exp\left(-\frac{[D(i,k,t)-\mu_i]^2}{2{\sigma_i}^2}\right) \mathrm{d}D(i,k,t)
\end{aligned} \tag{6-12}
$$

式中，$f\left(C_i\right)$、$f\left(T_i\right)$、$f\left(D_i\right)$分别为C_i、T_i、D_i的分布函数。

将式(6-9)～式(6-12)代入式(6-1)，可得i风路在t时刻的可靠度为

$$
\begin{aligned}
R(i,t) = &\left[\int_{q_{i1}(t)}^{q_{i2}(t)} \frac{1}{\sqrt{2\pi}\sigma_i} \exp\left(-\frac{[q(i,t)-\mu_i]^2}{2{\sigma_i}^2}\right) \mathrm{d}q(i,t)\right] \\
&\times \left[\prod_{k=1}^{n_\mathrm{C}} \int_0^{C_{i2}^k} \frac{1}{\sqrt{2\pi}\sigma_i} \exp\left(-\frac{[C(i,k,t)-\mu_i]^2}{2{\sigma_i}^2}\right) \mathrm{d}C(i,k,t)\right] \\
&\times \left[\int_{T_{i2}(t)}^{T_{i2}(t)} \frac{1}{\sqrt{2\pi}\sigma_i} \exp\left(-\frac{[T(i,t)-\mu_i]^2}{2{\sigma_i}^2}\right) \mathrm{d}T(i,t)\right] \\
&\times \left[\prod_{k=1}^{n_\mathrm{D}} \int_0^{D_{i2}^k} \frac{1}{\sqrt{2\pi}\sigma_i} \exp\left(-\frac{[D(i,k,t)-\mu_i]^2}{2{\sigma_i}^2}\right) \mathrm{d}D(i,k,t)\right]
\end{aligned} \tag{6-13}
$$

6.2.2　通风机可靠度计算

主要通风机的可靠度是比较高的，其失效势必导致通风网络的失效，因此从功能上来说，风机与通风网络是串联关系。

文献[234]和[235]利用故障树分析法(也称失效树法)对通风机可靠性进行了分析。首先建立通风机失效树的数学模型，选定失效树的顶事件为“通风机运转不正常停机”。构造失效树时，通风机失效树的结构逻辑模型由以下部分组成：①动力部分，包括电动机、联轴器、调节部分；②底座机架部分，包括底座、轴承底座、机架；③工作系统，包括叶轮、前后盘、叶片；④管道系统，包括进排气管道、管道上机件；⑤润滑部分，包括齿轮油泵、润滑油、管道机件；⑥冷却系统，包括冷却盘、冷却系统的机件等。其共 64 个基本事件，各个事件间的逻辑为或门，通风机失效树如图 6-4 所示。

建立了通风机失效树模型后，要进行通风机失效树的定性定量分析，必须研究通风机底事件的失效概率。设通风机失效树由n个事件$x_1,x_2,\cdots,x_n$组成，其集合$X=\left\{x_1,x_2,\cdots,x_n\right\}$为失效树的底事件，即基本事件。其一般有如下规律：

1)失效树的每个底事件之间相互独立。

2)底事件和顶事件、中间事件都只考虑两种状态，即发生或不发生(失效或正

- 通风机运转不正常
  - 管道系统失常
    - 管道上调节装置失效
    - 出气管道失效
      - 出气管道破裂失效
      - 出气管道阻塞失效
    - 管道上机件失效
    - 进气管道失效
      - 进气管道破裂失效
      - 进气管道阻塞失效
    - 输水管道失效
    - 输油管道失效
  - 轴承箱失效
    - 轴衬失效
      - 合金成分不良失效
      - 轴衬磨损失效
      - 轴衬歪斜失效
      - 轴衬刮研不良失效
      - 轴承安装不良失效
    - 轴承磨损失效
  - 联轴器失效
    - 联轴器内部零件失效
    - 联轴器与轴松动失效
    - 联轴器安装不良失效
  - 润滑系统失效
    - 齿轮油泵轴承中齿轮失效
    - 油压过低引起失效
    - 管道上机件失效
      - 过滤网失效
      - 管法兰或法兰间垫片失效
      - 油管破裂或阻塞失效
      - 过滤器失效
      - 逆止环失效
      - 油压表失效
      - 安全阀卡住或漏油失效
    - 齿轮油泵轴承外壳失效
    - 润滑油失效
    - 油位指示器失效
  - 机架底座失效
    - 底座机架刚度不足失效
      - 连接螺母松动失效
      - 地脚螺栓松动失效
      - 基础灌浆不良震动失效
    - 底座漏油失效
    - 密封不良失效
  - 轴振动引起失效
    - 主轴断裂失效
    - 通风机轴与电动机轴中心不对称失效
    - 叶轮联轴器与轴松动引起振动失效
    - 轴密封失效
  - 工作系统失效
    - 机壳失效
      - 机壳刚度不足失效
      - 机壳破裂失效
    - 前盘开焊失效
    - 叶轮失效
      - 叶轮连接螺栓失效
      - 叶轮歪斜与进气口相碰失效
      - 叶轮两侧进气量不等失效
      - 安装运输原因失效
      - 叶轮入口间隙过大失效
      - 平衡块不对称失效
      - 腐蚀穿孔失效
      - 叶轮歪斜与机壳相碰失效
    - 风量调节装置失效
    - 轴与叶轮松动失效
    - 密封圈失效
  - 冷却系统失效
    - 底座漏水失效
    - 冷却盘失效
    - 防护罩失效
  - 动力部分失效
    - 接线盒破碎失效
    - 电动机滑轨损坏失效
    - 电动机调速部分失效
    - 电动机失效
  - 外界因素失效
    - 空气失效
      - 气体含有杂质失效
      - 气体温度过低失效
      - 气体温度过高失效
    - 基础下沉

图 6-4　通风机失效树

常），因此有如下定义：

$$x_i=\begin{cases}1 & (\text{底事件发生，即零部件失效})\\ 0 & (\text{底事件不发生，即零部件正常})\end{cases}$$

3）每个底事件的失效分析都服从指数分布。

4）根据统计，单机的使用时间为 10 万 h。因此，每个底事件的失效率为

$$\lambda_i=\frac{n_i}{T} \tag{6-14}$$

式中，λ_i 为第 i 个底事件的失效率；T 为单机使用时间，即 10 万 h；n_i 为第 i 个事件的失效次数。

根据定性分析原则，找出通风机失效树的全部最小割集，并在底事件发生概率已知的基础上求顶事件发生（系统失效）的概率。对关键性部件的故障失效次数进行适当加权。按严重程度、产生的经济损失和对安全的危险程度，通风机故障可分为致命故障、严重故障、一般故障和轻微故障。各级故障的危险系数分别为 1、0.1、0.01、0.001，各部件失效次数乘以危险系数即为计算故障系数。

该系统只要有一个底事件发生，顶事件就发生；只有全部底事件正常，顶事件才正常。因此，系统的失效率为

$$\lambda=\sum_{i=1}^{75}\lambda_i \tag{6-15}$$

可靠度系数为

$$R_{\text{fan}}=\mathrm{e}^{-\lambda t} \tag{6-16}$$

在计算通风系统（网络）可靠度时，认为只要有一个回风井主要通风机故障，则系统故障。因此，从功能上来说，各处风井口的主要通风机是一种串联关系。

每一风井的两台通风机按冷储备系统计算，则其有效度计算式[202]为

$$A=\frac{\mu^3-\lambda^2\mu}{\mu^3-\lambda^3} \tag{6-17}$$

式中，μ 为维修率；λ 为故障率。

主要通风机系统有效度 A_{f} 为[236]

$$A_{\text{f}}=\left[\sum_{i=1}^{n_{\text{f}}}\frac{1}{A_i}-(n_{\text{f}}-1)\right]^{-1} \tag{6-18}$$

式中，n_{f} 为主要通风机数目。

6.2.3 构筑物可靠度计算

通风构筑物的数量与质量对井下生产、安全的影响很大。考虑到通风构筑物的功能，采用漏风率定义构筑物的可靠度 R_g：

$$R_g = 1 - \left| \frac{q_L - q_y}{q} \right| \tag{6-19}$$

式中，q_L 对风门、风窗、风墙而言为相应构筑物的漏风量，对风桥、风障而言为相应构筑物前的风量，对防爆门、反风门而言为流经相应构筑物的风量，m^3/s；q_y 对风门而言为所在巷道允许通过的风量，对风窗而言为设计要求的风量，对风桥、风障而言为相应构筑物后的风量，对防爆门、风墙、反风门而言为 0，m^3/s；q 对风门、风窗、风桥、风障而言等于 q_L，对风墙而言为其所在巷道的进风节点的流进风量，对防爆门、反风门而言为主要通风机的排风量，m^3/s。

通风构筑物系统可靠度 R_{gs} 为[151]

$$R_{gs}(t) = \sum_{i=1}^{w} \prod_{L \in P_i} R_g(L,t) - \sum_{i=1}^{w} \sum_{j>i}^{w} \prod_{L \in (P_i \cup P_j)} R_g(L,t) + \sum_{i=1}^{w} \sum_{j>i}^{w} \sum_{L \in (P_i \cup P_j \cup P_j)}^{w} R_g(L,t) + \cdots + (-1)^{w-1} \prod_{L \in \bigcup_{i=1}^{B} P_i} R_g(L,t) \tag{6-20}$$

式中，P_i 为通风网络中的第 i 条通路；w 为通风网络中的独立通路数，$w = n - m + 2$，m 为通风网络节点数，n 为通风网络分支数；$R_g(L,t)$ 为第 L 条风路在 t 时刻所含构筑物的可靠度，若该风路不含构筑物，则 $R_g(L,t)=1$。

6.2.4 通风系统可靠度计算

在求得通风系统各风路的可靠度以后，即可根据各风路的可靠度计算出整个网络的可靠度。由于在求各风路可靠度时已考虑了各风路之间的相互影响，因此在求网络可靠度时，可将各风路视为独立单元，整个网络是由这些独立的风路组成的网络系统，可采用一般网络可靠性的计算方法来预测网络的可靠度。通风网络在 t 时刻的可靠度用下式计算[140,146]：

$$R_{net}(t) = \sum_{i=1}^{w} \prod_{L \in P_i} R(L,t) - \sum_{i=1}^{w} \sum_{j>i}^{w} \prod_{L \in (P_i \cup P_j)} R(L,t) + \sum_{i=1}^{w} \sum_{j>i}^{w} \sum_{L \in (P_i \cup P_j \cup P_j)}^{w} R(L,t) + \cdots + (-1)^{w-1} \prod_{L \in \bigcup_{i=1}^{B} P_i} R(L,t) \tag{6-21}$$

式中，P_i 为通风网络中的第 i 条通路；w 为通风网络中的独立通路数，$w=n-m+2$；$R(L,t)$ 为第 L 条风路在 t 时刻的可靠度。

在计算通风系统可靠度时，通风构筑物和通风机的可靠度体现在其所在的具体分支上，即通风构筑物和通风机失效时，其所在的分支也失效，因此只需计算出通风网络可靠度，即通风系统可靠度即可。通风构筑物和通风机失效对通风系统中各分支风量的影响通过通风仿真[237]来计算。

6.2.5 通风系统可靠度计算中存在的问题

通风网络在 t 时刻的可靠度用式(6-21)进行计算，计算中涉及任意 k（$k=1,2,\cdots,w$）条通路的组合。对于淮南潘三矿的通风网络，n=460，则各通路间的组合总数 n_{zh} 为

$$n_{zh}=C_n^1+C_n^2+\cdots+C_n^n=\sum_{i=1}^{n}C_n^i=\sum_{i=1}^{n}\frac{n!}{(n-i)!i!} \tag{6-22}$$

将淮南潘三矿的分支数 n=460 代入式(6-22)，用工程计算软件 MATLAB 进行计算，可得 $n_{zh}=\text{NaN}$，即数值太大，无法算出结果。由此可见，这种组合数量太大，即出现了“组合爆炸”问题，以至于用计算机也难以在 10h 以内确定结果，而这还不包括确定通路组合以外的其他计算时间，故直接用式(6-21)计算可靠度是不现实的。因此，国内外出现了许多基于式(6-21)的简化计算方法。

目前网络可靠度计算方法大都是基于布尔代数的不交化算法，利用不交和的原理计算网络的可靠性是当今计算网络可靠性较有效的方法之一。

其基本思想为：通过输入系统的通路使每条通路产生一个项的集合，该集合中的各个元素互不相交，并且与前面的通路产生的项也不相交，系统的可靠性公式就是这些项的代数和。

“事件”定义为元件集合的工作或失效。“事件的文字表示”定义为当元件用字母表示时，则事件可用组成该事件的元件的字母的集合(文字)表示。

设 $P_1,P_2,\cdots,P_s$ 为系统的 s 条通路，则系统的可靠度的文字表示为[216]

$$\begin{aligned}P_{\text{net}}&=\sum_{i=1}^{n}\prod_{j=1}^{i-1}\overline{P_j}P_i=\sum_{i=1}^{n}\prod_{j=1}^{i-1}\overline{P_j-P_iP_i}\\&=\sum_{i=1}^{n}B_iP_i\\&=\sum_{i=1}^{n}f_i\end{aligned} \tag{6-23}$$

式中，$B_i = \sum_{j=1}^{i-1} \overline{P_j}$；$f_i = B_i P_i$。

首次比较完整地利用不交和的方法建立系统可靠性公式的是 Abraham[208]，文献[211]～[213], [216], [217], [238]提供的各种方法都致力于减少不交化项的项数。

6.3 基于截断误差理论和网络简化技术的不交化最小路集算法

针对目前网络可靠度确定中存在的运算量过大的问题，我们提出了适合求解大型、特大型通风网络可靠度的 ESR（E 代表截断误差，S 代表网络简化技术，R 代表可靠度）法，即“带有截断误差的基于网络简化技术的通风网络可靠度确定法”，同时设计、编写了基于 ESR 方法的计算机程序。利用该方法可以在 24s 内确定出金川公司二矿区通风系统（分支数为 189）的可靠度，在 20min 内确定出淮南潘三矿通风系统（分支数为 460）的可靠度。

6.3.1 直接构造不交化通路集

一般网络可靠度的求法主要有状态枚举法、全概率分解法、最小路集法、最小割集法和 Monte-Carlo 模拟法等。其中，前两种方法仅适用于小型网络；最小路集法和最小割集法对大型复杂网络比较有效，故目前应用较广[239]。

目前，构造不交化通路集的方法主要有直接法和间接法，本书采用直接法。确定出不交化通路集后，通风系统可靠度可用下式计算：

$$R_{\text{net}} = \sum_{i=1}^{S_P} \prod_{j=1}^{|P[i]|} R[e(j)], [e(j) \in P[i]] \tag{6-24}$$

式中，S_P 为不交化通路数；$P[i]$ 为第 i 条不交化通路。

1. 计算原理

我们考虑图 6-5 所示系统可靠性框图中节点 1 至 2 的连通可靠度计算问题。

从图 6-5 得系统的逻辑结构函数为 $F(A,a,b) = A(a+b) + B$，由不交化运算法则有

$$\begin{aligned} F(A,a,b) &= A(a+b) + \left[\overline{A(a+b)}\right]B \\ &= A(a+b) + \left[\overline{A} + A\overline{(a+b)}\right]B \\ &= A(a+\overline{a}b) + \overline{A}B + A\overline{a}\overline{b}B \end{aligned} \tag{6-25}$$

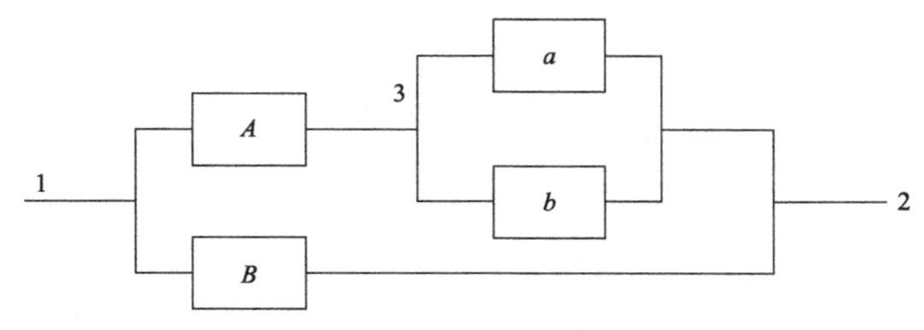

图 6-5　系统可靠性框图

观察 Ahmad 算法[209]的过程，可以看出其计算原理正是上述不交化法则。

可以从其他角度出发对式(6-25)做新的解释。从节点 1 任取一分支 A，则 $A(a+\bar{a}b)$、$\bar{A}B$ 可看作沿 1—2 不同路径扇出分支(输出分支)不交化的项；而 $A\overline{ab}B$ 可看作由节点 3 完成分支后，沿原路径 A 退回节点 1，再沿分支 B 到节点 2 产生的项。这就启发我们将上述不交化过程用系统信息流动的观点予以认识。设想网络系统为一个信息处理系统，网络中的每一个节点(如图 6-5 中的 1、2、3)可以看作一个局部信息处理与转发单元，网络的各条分支可以看作单元信息连通的链路。信息从网络始端向末端发送流动。在信息的转发与变换过程中，各单元协同完成网络系统不交化最小路的生成。这种网络计算思想同现代系统科学的协同计算[240]、神经网络计算、自动器网络模型[241]的观点是类似的。依据这种系统观点，文献[218]提出网络系统不交化最小路集求解的新算法。

2. 不交化最小路集的生成算法

设网络系统的节点集合为 $V=\{v_1,v_2,\cdots,v_m\}$，分支集合为 $E=\{e_1,e_2,\cdots,e_n\}$，对有向分支 $e_k=(v_i,v_j)$，v_i 表示始节点，v_j 表示末节点。对节点 $v_i\in V$ 定义如下符号：

$$\begin{cases} E^+(v_i)=\left\{e_k \middle| e_k=(v_i,v_j)\in E, v_i\in V, v_j\in V\right\} \\ E^-(v_i)=\left\{e_k \middle| e_k=(v_j,v_i)\in E, v_i\in V, v_j\in V\right\} \end{cases} \tag{6-26}$$

式中，$E^+(v_i)$ 为节点 v_i 的出边集合；$E^-(v_i)$ 为节点 v_i 的入边集合。

若通风网络为非单一源汇网络，可通过加虚分支、虚节点的方法将其转化为单一源汇网络。实际的通风网络大都不是单源单汇型的[242-244]，因此对于有 m 个节点 n 条分支的通风网络图 $G=(V,E)$，$|V|=m$，$|E|=n$，将所有源点连向同一虚节点 v_a，将所有汇点连向另一虚节点 v_b，a 和 b 为节点编号，且 a 和 b 与网络中的节点编号不重复[245]，即

$$\begin{cases} a = \{i \mid v_i \notin V\} \\ b = \{i \mid v_i \notin V\} \end{cases} \tag{6-27}$$

共加入虚节点两个；加入入风虚分支$\left|V^-(G)\right|$条，$\left|V^-(G)\right|$为图G的源点集合中的元素个数；加入出风虚分支$\left|V^+(G)\right|$条，$\left|V^+(G)\right|$为图G的汇点集合中的元素个数。加上虚分支、虚节点后的网络图为$G'=(V',E')$，经以上分析，图G'和图G的关系如下式所示[245]：

$$\begin{cases} V' = V + \{v_a, v_b\} \\ E' = E + \{e_i \mid e_i = (v_a, v_k), v_k \in V^-(G)\} \\ \qquad + \{e_j \mid e_j = (v_l, v_b), v_l \in V^+(G)\} \\ \left|V'\right| = m' = m + 2 = \left|V\right| + 2 \\ \left|E'\right| = n' = \left|E\right| + \left|V^-(G)\right| + \left|V^+(G)\right| \end{cases} \tag{6-28}$$

为叙述方便，可将转化后的网络记为G，并设源点为v_1，汇点为v_m。

设每一个网络节点有一个信息元集$\mathrm{IS}[i]$，其中的元素M具有如下形式：$M \in \{1, e_i, \overline{e_i}\}$。我们规定：$1e_i = e_i 1 = e_i$。生成算法步骤如下：

1）初始化。令$\mathrm{IS}[i] = \varPhi$，$v_i \in V, v_i \neq v_1$，且$\mathrm{IS}[1] = \{1\}$。

2）$\forall v_i \in V, v_i \neq v_m$，$\forall M \in \mathrm{IS}[i]$，依$E^+(v_i)$中各分支的既定次序（可在算法开始前指定）扫描其每条分支。

①求当前M对$E^+(v_i)$的发送分支集。对$E^+(v_i)$中的分支e，若M中已有项$e \in E^+(v_i)$或其中有一项等于$\overline{e}$，则e不列入发送分支集，否则为发送分支集的元素。

②取发送分支集的第一条分支为e_1，则向其另一端节点发送信息Me_1，并写入该节点的IS集；设第二条发送分支为e_2，则向其另一端节点发送信息$M\overline{e}_1 e_2$，并写入该节点的IS集。依此类推，设共有t条发送分支，共完成t条发送分支的操作。

③设在M中由右向左的属于IS[i]的不带上划线的第一条分支为e_k，则向其另一端节点发送信息$M\overline{e}_1\overline{e}_2\cdots\overline{e}_t$。

④当对M完成全部上述操作后，从IS[i]中删除M（若M无发送分支，则可直接从IS[i]中删除M）。

3）反复进行步骤2），直到对所有$v_i \in V$都有$\mathrm{IS}[i] = \varPhi$为止。

4）节点v_m的$\mathrm{IS}[m]$集即为网络系统的不交化最小路集。

由于在算法过程中M的项不断增多，因此其发送分支集会逐步减少，从而必在有限步内有 IS[i] = Φ（$v_i \in V, v_i \neq v_m$），使算法终止。在上述过程的每一步中，每个末端节点 v_m 的 $M \in$ IS[m] 都代表网络的一条不交化最小路，因此在计算网络系统的可靠度时，无须求出不交化最小路集的所有元就可以直接进行网络可靠度的累加计算。v_m 每收到一条 M 信息，就立即计算 M 对应的可靠度，并且进行可靠度相继累加。

可以看出，本算法的求解过程是一个信息在各网络节点之间不断转发和处理的过程。网络各节点的信息处理仅为局部行为，从而本算法具有分布计算的特点。进行分布计算的思想是将每一个节点作为一个网络分布处理单元，通过单元之间的信息交互完成不交化最小路的求解；也可以采用分块进行分布处理，由 V 的剖分集诱导出相应的子网络，各子网络之间再进行分布处理。上述算法还有节省计算机存储空间的特点。首先不必像邻接矩阵法[202]那样占用大量的内存进行矩阵运算，其次也不必像 Ahmad 法那样存储整个网络的分支树。这里，所有通路信息都进行局部化存储，由于信息的不断流动和发送消失，因此不会在系统中始终累积(除末端节点外)。若在终点 v_m 直接进行可靠性计算，则可避免末端信息元素的累积，使所占用的存储单元更少。本算法避免了先求最小路集，再进行不交化的两阶段过程，从而具有不低于 Ahmad 法的计算效率。若采用分布处理系统实现，则本算法的优点会更加明显。

6.3.2　ESR 算法原理

本书提出的 ESR 算法是基于“截断误差”和“网络简化”两个原理进行的。

考察上述算法中步骤 2)的 C 和 D：每个节点不断向其另一端节点发送信息 $M\overline{e}_1\overline{e}_2\cdots\overline{e}_t$，随着此过程的不断进行，发送的字符串(事件的文字表示)会越来越长。考虑到分支 i 的可靠度 $R[i] \leqslant 1.0$，且大多数情况下 $R[i] < 1.0$，发送的字符串对应的可靠度将是字符串中各元素对应的可靠度的连乘积。因此，随着发送的字符串越来越长，发送的字符串对应的可靠度会越来越小，当此值小到一定程度时，其对总体可靠度的贡献将微乎其微。设此字符串对应的可靠度小于或等于 $10^{-\lambda}$，可在此将此字符串“截断”，即该字符串将不再参与向前、向后传播。同时，考虑到出现“截断”现象将不止一次，截断误差会在一定程度上积累[246]，因此采用迭代法，通过不断增加 λ 的值，使得计算结果不断逼近真实值。当相邻两次迭代结果之差小于给定的精度 ε 时，迭代计算结束。

考虑到基于不交化最小路集的可靠度计算方法是基于通路进行的，当通风网络中存在并联分支(尤其是进风区并联分支)时，通风网络的通路数将成倍增加，而不交化最小路个数要远大于通路总数，因此很有必要在计算可靠度的同时，将并联分支等效为一条等效分支，这样处理可大大缩短计算时间，同时降低内存占用量。

6.3.3 网络简化技术

网络简化技术是分析通风网络的强有力工具。网络简化对提高计算程序的运算速度及降低计算机内存占用量也具有重要意义。在通风网络按需分风通路法[140]、计算机自动识别角联结构[229]、风网特征图自动绘制[247]等方面都会涉及通路的计算问题，有时分支增加一条有可能导致通路总数成倍增加，所以对网络进行自动简化处理具有非常重要的意义。网络的人工简化是一个非常简单的事情，但是如果用计算机程序自动简化，就会比较复杂和困难，所以有必要首先把网络在什么情况下能够进行简化的数学模型建立起来。

设$G'=(V',E')$是网络图$G=(V,E)$的一个子连通图，如果

$$\begin{cases}\left|V'\cap V(E-E')\right|=2\\ |E'|\geqslant 2\end{cases}\tag{6-29}$$

成立，则称G'是网络G的一个子网络，简称子网。子网与子图有不同的含义，子图由图中的任意一部分分支组成，分支数量可以是 1；而子网则必须是连通的子图，除了分支数要大于或等于 2 以外，还要满足去掉子网后的网络与子网有且必须仅有两个交点。

这里把交点写为

$$V'\cap V(E-E')=\{z,\bar{z}\}\tag{6-30}$$

根据子网中的分支拓扑关系，将子网划分为三种类型，即并联、串联和角联。在有向图中，$\{z,\bar{z}\}$对应着网络的源点和汇点$\{Z,\bar{Z}\}$，称为子网的源点和汇点；在角联结构中，它也对应着角联结构七元组[229]中的分流节点和汇流节点。判断子网是并联、角联还是串联的关系式如下：

$$\begin{cases}|V'|=2 \quad (\text{并联})\\ |E'|=|V'|-1 \quad (\text{串联})\\ |E'|\neq|V'|-1,|E'|>5,|V'|>4 \quad (\text{角联})\end{cases}\tag{6-31}$$

如果G'是图G的一个子网，那么在有向图中G'可以简化成一个分支$(z,\bar{z})$，在无向图中G'也可以被简化成一个分支$\langle z,\bar{z}\rangle$。针对并联、串联和角联三种情况，还可以写成$p(z,\bar{z})$、$s(z,\bar{z})$、$d(z,\bar{z})$。

网络简化程序设计的难点在于简化过程的层次性。例如，分支x与分支y并联后可能又与分支z串联；而某一个角联子网被简化成一条分支后，该分支又与

其他分支形成新的并联或串联关系。这样逐层进行下去，直到不能再简化为止。网络简化程序设计见文献[229]。

下面以图 6-6 为例说明网络简化的层次性及过程。为了叙述方便，将图 6-6 中直接用数字编码的节点和分支分别冠以 v 和 e 。简化共分成六个层次，网络最终被简化成一条分支。其简化过程如下，程序自动输出结果如图 6-7 所示。

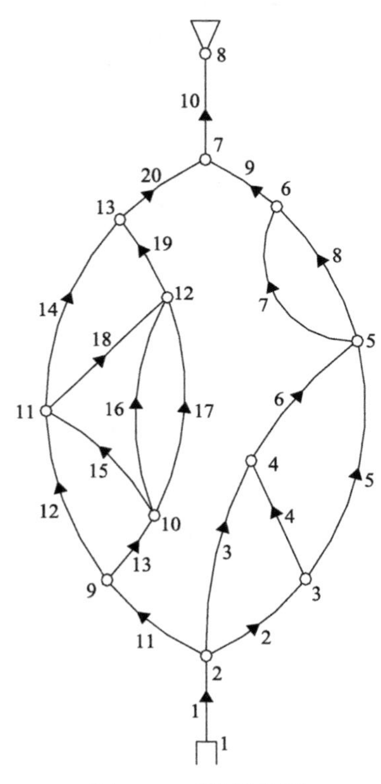

图 6-6　网络简化图

第一层：并联。

$$P(v_5,v_6)=\{e_7,e_8\}\text{；}\quad P(v_{10},v_{12})=\{e_{16},e_{17}\}$$

第二层：串联。

$$S(v_5,v_7)=\{P(v_5,v_6),e_9\}$$

第三层：角联。

$$D(v_9,v_{13})=\{e_{12},e_{13},e_{14},e_{15},P(v_{10},v_{12}),e_{18},e_{19}\}\text{；}\quad D(v_2,v_5)=\{e_2,e_3,e_4,e_5,e_6\}$$

第四层：串联。

$$S\left(v_2,v_7\right)=\left\{e_{11},D\left(v_9,v_{13}\right),e_{20}\right\}；\quad S\left(v_2,v_7\right)=\left\{D\left(v_2,v_5\right),S\left(v_5,v_7\right)\right\}$$

```
|--->S(1,8)
|    |--->S(1,7)
|    |    |--->1(1,2)
|    |    |--->P(2,7)
|    |         |--->S(2,7)
|    |         |    |--->D(2,5)
|    |         |    |    |--->2(2,3)
|    |         |    |    |--->3(2,4)
|    |         |    |    |--->4(3,4)
|    |         |    |    |--->5(3,5)
|    |         |    |    |--->6(4,5)
|    |         |    |
|    |         |    |--->S(5,7)
|    |         |         |--->P(5,6)
|    |         |         |    |--->7(5,6)
|    |         |         |    |--->8(5,6)
|    |         |         |
|    |         |         |--->9(6,7)
|    |         |
|    |         |--->S(2,7)
|    |              |--->S(2,13)
|    |              |    |--->11(2,9)
|    |              |    |--->D(9,13)
|    |              |         |--->12(9,11)
|    |              |         |--->13(9,10)
|    |              |         |--->14(11,13)
|    |              |         |--->15(10,11)
|    |              |         |--->18(11,12 )
|    |              |         |--->P(10,12)
|    |              |         |    |--->16(10,12)
|    |              |         |    |--->17(10,12)
|    |              |         |
|    |              |         |--->19(12,13)
|    |              |
|    |              |--->20(13,7)
|    |--->10(7,8)
```

图 6-7　网络简化过程、结果及层次

第五层：并联。

$$P\left(v_2,v_7\right)=\left\{S\left(v_2,v_7\right),S\left(v_2,v_7\right)\right\}$$

第六层：串联。

$$S(v_1,v_8)=\{e_1,P(v_2,v_7),e_{10}\}$$

6.3.4 网络简化在可靠度计算中的应用

考虑到不交化最小路集算法的计算复杂度与通路数有关，在网络简化理论中，串联子网的简化不改变通路数，角联子网的简化的计算复杂度也与通路有关。因此，对于小型网络，如果为了说明网络简化在可靠度计算中的应用，可考虑串联子网、并联子网和角联子网的简化；对于大型网络，最关键的问题是如何快速计算出网络的可靠度，这时可仅考虑并联子网的简化，将并联子网的简化与可靠度计算结合起来可大大提高网络可靠度的计算速度。串联子网、并联子网和角联子网的等效分支的可靠度 R_{equ} 用下式计算：

$$R_{\text{equ}}=\begin{cases}\prod_{i=1}^{s}R_i(t) & (\text{串联})\\ 1-\prod_{i=1}^{p}[1-R_i(t)] & (\text{并联})\\ \sum_{i=1}^{wd}\prod_{d\in P_i}R_d(t)-\sum_{i=1}^{wd}\sum_{j>i}^{wd}\prod_{d\in(P_i\cup P_j)}R_d(t)+\sum_{i=1}^{wd}\sum_{j>i}^{wd}\sum_{k>j}^{wd}\prod_{d\in(P_i\cup P_j\cup P_j)}R_d(t)+\cdots \\ \quad +(-1)^{wd-1}\prod_{d\in\bigcup_{i=1}^{w}P_i}R_d(t) & (\text{角联})\end{cases} \tag{6-32}$$

式中，s 为串联子网分支数；p 为并联子网分支数；wd 为角联子网中源点和汇点间通路数。

6.3.5 ESR 算法计算过程

将截断误差、网络简化理论和不交化最小路集算法结合起来，形成适合计算大型、特大型网络可靠度的 ESR 算法。我们设计的 ESR 算法计算过程如下：

1）进行预处理。按式(6-27)和式(6-28)将多源多汇网络转化为单源单汇网络，确定各节点的出边集合 $E^+(v_i)$。

2）进行网络简化。为提高速度，对大型网络可以只进行并联子网的简化，简化后按式(6-33)确定等效分支的可靠度。

3）令迭代计算次数 $k=1$，迭代精度指数 $\lambda=5$（当然，也可指定得更小些，那样会增加迭代次数），$\varepsilon=10^{-4}$。

4）令 $\text{IS}[i]=\Phi$，$v_i\in V,v_i\neq v_1$，且 $\text{IS}[1]=\{1\}$。

5) $\forall v_i \in V, v_i \neq v_m, \forall M \in \mathrm{IS}[i]$，依 $E^+(v_i)$ 中各分支的既定次序(可在算法开始前指定)扫描其每条分支。

①求当前 M 对 $E^+(v_i)$ 的发送分支集。对 $E^+(v_i)$ 中的分支 e，若 M 中已有项 $e \in E^+(v_i)$ 或其中有一项 $e^* = \overline{e}$，则 e 不列入发送分支集，否则为发送分支集的元素。

②取发送分支集的第一条分支为 e_1，则向其另一端节点发送信息 Me_1，并写入该节点的 IS 集；设第二条发送分支为 e_2，则向其另一端节点发送信息 $M\overline{e}_1e_2$，并写入该节点的 IS 集。依此类推，设共有 t 条发送分支，共完成 t 条发送分支的操作。

③设在 M 中由右向左的属于 IS[i] 的不带上划线的第一条分支为 e_k，则向其另一端节点发送信息 $M\overline{e}_1e_2\cdots\overline{e}_t$。

④当对 M 完成全部上述操作后，从 IS[i] 中删除 M（若 M 无发送分支，则可直接从 IS[i] 中删除 M）。

6) 反复进行 5)，直到对所有 $v_i \in V$ 都有 $\mathrm{IS}[i] = \Phi$ 为止。

7) 节点 v_m 的 IS[m] 集即为网络系统的不交化最小路集。

8) 按式(6-25)计算第 k 次迭代的通风系统可靠度 R_{net}^k。

9) 如果 $k>1$ 且 $\left|R_{\mathrm{net}}^k - R_{\mathrm{net}}^{k-1}\right| < \varepsilon$，则转 10)；否则令 $k=k+1$，转 4)。

10) 结束。通风系统可靠度为第 k 次迭代的值，即 $R_{\mathrm{net}} \approx R_{\mathrm{net}}^k$。

6.4　矿井火灾时期通风系统可靠性计算

6.4.1　矿井火灾时期通风系统可靠度计算原理

矿井火灾时期，随着高温烟流的不断传播，原来的非污染区域和可能污染区域将变为污染区域甚至火区，这些巷道会完全失效，即可靠度降为零。可见，矿井火灾时期通风系统可靠度是动态变化的，随着时间的推移，整个通风系统的可靠度会逐渐下降；不同的发火地点，对通风系统可靠度的影响也是不同的。矿井火灾时期的通风系统可靠度分析十分复杂，利用计算机对其进行数值模拟十分有必要。

利用计算机进行矿井火灾时期通风系统可靠度模拟计算的原理为：首先进行火灾传播过程动态模拟，高温烟流所到之处巷道可靠度降为零；然后设定模拟时钟，计算各时刻通风系统可靠度。

3.3 节已对火灾传播过程理论及动态模拟进行了论述，这里不再赘述。

6.4.2　矿井火灾时期通风系统可靠性计算实例

通风网络如图 3-4 所示，计算原始数据如表 6-2 所示。设分支 3 发生火灾，火灾地点距该风路末节点的距离为 10m，火区长度为 20m，烟流的定压比热为 1050J/(kg·K)，烟流与井巷围岩间的不稳定传热系数为 8.0W/(m^2·K)。

表 6-2　小模型计算原始数据

风路号	始节点	末节点	分支长度/m	分支风量/(m^3/s)	断面积/m^2	坡度	平均密度/(m^3/kg)	周长/m
1	1	2	100	30	10	0.5	1.200	9
2	2	3	90	10	8	0.1	1.101	8
3	2	4	120	20	8	0.2	1.120	6
4	3	7	150	6	12	0.1	1.102	10
5	4	6	50	10	11	0.3	1.123	10
6	4	5	60	10	9	0.6	1.162	9
7	3	5	80	4	8	0.3	1.100	6
8	5	6	120	14	6	0.4	1.100	5
9	6	7	60	24	9	0.2	1.099	8
10	7	8	100	30	12	0.3	1.089	10

仿真计算结果如下：

时刻	分支	距离	温度	距离	温度	距离	温度		距离	温度
1.00	6	0.00	1279.69	6.00	290.00	12.00	290.00	……	60.00	290.00
1.00	5	0.00	1279.69	5.00	290.00	10.00	290.00	……	50.00	290.00
2.00	6	0.00	1279.69	6.00	290.00	12.00	290.00	……	60.00	290.00
2.00	5	0.00	1279.69	5.00	290.00	10.00	290.00	……	50.00	290.00
3.00	6	0.00	1279.69	6.00	290.00	12.00	290.00	……	60.00	290.00
3.00	5	0.00	1279.69	5.00	290.00	10.00	290.00	……	50.00	290.00

……………………………………………………………………

时刻	分支	距离	温度	距离	温度	距离	温度		距离	温度
166.00	10	0.00	668.78	10.00	660.06	20.00	651.51	……	100.00	460.52
167.00	10	0.00	668.78	10.00	660.06	20.00	651.51	……	100.00	460.52
167.93	10	0.00	668.78	10.00	660.06	20.00	651.51	……	100.00	589.74

根据计算结果，不同时刻受污染分支如表 6-3 所示。

表 6-3　不同时刻受污染分支

时间区间/s	受污染分支
1～54	5、6
55	5、6、8
56～77.5	5、6、8、9
78~167.93	5、6、8、9、10

针对图 3-4 所示的通风网络，对应的不同时刻各分支的可靠度如表 6-4～表 6-8 所示。

表 6-4　未发生火灾时可靠度

分支	始节点	末节点	可靠度
1	1	2	0.99
2	2	3	0.98
3	2	4	0.95
4	3	7	0.98
5	4	6	0.92
6	4	5	0.93
7	3	5	0.97
8	5	6	0.95
9	6	7	0.98
10	7	8	0.99

表 6-5　火灾发生 1～54s 各分支可靠度

分支	始节点	末节点	可靠度
1	1	2	0.99
2	2	3	0.98
3	2	4	0.95
4	3	7	0.98
5	4	6	0
6	4	5	0
7	3	5	0.97
8	5	6	0.95
9	6	7	0.98
10	7	8	0.99

表 6-6　火灾发生 55s 各分支可靠度

分支	始节点	末节点	可靠度
1	1	2	0.99
2	2	3	0.98
3	2	4	0.95
4	3	7	0.98
5	4	6	0
6	4	5	0
7	3	5	0.97
8	5	6	0
9	6	7	0.98
10	7	8	0.99

表 6-7　火灾发生 56～77.5s 各分支可靠度

分支	始节点	末节点	可靠度
1	1	2	0.99
2	2	3	0.98
3	2	4	0.95
4	3	7	0.98
5	4	6	0
6	4	5	0
7	3	5	0.97
8	5	6	0
9	6	7	0
10	7	8	0.99

表 6-8　火灾发生 78～167.93s 各分支可靠度

分支	始节点	末节点	可靠度
1	1	2	0.99
2	2	3	0.98
3	2	4	0.95
4	3	7	0.98
5	4	6	0
6	4	5	0
7	3	5	0.97
8	5	6	0
9	6	7	0
10	7	8	0

不同时刻通风系统可靠度如表 6-9 所示。

表 6-9　不同时刻通风系统可靠度

时刻/s	0	1～54	55	56～77.5	78～167.93
可靠度	0.97725	0.95864	0.94129	0.941288	0

矿井火灾时期通风系统可靠度随时间变化关系如图 6-8 所示。

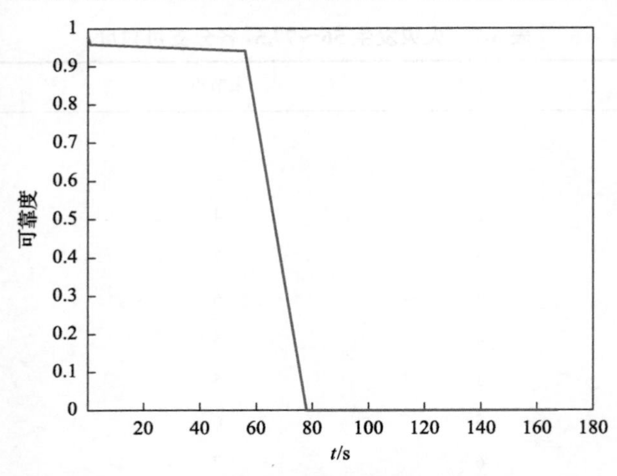

图 6-8　矿井火灾时期通风系统可靠度随时间变化关系

本 章 小 结

1) 提出了矿井通风系统可靠性的定义，对可靠性当前的研究现状进行了分析，发现可借助机械工业的可靠性分析矿井通风系统。

2) 分析了可靠性计算和可靠性评价方法，指出可靠性计算的重点是求解不交化最小路集，减少不交化项。

3) 对矿井通风系统的可靠性进行研究，通过风路可靠度、通风机可靠度、构筑物可靠度和通风系统可靠度四个方面评价通风系统可靠性。

4) 分析了可靠度计算过程中存在的问题，提出了基于截断误差理论和网络简化技术的不交化最小路集算法。

5) 提出了计算机进行矿井火灾时期通风系统可靠度模拟计算的原理：首先进行火灾传播过程动态模拟，高温烟流所到之处巷道可靠度降为零；然后设定模拟时钟，计算各时刻通风系统可靠度。

参 考 文 献

[1] 蔡卫. 矿井通风系统安全性评价及其应用[J]. 煤炭学报, 2004(2): 195-198.

[2] 贾进章, 刘剑, 倪景峰. 通风系统可靠性稳定性及灵敏性数学模型[J]. 辽宁工程技术大学学报, 2003(6): 725-727.

[3] 武文庆. 矿井通风系统安全可靠性综合评价方法探讨[J]. 机电工程技术, 2016, 45(7): 177-179.

[4] 蒋星星, 李春香. 2013—2017 年全国煤矿事故统计分析及对策[J]. 煤炭工程, 2019, 51(1): 101-105.

[5] Yin W, Fu G, Yang C, et al. Fatal gas explosion accidents on Chinese coal mines and the characteristics of unsafe behaviors: 2000—2014[J]. Safety Science, 2017, 92(1): 173-179.

[6] Zhang J, Xu K, Reniers G, et al. Statistical Analysis the characteristics of extraordinarily severe coal mine accidents (escmas) in China from 1950 to 2018[J]. Process Safety and Environmental Protection, 2020, 133(1): 332-340.

[7] Zhu Y, Wang D, Shao Z, et al. A statistical analysis of coalmine fires and explosions in China[J]. Process Safety and Environmental Protection, 2019, 121(1): 357-366.

[8] Walker S. Underground mining technology: Safer working conditions and higher productivity[J]. Engineering and Mining Journal, 2012(S1): 6-8, 10, 12-15.

[9] Ralston J, Reid D, Hargrave C, et al. Sensing for advancing mining automation capability: A review of underground automation technology development[J]. International Journal of Mining Science and Technology, 2014, 24(3): 305-310.

[10] 王德明, 张广文, 鲍庆国. 矿井火灾时期的风流远程控制系统[J]. 中国安全科学学报, 2002(1): 63-66.

[11] 吴兵, 周心权, 谢宏. 矿井火灾风流的远程自动控制[J]. 煤矿安全, 2003(10): 13-15.

[12] 王国法, 王虹, 任怀伟, 等. 智慧煤矿 2025 情景目标和发展路径[J]. 煤炭学报, 2018, 43(2): 295-305.

[13] 张铁岗, 周福宝, 陈重新. 高产高效矿井智能局部通风系统的研制[J]. 西北煤炭, 2008(3): 3-6.

[14] 徐延峰. 基于因特摩技术的煤矿自燃发火、瓦斯在线智能监测系统[D]. 青岛: 山东科技大学, 2004.

[15] 王建国. 通风安全测定仪表的集成化智能化研究[D]. 西安: 西安科技大学, 2004.

[16] 华臻, 范辉, 李晋江, 等. 智能虚拟矿井通风仿真系统[J]. 西安科技学院学报, 2004(1): 19-22.

[17] 王发达, 刘笃鸿. 矿井通风瓦斯智能监控报警系统的开发与应用[J]. 山东煤炭科技, 2005(5): 32-34.

[18] 李华. 矿井掘进瓦斯爆炸实时智能预警监控系统[D]. 西安: 西安科技大学, 2005.

[19] 王清亮. 智能决策理论在矿井通风系统中的应用研究[J]. 煤矿安全, 2007(4): 5-8.

[20] 吴奉亮, 周澎, 李晖, 等. 基于智能对象的矿井通风 CAD 模型研究[J]. 煤炭科学技术, 2009, 37(5): 54-57.

[21] 赵丹, 刘剑, 潘竞涛. 基于网络分析的矿井通风智能诊断专家系统[J]. 安全与环境学报, 2011, 11(4): 206-210.

[22] 王文才, 乔旺, 李刚, 等. 矿井智能局部通风系统在呼和乌素煤矿的应用[J]. 煤矿安全, 2012, 43(6): 114-116.

[23] 高忠国, 张建娥. 矿井掘进面智能通风控制系统设计探析及应用[J]. 山东煤炭科技, 2013(2): 80, 82.

[24] 石雪松, 商景泰, 徐常武. 矿井通风设备行业智能化发展趋势[J]. 通用机械, 2013(8): 30-33.

[25] 鲍庆国, 毛允德. 智能矿井通风仿真系统设计研究[J]. 中国煤炭, 2014, 40(6): 124-126.

[26] 秦书明, 吴利学. 煤矿智能局部通风系统的设计及应用[J]. 煤矿机电, 2014(1): 94-96.

[27] 郝全明, 李连明. 某煤矿通风系统智能优化[J]. 现代矿业, 2014, 30(1): 82-84.

[28] 管伟明, 张东升, 陈辉. 矿井通风智能管理系统设计[J]. 煤矿安全, 2014, 45(10): 77-79, 82.

[29] 姚昕. 基于PLC的矿井局部通风机瓦斯浓度智能控制系统研究[D]. 西安: 西安科技大学, 2014.
[30] 赵书刚. 矿山平行系统理论及其在通风智能管理中的应用研究[D]. 长沙: 中南大学, 2014.
[31] 张超华, 张海波. 智能局部通风装置应用研究[J]. 煤, 2015, 24(7): 37-38.
[32] 杨杰, 赵连刚, 全芳. 煤矿通风系统现状及智能通风系统设计[J]. 工矿自动化, 2015, 41(11): 74-77.
[33] 黄书卫. 基于物联网技术的煤矿通风智能监控系统[J]. 中国科技信息, 2015(5): 99-100.
[34] 刘红英, 王秋里. 煤矿智能通风系统研究[J]. 煤矿机械, 2019, 40(3): 37-38.
[35] 孟令聪. 基于MAS的地下铀矿山通风系统可靠性与智能控制技术研究[D]. 衡阳: 南华大学, 2015.
[36] 罗洪章. 矿井掘进面智能通风控制系统设计探析[J]. 机械研究与应用, 2015, 28(5): 164-165.
[37] 谢元新, 王鹤, 赵英新, 等. 矿井智能通风系统的研究[J]. 硅谷, 2015, 8(1):30, 39.
[38] 张大伟, 辛德林. 煤矿斜井盾构施工长距离独头通风智能监控系统[J]. 工矿自动化, 2016, 42(9): 71-73.
[39] 崔博文. 智能变频技术在矿井通风系统中的应用[J]. 内蒙古煤炭经济, 2016(8): 3-4.
[40] 卢新明 .矿井通风智能化技术研究现状与发展方向[J]. 煤炭科学技术, 2016, 44(7): 47-52.
[41] 刘平. 矿井智能局部通风成套装备的研究及应用[J]. 煤矿现代化, 2017(5): 87-88.
[42] 杨战旗, 郝天轩. 矿井通风安全智能监测监控系统研制[J]. 工矿自动化, 2017, 43(9): 110-114.
[43] 陈雪松. 矿井通风智能评价系统的设计与开发[J]. 技术与市场, 2017, 24(10): 42-43.
[44] 王学芳. 矿井PLC智能通风系统及其应用分析[J]. 煤炭与化工, 2018, 41(8): 99-100, 103.
[45] 杨剑, 付文俊, 周华群. 新型智能通风决策系统数据采集分站设计与实现[J]. 煤矿机械, 2018, 39(12): 157-159.
[46] 王坚, 刘晓娜, 孟引鹏. 基于大数据的隧道通风智能控制系统[J]. 科技风, 2018(25): 30-31.
[47] 付文俊, 杨富强, 倪景峰, 等. 矿井通风智能决策支持系统研究[J]. 建井技术, 2018, 39(5): 29-32.
[48] 王斌, 刘遵利, 王永宝, 等. 王楼煤矿通风智能决策与远程控制系统研究[J]. 煤炭技术, 2018, 37(8): 161-163.
[49] 吴兴校. 大型矿井风机智能监控系统关键技术研究[D]. 北京: 中国地质大学(北京), 2018.
[50] 聂贵亮. 井下智能通风控制系统优化研究[J]. 能源与节能, 2019(12): 80-81.
[51] 韩利军. 煤矿通风系统风流稳定性影响因素研究[J]. 能源与节能, 2022(9): 219-221.
[52] 韩利军. 矿井智能通风系统优化升级探究[J]. 能源与节能, 2019(9): 80-81.
[53] 王斌, 王永宝, 郝继宝, 等. 王楼煤矿智能通风系统优化[J]. 煤矿安全, 2019, 50(2): 105-108.
[54] 刘文梅. 矿井智能化通风测定仪表的研究[J]. 机械管理开发, 2019, 34(4): 79-80.
[55] 罗红波, 李俊桥, 李雨成. 矿井通风智能决策支持系统研究[J]. 现代矿业, 2019, 35(7): 209-212.
[56] 栾王鹏. 矿井智能通风与实时监测控制系统[J]. 山东煤炭科技, 2019(5): 183-185, 191.
[57] 冯波. 煤矿安全通风智能监测监控系统设计[J]. 机电工程技术, 2019, 48(11): 22-23, 76.
[58] 项利芳. 井下智能通风系统研究[J]. 能源与节能, 2020(1): 52-53.
[59] 张庆华, 姚亚虎, 赵吉玉. 我国矿井通风技术现状及智能化发展展望[J]. 煤炭科学技术, 2020, 48(2): 97-103.
[60] 周福宝, 魏连江, 夏同强, 等. 矿井智能通风原理、关键技术及其初步实现[J]. 煤炭学报, 2020, 45(6): 2225-2235.
[61] Chiesa G, Cesari S, Garcia M, et al. Multisensor Iot platform for optimising Iaq levels in buildings through a smart ventilation system[J]. Sustainability,2019,11(20):1-28.
[62] Javed A, Larijani H, Ahmadinia A, et al. Smart random neural network controller for hvac using cloud computing technology[J]. IEEE Transactions on Industrial Informatics, 2017,13(1):351-360.
[63] Heo S K, Nam K J, Loy-benitez J, et al. A deep reinforcement learning-based autonomous ventilation control system for smart indoor air quality management in a subway station[J]. Energy and Buildings, 2019,202(11):1-10.
[64] Vaccarini M, Giretti A, Tolve L C, et al. Model predictive energy control of ventilation for underground stations[J].

Energy & Buildings, 2016,116(3):326-340.

[65] Wu X, Park Y, Li A, et al. Smart detection of fire source in tunnel based on the numerical database and artificial intelligence[J]. Fire Technology, 2020,57(1):657-682.

[66] Raj K V, Jacksha R D, Sunderman C B, et al. Smart monitoring and control system test apparatus[J]. Transactions of the Society for Mining Metallurgy & Exploration Inc, 2018, 344(1): 62-66.

[67] Stamatescu G, Stamatescu I, Arghira N, et al. Data-driven modelling of smart building ventilation subsystem[J]. Journal of Sensors, 2019(4): 1-14.

[68] 郝元伟, 陈开岩, 蒋中承, 等. 基于CFD模拟的巷道风速监测值修正处理[J]. 煤矿安全, 2011, 42(2): 1-3, 7.

[69] 贾剑. 对矿井风速监测的模拟分析[J]. 煤, 2011, 20(12): 73-74, 100.

[70] 王军, 陈开岩, 黄帅. 基于CFD数值模拟的矿井巷道平均风速单点测法[J]. 煤矿安全, 2013, 44(3): 144-146.

[71] 张朝波. 独头巷道掘进风流场分析及通风优化[D]. 长沙: 中南大学, 2014.

[72] 陈桂义. 深部矿井巷道围岩与风流温度场数值模拟[D]. 湘潭: 湖南科技大学, 2014.

[73] 罗永豪. 巷道断面风速分布与煤矿通风系统实时诊断理论研究[D].太原: 太原理工大学,2015.

[74] 刘桂平. 高温掘进巷道温度场影响因素分析研究[J].中国煤炭,2015,41(9):108-112.

[75] 刘剑, 宋莹, 李雪冰, 等. 基于LDA的均直巷道断面风速分布规律实验研究[J]. 煤炭学报, 2016, 41(4): 892-898.

[76] 宋莹, 刘剑, 李雪冰, 等. 矿井巷道风流平均风速分布规律的试验与模拟研究[J]. 中国安全科学学报, 2016, 26(6): 146-151.

[77] 刘剑, 李雪冰, 高科, 等. 井巷风速单点测试方法及其可行性研究[J]. 中国安全生产科学技术, 2016, 12(8): 23-27.

[78] 杨宇. 不同形状巷道断面风流-瓦斯耦合特性研究[D]. 太原: 太原理工大学, 2017.

[79] 李雪冰. 巷道风流湍动特性及平均风速单点测试实验研究[D]. 阜新: 辽宁工程技术大学, 2017.

[80] 张浪. 巷道测风站风速传感器平均风速测定位置优化研究[J]. 煤炭科学技术, 2018, 46(3): 96-102.

[81] 边梦龙, 杜翠凤, 苗雨加. 掘进巷道风流温度场分布规律的研究[J]. 有色金属(矿山部分), 2018, 70(3): 107-112.

[82] 汤红枪, 李雷. 变形巷道对风流场影响数值模拟及实验验证[J]. 能源技术与管理, 2018, 43(6): 10-11, 25.

[83] 李雪冰, 刘剑, 宋莹, 等. 井巷断面内单点风速与平均风速转换机制[J]. 安全与环境学报, 2018, 18(1): 123-128.

[84] 李雪冰, 刘剑, 秦洪岩, 等. 湍流脉动影响下巷道平均风速单点统计测量方法[J]. 华北科技学院学报, 2018, 15(2): 1-9.

[85] 刘剑, 李雪冰, 宋莹, 等. 基于速度场系数的主通风机风量单点统计测量方法[J]. 有色金属工程, 2018, 8(2): 114-117.

[86] 张士岭. 煤矿通风巷道断面风速测定与变化规律研究[J]. 矿业安全与环保, 2019, 46(4): 17-20.

[87] 李亚俊, 李印洪, 吴洁葵, 等. 巷道断面风流分布规律试验研究[J]. 有色金属(矿山部分), 2019, 71(5): 102-104, 110.

[88] 乔安良. 店坪煤矿巷道断面风流速度分布研究[J]. 煤矿现代化, 2020(3): 157-159.

[89] 余跃进. 关于巷道风速分布问题的探讨[J]. 淮南矿业学院学报, 1989, 9(1): 17-24.

[90] 王英敏. 矿内空气动力学与矿井通风系统[M]. 北京: 冶金工业出版社, 1994.

[91] 暨朝颂. 关于沃洛宁矿井通风基础理论问题的剖析[J]. 有色金属, 1997, 49(2): 2-6.

[92] 齐庆杰, 黄伯轩. 均压灭火自动监测与调节系统中风速传感器显示值修正系数的确定[J]. 东北煤炭技术, 1997, 24(1): 42-45.

[93] 周西华, 孟乐, 李诚玉, 等. 圆形管道风速测定与校正方法实验[J]. 辽宁工程技术大学学报(自然科学版), 2012, 31(6): 801-804.

[94] 王丙建, 罗永豪, 赵阳升. 输送机布设矩形巷道断面风速分布特征风洞模拟[J]. 煤矿安全, 2013, 44(5): 42-45.

[95] 王翰锋. 基于Fluent巷道断面平均风速点定位监测模拟研究[J]. 煤炭科学技术, 2015, 43(8): 92-96.

[96] 刘剑, 李雪冰, 宋莹, 等. 无外部扰动的均直巷道风速和风压测不准机理实验研究[J]. 煤炭学报, 2016, 41(6): 1447-1453.

[97] Zhou L, Yuan L, Thomas R, et al. Determination of velocity correction factors for real-time air velocity monitoring in underground mines[J]. International Journal of Coal Science & Technology, 2017, 4(4): 322-332.

[98] 黄斌, 崔学林, 匡昌武, 等. 减小低风速不确定度的研究[J]. 国外电子测量技术, 2019, 38(8): 1-5.

[99] 孙继平. 矿井甲烷、一氧化碳和温度传感器的布置[J]. 煤炭科学技术, 2000, 28(1): 44-46.

[100] 周书葵. 城市供水SCADA系统管网监测点优化布置的研究[D]. 长沙: 湖南大学, 2003.

[101] 孙继平, 唐亮, 李春生, 等. 风量比例法在甲烷传感器优化布置中的应用[J]. 煤炭学报, 2008, 33(10): 1126-1130.

[102] 孙继平, 唐亮, 陈伟, 等. 基于监测覆盖范围的瓦斯传感器无盲区布置[J]. 煤炭学报, 2008, 33(8): 946-950.

[103] 赵丹. 基于网络分析的矿井通风系统故障源诊断技术研究[D]. 阜新: 辽宁工程技术大学, 2011.

[104] 梁双华, 汪云甲, 魏连江. 考虑可靠性的矿井瓦斯传感器选址模型[J]. 中国安全科学学报, 2012, 22(12): 76-81.

[105] 杨義葵. 模糊传感器在煤矿安全中的应用研究[D]. 阜新: 辽宁工程技术大学, 2012.

[106] 梁双华. 矿井瓦斯传感器优化选址研究[D]. 徐州: 中国矿业大学, 2013.

[107] 李镇. 江波铁矿通风监测监控系统可靠性研究与应用[D]. 昆明: 昆明理工大学, 2014.

[108] 路娟. 煤矿监测监控系统综合评价与应用研究[D]. 徐州: 中国矿业大学, 2016.

[109] 方博, 马恒. 运用监控数据的矿井通风网络动态解算及应用[J]. 辽宁工程技术大学学报(自然科学版), 2016, 35(12): 1439-1442.

[110] 刘尹霞, 马恒, 杨皓然. 矿井风速传感器可变模糊优选方案[J]. 辽宁工程技术大学学报(自然科学版), 2017, 36(10): 1031-1035.

[111] 李雨成, 李俊桥, 邓存宝, 等. 基于角联子网的风量反演风阻病态改良算法[J]. 煤炭学报, 2019, 44(4): 1147-1153.

[112] 胡青伟. 大平煤矿通风系统异常诊断研究[D]. 徐州: 中国矿业大学, 2019.

[113] 龚晓燕, 杨晓勇. 矿井局部通风设备系统故障诊断[J]. 电气时代, 2006(5): 88-90.

[114] 龚晓燕, 马胜利, 张斌. 矿井局部通风设备系统故障诊断方法研究[J]. 煤炭工程, 2006(5): 64-66.

[115] 龚晓燕, 杨晓勇. 矿井局部通风设备系统故障诊断规则[J]. 煤炭科学技术, 2006(7): 23-25, 29.

[116] 龚晓燕, 陶新利, 薛河. 矿井局部通风设备故障诊断信息系统的建立与开发[J]. 矿山机械, 2006(8): 43-45.

[117] 龚晓燕, 黄雷, 薛河. 基于Web矿井局部通风设备故障诊断专家系统的建立[J]. 煤矿机械, 2008(5): 217-219.

[118] 吴超, 杨胜强. 基于多学科技术的煤矿局部通风系统故障诊断方法[J]. 煤矿安全, 2013, 44(2): 179-181, 185.

[119] 王兴义. 井矿局部通风设备系统故障诊断[J]. 机械管理开发, 2017, 32(5): 72-73.

[120] Chang Y W, Wang Y C, Liu T, et al. Fault diagnosis of a mine hoist using PCA and SVM techniques[J].Journal of China University of Mining and Technology, 2008, 18(3): 327-331.

[121] Shi L P, Han L, Wang K W, et al. Mine ventilator fault diagnosis based on information fusion technique[J]. Procedia Earth and Planetary Science, 2009, 1(1): 1484-1488.

[122] Xing Y F, Li C W, Huang H. Study on ventilators monitoring and early fault warning system in non-coal mines[J]. Procedia Engineering, 2011, 26(1): 2239-2245.

[123] 刘剑, 郭欣, 邓立军, 等. 基于风量特征的矿井通风系统阻变型单故障源诊断[J]. 煤炭学报, 2018, 43(1): 143-149.

[124] 周启超, 刘剑, 刘丽. 基于SVM的通风系统故障诊断惩罚系数与核函数系数优化研究[J]. 中国安全生产科学技术, 2019, 15(4): 45-51.

[125] 刘剑, 蒋清华, 刘丽, 等. 矿井通风系统阻变型故障诊断及风速传感器位置优化研究[J]. 煤炭学报, 2021, 46(6): 1907-1914.

[126] 刘剑, 刘丽, 黄德, 等. 基于风量-风压复合特征的通风系统阻变型故障诊断[J]. 中国安全生产科学技术, 2020, 16(1): 85-91.

[127] 刘剑, 尹昌胜, 黄德, 等. 矿井通风阻变型故障复合特征无监督机器学习模型[J]. 煤炭学报, 2020, 45(9): 3157-3165.

[128] 宫良伟, 田卫东, 邹德军. 通风网络解算方法研究现状和展望[J]. 建井技术, 2016, 37(2): 29-33.

[129] 李文节. 矿井通风网络解算的现状与展望[A]. 煤矿机电一体化新技术 2011 学术年会论文集, 2011: 20-23.

[130] Zhou L H, Luo Y. Improvement and upgrade of mine fire simulation program MFIRE[J].Journal of Coal Science and Engineering, 2011, 17(3): 275-280.

[131] 唐海清. 矿井通风系统风量自然分配问题“实测—笔算—图解法”[J]. 川煤科技, 1974(1): 45-55.

[132] 刘志刚. 应用四种类型风道法解算矿井通风网络[J]. 广西大学学报(自然科学版), 1992(4): 50-58.

[133] 王中兵, 郑丙建, 王彦凯, 等. 用节点法解算矿井通风网络的研究与应用[J]. 矿业安全与环保, 1999(3): 13-14+51.

[134] 王德明, 周福宝. 基于 Windows 的矿井通风网络解算软件的研制[J]. 中国矿业大学学报, 2000, 29(1): 41-44.

[135] 赵千里, 刘剑. 金川二矿区矿井通风仿真系统 MVSS 数学模型简介[J]. 矿业快报, 2001(12): 38-41.

[136] 王金贵, 张苏, 熊庄, 等. 复杂通风网络简化方法研究[J]. 煤炭工程, 2012, 1(4): 104-106.

[137] 彭家兰, 王海宁, 彭斌, 等. 矿井通风三维仿真系统及其应用研究[J]. 中国安全科学生产技术, 2014, 10(1): 124-129.

[138] 钟德云, 王李管, 毕林, 等. 基于回路风量法的复杂矿井通风网络解算算法[J]. 煤炭学报, 2015, 40(2): 365-370.

[139] Fu K S. Learning control systems and intelligent control systems: an intersection of artifical intelligence and automatic control[J]. IEEE Transactions on Automatic Control, 1971, 16(1): 70-72.

[140] 徐瑞龙. 通风网路理论[M]. 北京: 煤炭工业出版社, 1993.

[141] 彭兴文. 可靠性数学[M]. 北京: 科学出版社, 1978.

[142] 愈书伟. 煤矿可靠性工程引论[M]. 北京: 煤炭工业出版社, 1988.

[143] 黄祥瑞. 可靠性工程[M]. 北京: 清华大学出版社, 1990.

[144] [苏联]K. Э. 乌沙可夫, B. K. 乌沙可夫, O. B. 斯可比切娃.矿井通风系统可靠性[C]//第二十三届国际采矿安全会议论文集. 北京: 煤炭工业出版社, 1989: 45-72.

[145] 张启宇, 白冷. 矿井通风系统可靠性的统计分析[J]. 世界采矿快报, 1996(17): 14-16.

[146] 马云东. 矿井通风系统可靠性分析理论研究[J]. 阜新矿业学院学报, 1995, 14(3): 5-14.

[147] 王省身. 庆祝中国煤炭工业劳动保护科学技术学会矿井通风专业委员会建会十周年工作报告[J]. 煤矿安全, 1996(7): 1-3.

[148] 徐瑞龙. 通风网络的可靠度确定[J]. 阜新矿业学院学报, 1985, 4(3): 32-38.

[149] 赵永生. 用逐步线性回归分析法确定矿井通风网路风流稳定性的主要影响风路[J]. 山西煤炭, 1987(4): 37-40.

[150] 王海桥. 矿井通风网络的通风有效度分析[J]. 煤炭工程师, 1990(6): 33-36.

[151] 徐瑞龙，刘剑. 井下通风构筑物的可靠性分析[J]. 煤炭学报, 1992, 17(3): 65-70.
[152] 薛河，龚晓燕. 矿井局部通风系统可靠性定额的确定[J]. 煤炭工程师, 1996(5): 25-28.
[153] 钟茂华，陈宝智. 矿井通风系统模糊可靠性研究[J]. 中国安全科学学报, 1996(S1): 134-138.
[154] 贾进章. 通风系统可靠性研究[D]. 阜新: 辽宁工程技术大学, 1998.
[155] 陈开岩. 矿井通风系统优化理论及应用[M]. 徐州: 中国矿业大学出版社, 2003.
[156] 贾进章. 矿井火灾时期通风系统可靠性研究[D]. 阜新: 辽宁工程技术大学, 2004.
[157] 王洪德. 基于粗集—神经网络的矿井通风系统可靠性理论与方法研究[D]. 阜新: 辽宁工程技术大学, 2004.
[158] 秦彦磊，陆愈实. 基于 BP 神经网络模型的矿井通风可靠性研究[J]. 工业安全与环保, 2006(2): 48-50.
[159] 陈开岩，王超. 矿井通风系统可靠性变权综合评价的研究[J]. 采矿与安全工程学报, 2007(1): 37-41.
[160] 马红伟，陆刚，丁兆国. 矿井通风系统可靠性评价模型研究[J]. 煤炭技术, 2008(9): 69-71.
[161] 陆刚，韩可琦，肖桂彬. 矿井通风系统可靠性的模糊综合评价[J]. 采矿与安全工程学报, 2008(2): 244-247.
[162] 李绪国. 矿井通风系统评价方法的研究[D]. 北京: 中国矿业大学(北京), 2008.
[163] 张俭让，董丁稳. 基于 RS-SVM 的矿井通风系统可靠性评价[J]. 煤矿安全, 2009, 40(9): 33-36.
[164] 史秀志，周健. 用 Fisher 判别法评价矿井通风系统安全可靠性[J]. 采矿与安全工程学报, 2010, 27(4): 562-567.
[165] 王莉. 基于 FMEA 与 FTA 的通风系统可靠性分析[D]. 阜新: 辽宁工程技术大学, 2011.
[166] 程健维. 矿井通风系统安全可靠性与预警机制及其动力学研究[D]. 徐州: 中国矿业大学, 2012.
[167] 丁厚成，黄新杰. 基于 AHP-FCE 的煤矿通风系统可靠性评价研究[J]. 自然灾害学报, 2013, 22(3): 153-159.
[168] 陈圆超，戴剑勇，刘珏玉. 基于贝叶斯反馈云理论的地下矿山通风系统可靠性研究[J]. 南华大学学报(自然科学版), 2018, 32(4): 8-14.
[169] 多依丽，海军，陈洋. 基于 FMEA 与 FTA 的通风系统可靠性分析[J]. 煤矿安全, 2013, 44(4): 177-179.
[170] 卢国斌，陈鹏，张俊武. BP 神经网络的通风系统可靠性评价[J]. 辽宁工程技术大学学报(自然科学版), 2014, 33(1): 23-27.
[171] Martikainen A L, Taylor C D, Mazzella A L. Effects of obstructions, sample size and sample rate on ultrasonicane mometer measurements underground[J]. Transactions of the Society for Mining Metallurgy & Exploration Inc, 2012(1): 585-590.
[172] 范京道. 矿井风量波动与漂移的溯源分析研究[D]. 西安: 西安科技大学, 2013.
[173] 王德明. 矿井通风阻力测定中的气压监测问题[J]. 煤炭工程师, 1992(5): 18-20.
[174] 司俊鸿，陈开岩.基于 Tikhonov 正则化的矿井通风网络测风求阻法[J]. 煤炭学报, 2012, 37(6): 994-998.
[175] 吴嘉. 流速测量方法综述及仪器的最新进展[J]. 计测技术, 2005(6): 1-4.
[176] 沈熊. 激光多普勒测速技术及应用[J]. 激光多普勒测速技术及应用, 2004(4): 61-62.
[177] 董学林，陈帅，赵丹，等. 最小树原理在矿井风速传感器布置方式上的应用研究[J]. 世界科技研究与发展, 2015, 37(6): 680-683.
[178] 司俊鸿. 矿井通风系统风流参数动态监测及风量调节优化[D]. 徐州: 中国矿业大学, 2012.
[179] 谢季坚，刘承平. 模糊数学方法及其应用[M]. 武汉: 华中理工大学出版社, 2005.
[180] 史采星. 基于监测监控系统的通风异常分析与调节分析研究[D]. 长沙: 中南大学, 2014.
[181] 刘宏兵，周文勇，郭振. 基于模糊关系传递闭包的聚类方法[J]. 信阳师范学院学报(自然科学版), 2008(1): 144-146.
[182] 张红斌. 蒙特卡洛法在城市污水 PPP 项目投资风险分析的应用[D]. 兰州: 兰州大学, 2018.
[183] 龙云利，徐晖，安玮. 马尔可夫链蒙特卡洛重要度采样与多目标跟踪[J]. 控制与决策, 2011, 26(9): 1402-1406.

[184] 张夷, 谢璐, 袁子能. 热力学约束下代谢网络流量的蒙特卡洛采样方法[J]. 中国科学技术大学学报, 2009, 39(4): 357-364.

[185] 李宗翔. 有源风网模型及其应用计算[J]. 煤炭学报, 2010, 35(S1): 118-122.

[186] 叶青, 林柏泉. 受限空间瓦斯爆炸传播特性[J]. 受限空间瓦斯爆炸传播特性, 2012(1): 4-8.

[187] 李鹏, 刘剑, 高科. 管道内瓦斯爆炸温度与压力峰值试验研究[J]. 安全与环境学报, 2015, 15(2): 59-63.

[188] 林柏泉, 叶青, 翟成, 等. 瓦斯爆炸在分岔管道中的传播规律及分析[J]. 煤炭学报, 2008, 161(2): 136-139.

[189] 林柏泉, 周世宁, 张仁贵. 障碍物对瓦斯爆炸过程中火焰和爆炸波的影响[J]. 中国矿业大学学报, 1999(2): 3-5.

[190] 牛鑫. 瓦斯-沉积煤尘在复杂管网中爆炸特性研究[M]. 阜新: 辽宁工程技术大学, 2021.

[191] 刘志忠, 聂立新, 刘建慧. 矿井自动风门智能控制系统设计[J]. 矿山机械, 2012, 40(8): 24-27.

[192] 梁涛, 侯友夫, 吴楠楠. 掘进工作面局部通风智能监控系统的研究[J]. 矿山机械, 2008, 36(1): 19-22.

[193] 马小平, 吴新忠, 任子晖. 基于移动互联的煤矿通风机远程监控技术[J]. 工矿自动化, 2016, 42(3): 7-12.

[194] 张国军, 郑丽媛, 张俊. 基于物联网的瓦斯监控系统[J]. 传感器与微系统, 2013, 32(1): 125-127+130.

[195] 姬程鹏. 矿井掘进面智能通风控制系统设计[J]. 电子产品世界, 2011, 18(9): 41-43.

[196] 李阿蒙, 陈小锐. 四面山特长隧道风机智能控制系统的开发与设计[J]. 四川水力发电, 2022, 41(3): 115-118.

[197] 吴勇华. 通风系统灵敏度分析[J]. 西安矿业学院学报, 1992(3): 207-212.

[198] 贾进章, 马恒, 刘剑. 基于灵敏度的通风系统稳定性分析[J]. 辽宁工程技术大学学报, 2002(4): 428-429.

[199] 韩靖, 蒋曙光, 王媛媛, 等. 通风网络分支风量与风机频率及变频灵敏度的关系研究[J]. 中国安全生产科学技术, 2016, 12(5): 26-30.

[200] 王凯, 郝海清, 蒋曙光, 等. 矿井火灾风烟流区域联动与智能调控系统研究[J]. 工矿自动化, 2019, 45(7): 21-27.

[201] 周静. 矿井通风系统可靠性研究[D]. 阜新: 辽宁工程技术大学, 2005.

[202] 武小悦, 沙基昌. 网络可靠度分析全概率分解法的计算机化算法[J]. 系统工程与电子技术, 1998(6): 71-73.

[203] Li Y H, Mascagni M. Grid-based Monte Carlo application[J]. Lecture Notes in Computer Science, 2002(1): 13-24.

[204] Mascagni M, Li Y H. Computational infrastructure for parallel, distributed, and grid-based Monte Carlo computations[J]. Lecture Notes in Computer Science, 2004(1): 39-52.

[205] 王菲, 闫慧臻. 网络可靠度的不交分解算法[J]. 大连轻工业学院学报, 1999, 18(4): 351-356.

[206] 董海燕. 矿井通风网络的可靠度分析[J]. 系统工程理论与实践, 1988, 8(3): 47-51.

[207] Fratta L, Montanari U. A boolean algebra method for computing the terminal reliability in a communicational network[J]. IEEE Transactions on Circuit Theory, 1973, 20(3): 203-211.

[208] Abraham J A. An improved method for network reliability[J]. IEEE Transactions on Reliability, 1979, 28(4): 58-61.

[209] Ahmad S H. A simple technique for computing network reliability[J]. IEEE Transaction on Reliability, 1982, 30(1): 41-44.

[210] Locks M O. A minizing algorithm for sum of disjoint product[J]. IEEE Transactions on Reliability, 1987, 36(10): 445-453.

[211] 胡聚石. 网络可靠度一种新的不交和算法[J]. 东北大学学报, 1996, 17(6): 676-679.

[212] 曹均华, 王旭东, 吴新余. 一种计算复杂网络可靠度的新算法[J]. 南京邮电学院学报, 1996, 16(4): 108-111.

[213] 曹均华, 吴新余. 一种运用取补单一变量生成不交化和的改进算法[J]. 南京邮电学院学报, 1997, 17(2): 103-118.

[214] Liu H H, Yang W T, Liu C C. An improved minimizing algorithm for the sum of disjoint products with the

inversion of a single variable[J]. Microelectron Reliability, 1993, 33(2): 221-238.
[215] 武小悦, 沙基昌. 布尔函数不交化的立方体算法[J]. 国防科技大学学报, 1998, 20(6): 98-101.
[216] 许君臣. 一种网络可靠度分析的不交和算法[J]. 辽宁工学院学报, 1999, 19(1): 44-50.
[217] Willsion J M. An improved minimizing algorithm for sum of disjoint products[J]. IEEE Transactions on Reliability, 1990, 39(1): 42-45.
[218] 武小悦, 沙基昌. 构造网络不交化最小路集的一种新算法[J]. 系统工程理论与实践, 2000(1): 62-66.
[219] Gong J X, Yi P. A robust iterative algorithm for structural reliability analysis[J]. Structural and Multidisciplinary Optimization, 2011, 43(4): 519-527.
[220] Yeh W C. A fast algorithm for quickest path reliability evaluations in multi-state flow networks[J]. IEEE Transactions on Reliability, 2015, 64(4): 1175-1184.
[221] Keshtegar B. Stability iterative method for structural reliability analysis using a chaotic conjugate map[J]. Nonlinear Dynamics, 2016, 84(4): 2161-2174.
[222] Keshtegar B, Meng Z. A hybrid relaxed first-order reliability method for efficient structural reliability analysis[J]. Structural Safety, 2017, 66(1): 84-93.
[223] Keshtegar B, Chakraborty S. A hybrid self-adaptive conjugate first order reliability method for robust structural reliability analysis[J]. Applied Mathematical Modelling, 2018, 53(1): 319-332.
[224] Cai B, Kong X, Liu Y, et al. Application of Bayesian networks in reliability evaluation[J]. IEEE Transactions on Industrial Informatics, 2018, 15(4): 2146-2157.
[225] Huang P, Huang H Z, Huang T. A novel algorithm for structural reliability analysis based on finite step length and Armijo line search[J]. Applied Sciences, 2019, 9(12): 1-17.
[226] Yeh W C, Hao Z, Forghani-elahabad M, et al. Novel binary-addition tree algorithm for reliability evaluation of acyclic multistate information networks[J]. Reliability Engineering & System Safety, 2021, 210(1): 1-12.
[227] Yeh W C. Novel binary-addition tree algorithm(BAT)for binary-state network reliability problem[J]. Reliability Engineering & System Safety, 2021, 208(1): 1-24.
[228] 国家煤矿安全监察局. 煤矿安全规程[M]. 北京: 煤炭工业出版社, 2001.
[229] 刘剑, 贾进章, 郑丹. 流体网络理论[M]. 北京: 煤炭工业出版社, 2002.
[230]《现代应用数学手册》编委会. 现代应用数学手册: 概率统计与随机过程卷[M]. 北京: 清华大学出版社, 2000.
[231] 赵选民. 数理统计[M]. 北京: 科学出版社, 2002.
[232] 郭永基. 可靠性工程原理[M]. 北京: 清华大学出版社, 2002.
[233] 金星, 洪延姬, 深怀荣, 等. 工程系统可靠性数值分析方法[M]. 北京: 国防工业出版社, 2002.
[234] 孙晓, 卢新田, 于晓丹, 等. 风机系统可靠性分析[J]. 吉林工业大学学报, 1995, 25(2): 94-99.
[235] 于晓丹, 温锦海, 宛剑业. 通风机可靠性分析[J]. 辽宁工学院学报, 1998, 18(2): 31-34.
[236] 秦英孝. 可靠性. 维修性. 保障性概论[M]. 北京: 国防工业出版社, 2002.
[237] 贾进章, 刘剑, 耿晓伟. 矿井通风仿真系统数学模型[J]. 辽宁工程技术大学学报, 2003(S1): 88-90.
[238] 章文捷, 沈元隆. 一种最小不交和算法[J]. 南京邮电学院学报, 1999, 19(4): 20-25.
[239] 高杜生, 张玲霞. 可靠性理论与工程应用[M]. 北京: 国防工业出版社, 2002.
[240] HakenH. 协同计算机和认知: 神经网络的自上而下方法[M]. 杨家本, 译. 北京: 清华大学出版社, 广西科学技术出版社, 1994.
[241] 谭跃进, 高世辑, 周曼殊. 系统学原理[M]. 长沙: 国防科技大学出版社, 1996.
[242] 蒋长浩. 图论与网络流[M]. 北京: 中国林业出版社, 2001.
[243] 卜月华, 吴建专, 顾国华, 等. 图论及其应用[M]. 南京: 东南大学出版社, 2002.

[244] 殷剑宏, 吴开亚. 图论及其算法[M]. 合肥: 中国科学技术大学出版社, 2003.
[245] 贾进章, 郑丹, 刘剑. 通风网络中通路总数确定方法的改进[J]. 辽宁工程技术大学学报, 2003 (1) : 4-6.
[246] 李德仁, 袁修孝. 误差处理与可靠性理论[M]. 武昌: 武汉大学出版社, 2002.
[247] 刘剑, 贾进章, 郑丹. 基于独立通路思想的风网平衡图绘制数学模型研究[J]. 煤炭学报, 2003 (2) : 153-156.